"十二五"应用型本科系列规划教材

复变函数与积分变换

主 编 杜洪艳 尤正书 侯秀梅
参 编 刘 军 张清平 阳彩霞

机 械 工 业 出 版 社

复变函数与积分变换是电气、电子、通信、电信、自动化等专业的必修课程,其理论与方法在自然科学与工程技术领域均有广泛的应用. 本书是复变函数与积分变换课程教材,全书共分为 9 章. 前 5 章介绍了 19 世纪中叶建立的经典复变函数的基本内容:复数与复平面、解析函数、复积分、级数、留数及其应用. 保形映射为复解析函数所特有的基本结论之一. 最后 3 章介绍了积分变换,包括傅里叶变换、拉普拉斯变换和快速傅里叶变换.

　　本书内容丰富、逻辑严密、重点突出,对基本概念、理论、方法的叙述力求深入浅出、清晰准确,每章最后还配置了适量的习题以供读者巩固练习. 除第 9 章外,每章还配置了自测题以供读者自我检测. 本书可作为普通高等院校工科类学生学习复变函数与积分变换的教材,也可作为科技工作者的参考用书.

图书在版编目（CIP）数据

复变函数与积分变换/杜洪艳,尤正书,侯秀梅主编. —北京:机械工业出版社,2014.8（2019.8重印）
"十二五"应用型本科系列规划教材
ISBN 978 − 7 − 111 − 47239 − 1

Ⅰ.①复⋯　Ⅱ.①杜⋯②尤⋯③侯⋯　Ⅲ.①复变函数－高等学校－教材②积分交换－高等学校－教材　Ⅳ.①O174.5②O177.6

中国版本图书馆 CIP 数据核字（2014）第 147859 号

机械工业出版社（北京市百万庄大街22号　邮政编码100037）
策划编辑:韩效杰　责任编辑:韩效杰　陈崇昱
版式设计:霍永明　责任校对:陈秀丽
封面设计:路恩中　责任印制:邬敏
涿州市京南印刷厂印刷
2019 年 8 月第 1 版·第 3 次印刷
190mm × 210mm · 11.666 印张 · 340 千字
标准书号:ISBN 978 − 7 − 111 − 47239 − 1
定价:35.00 元

前　言

复变函数理论创立于 19 世纪，直至今日还在不断的发展，它是一门既古老而又富有生命力的学科.

复变函数主要描述了复数之间的相互依赖关系，复变函数课程的主要研究对象是解析函数. 在某些方面它是实变函数微积分学的推广与发展，因此，无论是在内容上还是在研究问题的方法和逻辑结构上，它们都有着许多相似之处. 但是，复变函数能成为一门独立的课程，还是因为它有其自身独特的研究对象和处理方法. 对于涉及分析中对理论要求比较高的内容，如关于共形映射的黎曼定理等，我们并没有写入本书，如果读者有兴趣，可以从参考书中找到相关的内容.

积分变换是通过积分运算将一个函数变换成另一个函数的变换，本书中所说的积分变换特指傅里叶变换和拉普拉斯变换. 另外，书中还简要介绍了快速傅里叶变换，因为它们是数字信号处理的基础积分变换，与复变函数有着密切的联系，它与复变函数一样，也是在实函数微积分学的基础上发展起来的.

复变函数与积分变换的理论和方法已被广泛地应用于自然科学的各领域，如电子工程、控制工程、理论物理、流体力学、热力学、空气动力学、电磁学、地质学等等. 随着计算机科学的飞速发展，数字化已成为现代科学发展的一个重要方向，数字信号处理应用的领域会越来越广泛，对数字信号的理论和技术也就有更多的要求. 因此，复变函数与积分变换的基本理论和方法是高等院校理工科类学生必须具备的数学基础知识之一.

本书结合初学者的特点，逻辑严密，用语力求简洁、准确. 对基本概念、基本理论和基本方法的叙述深入浅出、清晰明了、重点突出、通俗易懂，并且适当地介绍了本学科与其他学科之间的联系，以期能最大限度地培养学生运用所学知识解决实际问题的能力. 本书共分 9 章，建议 54 学时完成. 本书由杜洪艳（武昌理工学院）、尤正书（湖北大学知行学院）、侯秀梅（武汉生物工程学院）担任主编，刘军、阳彩霞、张清平参编. 各参编人员分工为：杜洪艳编写第 1、8、9 章、附录、各章自测题；尤正书编写第 5、6 章；侯秀梅编写第 4 章；刘军编写第 7 章；阳彩霞编写第 3 章；张清平编写第 2 章. 全书的合成统稿由主编杜洪艳完成.

希望本书的出版能为普通高校理工科学生提供一本比较系统、完整并能切合学生实际的学习"复变函数与积分变换"的教材，但由于编者水平有限，书中难免存在不足之处，敬请广大专家读者批评指正.

编　者

目 录

第 1 章　复数与复平面

　　复数是复变函数的基础. 本章主要介绍复数的概念、性质、运算及复平面点集和扩充复平面, 为后面复变函数的学习与研究作准备.

　　本章预习提示: 复数、向量的定义及平面点集的基本概念.

1.1　复数

1.1.1　复数的概念

　　我们将形如

$$a + \mathrm{i}b$$

或

$$a + b\mathrm{i}$$

的数称为**复数**, 其中 a 和 b 为任意实数, i 称为**虚数单位**且满足于

$$\mathrm{i}^2 = -1$$

或

$$\mathrm{i} = \sqrt{-1}.$$

　　全体复数所构成的集合称为复数集, 用 $\mathbf{C}$ 表示.

　　对于复数 $z = a + \mathrm{i}b$, 实数 a 和 b 分别称为复数 z 的**实部**和**虚部**, 记作

$$\mathrm{Re}\, z = a, \quad \mathrm{Im}\, z = b.$$

　　当虚部 $b = 0$ 时, $z = a$ 就是一个实数; 当虚部 $b \neq 0$ 时, z 称为**虚数**; 当实部 $a = 0$ 且虚部 $b \neq 0$ 时, $z = \mathrm{i}b$ 称为**纯虚数**, 特别地, 当 $a = b = 0$ 时, z 就是实数 0.

　　显然, 实数集 $\mathbf{R}$ 是复数集 $\mathbf{C}$ 的真子集, 复数是实数的推广.

　　当且仅当两个复数的实部和虚部分别都相等时, 我们才称这两个复数相等. 一般情况下, 两个复数不能比较大小, 而只能说相等

或不相等.

设 $z = a + ib$ 是一个复数，则称 $a - ib$ 为 z 的**共轭复数**，记作 $\bar{z}$. 显然，$\overline{(\bar{z})} = z$.

1.1.2　复数的模与辐角

1. 复平面

由复数的概念可知：一个复数 $z = a + ib$ 可唯一地对应一个有序实数对 (a, b)，而有序实数对 (a, b) 与坐标平面上的点 (a, b) 是一一对应的. 于是复数 z 就与坐标平面上的点一一对应. 由此，可建立复数集与平面直角坐标系中的点集之间的一一对应，如图 1-1 所示.

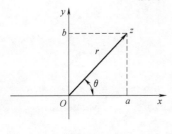

图　1-1

点 z 的横坐标为 a，纵坐标为 b，复数 $z = a + ib$ 可用点 $z(a, b)$ 表示，这个建立了用直角坐标系表示复数的平面称为**复平面**，在复平面中 x 轴称为**实轴**，y 轴称为**虚轴**. 显然，实轴上的点表示实数；除原点外，虚轴上的点表示纯虚数. 为了方便起见，今后我们将不再区分复数与复平面上的点，即我们说，点 $z(a, b)$ 与复数 $z = a + ib$ 表示同一意义. 在这种点、数等同的观点下，一个复数集合就是一个平面点集，我们可用平面点集来研究复数.

2. 复数的模与辐角

平面点集与该平面上以原点为起点的平面向量集是一一对应的. 这样，复数与平面上的向量也建立了一一对应关系（见图 1-1），复数 $z = a + ib$ 可以用向量 $\overrightarrow{Oz}$ 来表示，a，b 分别是向量 $\overrightarrow{Oz}$ 在实轴和虚轴上的投影.

我们把复数 z 所对应向量 $\overrightarrow{Oz}$ 的长度称为**复数 z 的模**，记为 $|z|$ 或 r，因此，有

$$|z| = r = \sqrt{a^2 + b^2} \geqslant 0.$$

显然

$$|a| \leqslant |z| \leqslant |a| + |b|,$$
$$|b| \leqslant |z| \leqslant |a| + |b|.$$

即

$$|\operatorname{Re} z| \leqslant |z| \leqslant |\operatorname{Re} z| + |\operatorname{Im} z|,$$
$$|\operatorname{Im} z| \leqslant |z| \leqslant |\operatorname{Re} z| + |\operatorname{Im} z|.$$

当 $z\neq0$ 时（即点 z 不是原点时），向量 $\vec{Oz}$ 与 x 轴正向的夹角 θ 称为复数 z 的**辐角**，记为

$$\text{Arg } z = \theta.$$

显然有

$$\begin{cases} a = |z|\cos\theta, \quad b = |z|\sin\theta, \\ \tan\theta = \dfrac{b}{a}. \end{cases}$$

若 θ_1 为复数 z 的一个辐角，则 $\theta_1 + 2k\pi(k\in\mathbf{Z})$ 也是复数 z 的辐角．因此，任何一个非零复数 z 都有无穷多个辐角，它们之间相差 2π 的整数倍，记为

$$\text{Arg } z = \theta_1 + 2k\pi, \quad k\in\mathbf{Z},$$

其中，满足 $-\pi < \theta \leqslant \pi$ 的辐角是唯一的，称其为 $\text{Arg } z$ **的主值**，记作 $\arg z = \theta$，因此有

$$\begin{cases} -\pi < \arg z \leqslant \pi, \\ \text{Arg } z = \arg z + 2k\pi, \quad k\in\mathbf{Z}. \end{cases}$$

注意　当 $z=0$ 时，辐角无意义．

辐角主值 $\arg z(z\neq0)$ 与反正切 $\arctan\dfrac{b}{a}$ 有如下关系，如图 1-2 所示：

$$\arg z = -\arg \bar{z} = \begin{cases} \arctan\dfrac{b}{a} & a>0, \\[2mm] \dfrac{\pi}{2}, & a=0,\ b>0, \\[2mm] \arctan\dfrac{b}{a} + \pi, & a<0,\ b\geqslant0, \\[2mm] \arctan\dfrac{b}{a} - \pi, & a<0,\ b<0, \\[2mm] -\dfrac{\pi}{2}, & a=0,\ b<0. \end{cases} \qquad (1.1)$$

其中，$z\neq0$，$-\dfrac{\pi}{2} < \arctan\dfrac{b}{a} < \dfrac{\pi}{2}$．

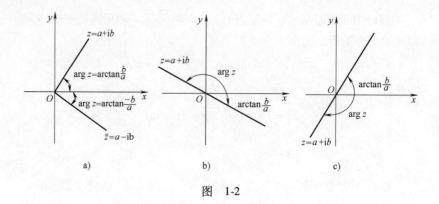

图 1-2

显然，$|\bar{z}| = |z|$，$\arg \bar{z} = -\arg z$.

例1 试求复数 $3 - 4i$ 与 $-2 + 2i$ 的模和辐角.

解 $|3 - 4i| = \sqrt{3^2 + (-4)^2} = 5$，

$$\text{Arg}(3 - 4i) = \arg(3 - 4i) + 2k\pi$$

$$= \arctan \frac{-4}{3} + 2k\pi$$

$$= -\arctan \frac{4}{3} + 2k\pi, \quad k \in \mathbf{Z}.$$

$$|-2 + 2i| = \sqrt{2^2 + 2^2} = 2\sqrt{2},$$

$$\text{Arg}(-2 + 2i) = \arg(-2 + 2i) + 2k\pi$$

$$= \arctan\left(\frac{2}{-2}\right) + \pi + 2k\pi$$

$$= -\frac{\pi}{4} + (2k + 1)\pi, \quad k \in \mathbf{Z}.$$

1.1.3 复数的三角表示与指数表示

考虑复平面上不为零的点 $z = x + iy$，利用直角坐标与极坐标之间的变换关系，这个点有极坐标：$x = r\cos\theta$，$y = r\sin\theta$. 所以复数 z 还可以用模 $r = |z|$ 和辐角 $\theta = \text{Arg } z$ 来表示，即

$$z = r(\cos\theta + i\sin\theta),$$

上式称为**复数 z 的三角表示式**. 再应用**欧拉公式** $e^{i\theta} = \cos\theta + i\sin\theta$，由三角表示式可以得到

$$z = re^{i\theta}.$$

上式称为**复数 z 的指数表示式**.

在理论研究和实际应用中，可根据不同的需要采用不同的复数表示式.

例2 试将复数 $\sqrt{3} + i$ 表示成三角形式和指数形式.

解 $r = \sqrt{3+1} = 2$，$\tan\theta = \dfrac{1}{\sqrt{3}} = \dfrac{\sqrt{3}}{3}$.

因为与 $\sqrt{3} + i$ 对应的点在第一象限，所以

$$\arg(\sqrt{3} + i) = \frac{\pi}{6}.$$

于是

$$\sqrt{3} + i = 2\left(\cos\frac{\pi}{6} + i\sin\frac{\pi}{6}\right),$$

所以可得指数表示式

$$\sqrt{3} + i = 2e^{\frac{\pi}{6}i}.$$

1.2 复数的运算及几何意义

1.2.1 复数的加法和减法

设复数 $z_1 = x_1 + iy_1$，$z_2 = x_2 + iy_2$，则**复数的加法**定义如下：

$$z_1 + z_2 = (x_1 + x_2) + i(y_1 + y_2). \qquad (1.2)$$

复数的减法是加法的逆运算. 如果存在复数 z 使 $z_1 = z_2 + z$，则 $z = z_1 - z_2$. 因此

$$z_1 - z_2 = (x_1 - x_2) + i(y_1 - y_2). \qquad (1.3)$$

若复数 z_1、z_2 分别用对应的向量 $\overrightarrow{Oz_1}$、$\overrightarrow{Oz_2}$ 表示，则复数的加减法与向量的加减法一致，于是在平面上以 $\overrightarrow{Oz_1}$、$\overrightarrow{Oz_2}$ 为边的平行四边形的对角线 $\overrightarrow{Oz}$ 就表示复数 $z_1 + z_2$，如图 1-3 所示，对角线 $\overrightarrow{z_2z_1}$ 就表示复数 $z_1 - z_2$. 若将向量 $\overrightarrow{z_2z_1}$ 平移至向量 $\overrightarrow{Oz_3}$，则向量 $\overrightarrow{Oz_3}$ 就表示复数 $z_1 - z_2$（见图 1-3）.

由复数的几何意义可知，显然有下列两个不等式成立：

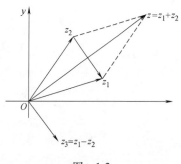

图 1-3

5

$$|z_1 + z_2| \leqslant |z_1| + |z_2|, \tag{1.4}$$

$$|z_1 - z_2| \geqslant |z_1| - |z_2|, \tag{1.5}$$

其中，$|z_1 - z_2|$ 表示向量 $\overrightarrow{z_1 z_2}$ 的长，也就是复平面上点 z_1，z_2 之间的距离.

1.2.2　复数的乘法和除法

复数的乘法定义如下

$$
\begin{aligned}
z_1 \cdot z_2 &= (x_1 + iy_1)(x_2 + iy_2) \\
&= (x_1 x_2 - y_1 y_2) + i(x_1 y_2 + x_2 y_1). \tag{1.6}
\end{aligned}
$$

由乘法定义，可验证

$$i \cdot i = (0 + 1 \cdot i)(0 + 1 \cdot i) = -1.$$

复数的除法是乘法的逆运算. 当 $z_2 \neq 0$ 时，$z = \dfrac{z_1}{z_2}$ 就表示 $z_1 = z \cdot z_2$，其计算方法如下：

$$
\begin{aligned}
\frac{z_1}{z_2} &= \frac{z_1 \cdot \overline{z_2}}{z_2 \cdot \overline{z_2}} = \frac{(x_1 + iy_1)(x_2 - iy_2)}{x_2^2 + y_2^2} \\
&= \frac{x_1 x_2 + y_1 y_2}{x_2^2 + y_2^2} + i\frac{x_2 y_1 - x_1 y_2}{x_2^2 + y_2^2}. \tag{1.7}
\end{aligned}
$$

例如，

$$
\begin{aligned}
\frac{2 - 3i}{3 + 2i} &= \frac{(2 - 3i)(3 - 2i)}{(3 + 2i)(3 - 2i)} \\
&= \frac{(6 - 6) + i(-9 - 4)}{3^2 + 2^2} \\
&= -i.
\end{aligned}
$$

同实数的四则运算一样，复数的加法与乘法均满足交换律与结合律，并满足乘法对加法的分配律，相关证明请读者作为练习自行完成.

现在，利用复数的三角表示式来讨论复数的乘法与除法.

设

$$z_1 = r_1(\cos\theta_1 + i\sin\theta_1),$$

$$z_2 = r_2(\cos\theta_2 + i\sin\theta_2),$$

则由复数的乘法得

$$z_1 \cdot z_2 = r_1(\cos\theta_1 + i\sin\theta_1) r_2(\cos\theta_2 + i\sin\theta_2)$$
$$= r_1 r_2 \big[(\cos\theta_1\cos\theta_2 - \sin\theta_1\sin\theta_2) +$$
$$i(\cos\theta_1\sin\theta_2 + \sin\theta_1\cos\theta_2) \big]$$
$$= r_1 r_2 \big[\cos(\theta_1 + \theta_2) + i\sin(\theta_1 + \theta_2) \big].$$

于是得

$$|z_1 \cdot z_2| = |z_1||z_2|, \tag{1.8}$$
$$\mathrm{Arg}(z_1 \cdot z_2) = \mathrm{Arg}\, z_1 + \mathrm{Arg}\, z_2. \tag{1.9}$$

由式(1.8)及式(1.9)可知:

两个复数乘积的模等于它们模的乘积,两个复数乘积的辐角等于它们辐角的和.

值得注意的是,由于辐角的多值性,式(1.9)应理解为对于左端 $\mathrm{Arg}(z_1 \cdot z_2)$ 的任一值,必有右端 $\mathrm{Arg}\, z_1$ 与 $\mathrm{Arg}\, z_2$ 的各一值相加得出的和与之对应,反之亦然.

复数乘法的几何意义是:乘积 $z_1 \cdot z_2$ 所表示的向量可以从 z_1 所表示的向量沿逆时针方向旋转一个角度 $\mathrm{Arg}\, z_2$,并伸长 $|z_2|$ 倍获得,如图 1-4a 所示.

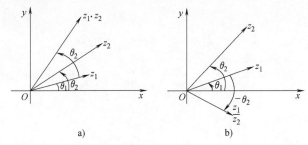

图 1-4

复数除法是复数乘法的逆运算,故当 $z_2 \neq 0$ 时,有

$$\frac{z_1}{z_2} = \frac{r_1}{r_2} \big[\cos(\theta_1 - \theta_2) + i\sin(\theta_1 - \theta_2) \big], \tag{1.10}$$

或者写成

$$\left| \frac{z_1}{z_2} \right| = \left| \frac{z_1}{z_2} \right|, \quad \mathrm{Arg}\, \frac{z_1}{z_2} = \mathrm{Arg}\, z_1 - \mathrm{Arg}\, z_2. \tag{1.11}$$

因此,除法也有其几何意义(见图 1-4b),即

两个复数商的模等于它们模的商,两个复数商的辐角等于分子与分母辐角的差.

若利用复数的指数表示式 $z_1 = r_1 e^{i\theta_1}$，$z_2 = r_2 e^{i\theta_2}$，则有

$$z_1 \cdot z_2 = r_1 e^{i\theta_1} \cdot r_2 e^{i\theta_2} = r_1 r_2 e^{i(\theta_1 + \theta_2)}, \tag{1.12}$$

$$\frac{z_1}{z_2} = \frac{r_1 e^{i\theta_1}}{r_2 e^{i\theta_2}} = \frac{r_1}{r_2} e^{i(\theta_1 - \theta_2)}, \quad r_2 \neq 0. \tag{1.13}$$

例1 用三角表示式计算 $(\sqrt{3} - i)(1 + \sqrt{3}i)$.

解 因为

$$\sqrt{3} - i = 2\left[\cos\left(-\frac{\pi}{6}\right) + i\sin\left(-\frac{\pi}{6}\right)\right],$$

$$1 + \sqrt{3}i = 2\left(\cos\frac{\pi}{3} + i\sin\frac{\pi}{3}\right),$$

所以

$$(\sqrt{3} - i)(1 + \sqrt{3}i) = 4\left(\cos\frac{\pi}{6} + i\sin\frac{\pi}{6}\right) = 2\sqrt{3} + 2i.$$

例2 用指数表示式计算 $\dfrac{1 + i}{\sqrt{3} + i}$.

解 因为

$$1 + i = \sqrt{2}\left(\cos\frac{\pi}{4} + i\sin\frac{\pi}{4}\right) = \sqrt{2}e^{\frac{\pi}{4}i},$$

$$\sqrt{3} + i = 2\left(\cos\frac{\pi}{6} + i\sin\frac{\pi}{6}\right) = 2e^{\frac{\pi}{6}i},$$

所以

$$\frac{1 + i}{\sqrt{3} + i} = \frac{\sqrt{2}e^{\frac{\pi}{4}i}}{2e^{\frac{\pi}{6}i}}$$

$$= \frac{\sqrt{2}}{2}e^{\frac{\pi}{12}i}.$$

1.2.3 复数的乘方和开方

运用数学归纳法，可得到 n 个复数 z_1，z_2，$\cdots$，z_n 相乘的公式：

$$z_1 \cdot z_2 \cdot \cdots \cdot z_n = r_1 r_2 \cdots r_n \left[\cos(\theta_1 + \theta_2 + \cdots + \theta_n) + i\sin(\theta_1 + \theta_2 + \cdots + \theta_n)\right]$$

$$= r_1 r_2 \cdots r_n e^{i(\theta_1 + \theta_2 + \cdots + \theta_n)}.$$

其中，$z_k = r_k(\cos\theta_k + \mathrm{i}\sin\theta_k) = r_k\mathrm{e}^{\mathrm{i}\theta_k}$，$k \in \mathbf{Z}_+$.

特别地，当 $z_1 = z_2 = \cdots = z_n = z = r(\cos\theta + \mathrm{i}\sin\theta)$ 时，就得到**复数** z 的 n 次幂：

$$z^n = r^n(\cos n\theta + \mathrm{i}\sin n\theta), \quad n \in \mathbf{Z}_+. \tag{1.14}$$

若令 $|z| = r = 1$，即 $z = \cos\theta + \mathrm{i}\sin\theta$，则得著名的**棣莫佛**（De Moivre）**公式**：

$$(\cos\theta + \mathrm{i}\sin\theta)^n = \cos n\theta + \mathrm{i}\sin n\theta. \tag{1.15}$$

当 $n = 3$ 时，即以 3 倍角为例，有

$$(\cos\theta + \mathrm{i}\sin\theta)^3 = \cos 3\theta + \mathrm{i}\sin 3\theta,$$

将等式左边展开得到

$$\cos^3\theta + 3\mathrm{i}\cos^2\theta\sin\theta - 3\cos\theta\sin^2\theta - \mathrm{i}\sin^3\theta$$
$$= (\cos^3\theta - 3\cos\theta\sin^2\theta) + \mathrm{i}(3\cos^2\theta\sin\theta - \sin^3\theta).$$

分别比较等式两边的实部与虚部得到

$$\cos 3\theta = \cos^3\theta - 3\cos\theta\sin^2\theta,$$
$$\sin 3\theta = 3\cos^2\theta\sin\theta - \sin^3\theta.$$

显然，用这种方法得到 3 倍角公式比中学的三角方法更简便.

设存在复数 w 和 z，若 $w^n = z$（n 为正整数），则称**复数** w **为** z **的** n **次方根**，记为

$$w = \sqrt[n]{z}.$$

如果 $z = 0$，显然有 $w = 0$. 为此，我们假定 $z \neq 0$.

现令

$$z = r(\cos\theta + \mathrm{i}\sin\theta), \quad w = \rho(\cos\varphi + \mathrm{i}\sin\varphi),$$

则有

$$[\rho(\cos\varphi) + \mathrm{i}\sin\varphi)]^n = r(\cos\theta + \mathrm{i}\sin\theta),$$

即

$$\rho^n(\cos n\varphi + \mathrm{i}\sin n\varphi) = r(\cos\theta + \mathrm{i}\sin\theta).$$

于是有

$$\begin{cases} \rho^n = r, \\ n\varphi = \theta + 2k\pi, \quad k \in \mathbf{Z}. \end{cases}$$

从而解得

$$\begin{cases} \rho = \sqrt[n]{r}, \\ \varphi = \dfrac{1}{n}(\theta + 2k\pi), \quad k \in \mathbf{Z}. \end{cases}$$

故得

$$w = r^{\frac{1}{n}}\left(\cos\frac{\theta + 2k\pi}{n} + i\sin\frac{\theta + 2k\pi}{n}\right), \qquad (1.16)$$

其中，$k = 0$，± 1，± 2，$\cdots$，$r^{\frac{1}{n}}$ 为 r 的算术根.

由于 $\cos\varphi$ 和 $\sin\varphi$ 都是以 2π 为周期的周期函数，故当 $k = 0$，1，$\cdots$，$n-1$ 时，可得到 φ 的 n 个值，其中任意两个相差不是 2π 的整数倍，w 实际上有 n 个不同的值，当 k 取其他整数时，w 的这些值又重复出现. 为确定起见，可写成

$$w = |z|^{\frac{1}{n}}\left(\cos\frac{\arg z + 2k\pi}{n} + i\sin\frac{\arg z + 2k\pi}{n}\right), \qquad (1.17)$$

其中，$k = 0$，1，$\cdots$，$n-1$.

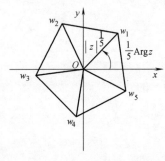

由于复数 $\sqrt[n]{z}$ 的 n 个不同的值都具有相同的模 $\sqrt[n]{|z|}$，且对应相邻两个 k 值的方根的辐角均相差 $\dfrac{2\pi}{n}$，所以在复平面上这 n 个点形成一个以原点为中心的正 n 边形的顶点. 它们同原点的距离是 $|z|^{\frac{1}{n}}$，其中一个点的辐角是 $\dfrac{1}{n}\mathrm{Arg}\,z$，如图 1-5 所示.

图 1-5

特别地，当 $z = 1$ 时，若令 $w = \cos\dfrac{2\pi}{n} + i\sin\dfrac{2\pi}{n}$，则 1 的 n 次方根为 1，w，w^2，$\cdots$，w^{n-1}.

1.2.4　共轭复数的运算性质

设复数 $z = x + iy$，$\bar{z} = x - iy$，则 z 和 $\bar{z}$ 是关于实轴对称的，如图 1-6 所示.

显然有：

(1) $|\bar{z}| = |z|$；

(2) $\mathrm{Arg}\,\bar{z} = -\mathrm{Arg}\,z$；

(3) $\overline{z_1 \pm z_2} = \bar{z_1} \pm \bar{z_2}$；

(4) $z \cdot \bar{z} = |z|^2$；

(5) $\overline{z_1 \cdot z_2} = \bar{z_1} \cdot \bar{z_2}$；

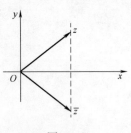

图　1-6

（6）$\overline{\left(\dfrac{z_1}{z_2}\right)} = \dfrac{\overline{z_1}}{\overline{z_2}}(z_2 \neq 0)$；

（7）$\operatorname{Re} z = \dfrac{z + \overline{z}}{2}, \quad \operatorname{Im} z = \dfrac{z - \overline{z}}{2\mathrm{i}}$.

由共轭复数的概念，还可以得到如下两个关于复数模的公式：

$$|z_1 + z_2|^2 = |z_1|^2 + |z_2|^2 + 2\operatorname{Re}(z_1 \cdot \overline{z_2}),$$
$$|z_1 - z_2|^2 = |z_1|^2 + |z_2|^2 - 2\operatorname{Re}(z_1 \cdot \overline{z_2}).$$

例 3　用复数的三角表示式计算 $(1 - \sqrt{3}\mathrm{i})^6$.

解　因为

$$1 - \sqrt{3}\mathrm{i} = 2\left[\cos\left(-\dfrac{\pi}{3}\right) + \mathrm{i}\sin\left(-\dfrac{\pi}{3}\right)\right],$$

所以

$$(1 - \sqrt{3}\mathrm{i})^6 = 2^6\left[\cos\left(-\dfrac{\pi}{3}\right) + \mathrm{i}\sin\left(-\dfrac{\pi}{3}\right)\right]^6$$
$$= 2^6\left[\cos(-2\pi) + \mathrm{i}\sin(-2\pi)\right] = 64.$$

例 4　求解方程 $z^3 - 8 = 0$.

解　方程 $z^3 - 8 = 0$，即 $\quad z^3 = 8$，

解为
$$z = 8^{\frac{1}{3}}.$$

由式 (1.17) 得

$$z = \left[8(\cos 0 + \mathrm{i}\sin 0)\right]^{\frac{1}{3}}$$
$$= 2\left(\cos\dfrac{2k}{3}\pi + \mathrm{i}\sin\dfrac{2k}{3}\pi\right),$$

其中，$k = 0,\ 1,\ 2$.

所以方程 $z^3 - 8 = 0$ 有三个根，它们是 2，$2\left(-\dfrac{1}{2} + \dfrac{\sqrt{3}}{2}\mathrm{i}\right)$，

$2\left(-\dfrac{1}{2} - \dfrac{\sqrt{3}}{2}\mathrm{i}\right)$.

例 5　求复数 $z = \dfrac{(2 + \mathrm{i})(3 - \mathrm{i})}{(2 - \mathrm{i})(3 + \mathrm{i})}$ 的模.

解法一　$|z| = \dfrac{|2 + \mathrm{i}||3 - \mathrm{i}|}{|2 - \mathrm{i}||3 + \mathrm{i}|} = 1$.

解法二 $|z|^2 = z \cdot \bar{z}$

$$= \frac{(2+i)(3-i)}{(2-i)(3+i)} \cdot \frac{(2-i)(3+i)}{(2+i)(3-i)} = 1.$$

故 $|z| = 1$.

1.3 平面点集

1.3.1 点集的概念

复数集合中的复数在复平面上对应的点就组成一个点集，对于一些特殊的复平面点集，我们将采用复数所满足的等式或不等式来表示.

例 1 求复平面上以 z_0 为中心，r 为半径的圆的轨迹.

解 设 $z = x + iy$，则由题意得 $|z - z_0| = r$，于是平面上曲线

$$(x - x_0)^2 + (y - y_0)^2 = r^2$$

即为所求轨迹.

定义 1.1 在平面上以 z_0 为中心，正数 δ 为半径的圆内部的点集称为点 z_0 的 δ 邻域，在不强调半径 δ 时，就简称为 z_0 的邻域.

显然，点 z_0 的 δ 邻域可表示为

$$\{z \mid |z - z_0| < \delta\},$$

而称点集

$$\{z \mid 0 < |z - z_0| < \delta\}$$

为 z_0 的 δ **去心邻域**.

设 E 为一平面点集，z_0 为一点.

(1) 如果存在 z_0 的一个邻域，使得该邻域内的所有点都属于 E，那么称 z_0 为 E 的**内点**；如果存在 z_0 的一个邻域，使得该邻域内的所有点都不属于 E，则称 z_0 为 E 的**外点**；若在 z_0 的任一邻域内既有属于 E 的点又有不属于 E 的点，则称 z_0 是 E 的一个**边界点**.

(2) 如果点集 E 内的每个点都是它的内点，那么称 E 为**开集**.

(3) 平面上不属于 E 的点的全体称为点集 E 的**余集**，记作 E^C，开集的余集称为**闭集**.

(4) 点集 E 的边界点全体称为点集 E 的**边界**.

(5) 设 $z_0 \in E$，若在 z_0 的某一去心邻域内不含 E 的点，则称 z_0 是 E 的一个**孤立点**，点集 E 的孤立点一定是 E 的边界点.

(6) 若存在一个以点 $z = 0$ 为中心的圆盘包含点集 E，则称点集 E 为**有界集**，否则称 E 为无界集.

例2 $E = \{z \mid |z| < R\}$ 是开集. 因为对于任意的 $z_0 \in E$，z_0 的邻域 $\{z \mid |z - z_0| < R - |z_0|\}$ 在 E 中.

例3 $E = \{z \mid |z| \geqslant R\}$ 是闭集. 因为它的余集 $E^{\mathrm{C}} = \{z \mid |z| < R\}$ 是开集.

1.3.2 区域

定义1.2 设点集 D 满足下列两个条件：

(1) D 是一个开集；

(2) D 是连通的，即 D 中任何两点都可以用完全属于 D 的一条折线连起来.

则称 D 为一个区域，换言之，区域就是连通开集，区域 D 与它的边界一起构成闭区域或闭域，记作 $\overline{D}$.

注意 区域是开集，闭区域是闭集，除了全平面既是区域又是闭区域这一特例外，闭区域并不是区域.

例4 试说出下列各式所表示的点集是怎样的图形，并指出是区域还是闭区域.

(1) $2 < |z| < 3$；

(2) $|\arg z| < \dfrac{\pi}{3}$；

(3) $|z - 1| + |z + 1| \leqslant 4$.

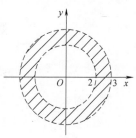

图 1-7

解 (1) $2 < |z| < 3$ 表示以原点为中心，以 2 为半径的圆与以原点为中心，以 3 为半径的圆所构成的圆环域，并且不包含 $|z| = 2$ 及 $|z| = 3$，它是一个区域，如图 1-7 所示.

(2) $|\arg z| < \dfrac{\pi}{3}$ 可写成 $-\dfrac{\pi}{3} < \arg z < \dfrac{\pi}{3}$，这是介于 $\arg z = -\dfrac{\pi}{3}$ 及 $\arg z = \dfrac{\pi}{3}$ 之间的一个角形区域，如图 1-8 所示.

(3) $|z - 1| + |z + 1| \leqslant 4$ 表示到点 -1 及 1 的距离和为 4 的点

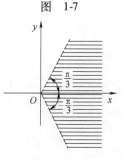

图 1-8

所围成的闭区域，边界线可表示为 $\dfrac{x^2}{4} + \dfrac{y^2}{3} = 1$，如图 1-9 所示.

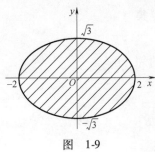

图　1-9

1.3.3　平面曲线

下面介绍有关平面曲线的概念.

定义 1.3　若 $x(t)$ 与 $y(t)$ 是两个定义在区间 $\alpha \leqslant t \leqslant \beta$ 上的连续函数，则函数

$$z = x(t) + \mathrm{i}y(t) \, (\alpha \leqslant t \leqslant \beta)，或记为 z = z(t)$$

就在平面上确定了一条连续曲线，$z(\alpha)$ 及 $z(\beta)$ 分别称为这条曲线的起点和终点.

对于满足 $\alpha < t_1 < \beta$，$\alpha < t_2 < \beta$ 的 t_1 与 t_2，当 $t_1 \neq t_2$ 而又有 $z(t_1) = z(t_2)$ 时，点 $z(t_1)$ 称为这条曲线的重点；没有重点的连续曲线称为简单曲线或约当（Jordan）曲线；满足 $z(\alpha) = z(\beta)$ 的简单曲线称为简单闭曲线或约当闭曲线.

定理 1.1（约当曲线定理）　任一简单闭曲线将平面分成两个区域，它们都以该曲线为边界，其中一个为有界区域，称为该简单闭曲线的内部；另一个为无界区域，称为外部.

定义 1.4　设 $z = z(t) = x(t) + \mathrm{i}y(t)$ 在 $a \leqslant t \leqslant b$ 上有连续导数，即

$$z'(t) = x'(t) + \mathrm{i}y'(t)，\quad z'(t) \neq 0，$$

则称此曲线为光滑曲线，由若干段光滑曲线所组成的曲线称为逐段光滑曲线.

1.3.4　单连通区域与多连通区域

根据简单闭曲线的特征，我们可以区别区域的连通情况.

定义 1.5　设 D 为一区域，若属于 D 的任何简单闭曲线的内部仍属于 D，则称 D 为单连通区域（见图 1-10a），非单连通区域称为多连通区域（见图 1-10b）.

例 5　满足条件 $\dfrac{\pi}{6} < \arg z < \dfrac{\pi}{3}$ 的所有点 z 组成的点集为一角形区域，它是一个无界单连通区域.

例 6　满足条件 $0 < |z - \mathrm{i}| < 1$ 的所有点 z 组成的点集是以 i 为中心的去心单位圆域，它是一个有界的

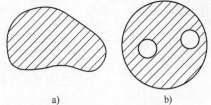

a)　　　　b)

图　1-10

多连通区域.

1.4 无穷远点与复球面

1.4.1 无穷远点

为了使复数系统适用于更多场合，我们不仅要讨论有限复数，还要讨论一个特殊的复数——**无穷**，记为∞，即模为无穷大的复数. 对于复数∞，我们有如下规定：

(1) $\infty \pm a = a \pm \infty = \infty$ $(a \neq \infty)$；

(2) $a \cdot \infty = \infty \cdot a = \infty$ $(a \neq 0)$；

(3) $\dfrac{a}{\infty} = 0$，$\dfrac{\infty}{a} = \infty$ $(a \neq \infty)$；

(4) ∞的实部、虚部及辐角均没有意义；

(5) 运算$\infty \pm \infty$，$0 \cdot \infty$，$\dfrac{\infty}{\infty}$，$\dfrac{0}{0}$无意义.

显然，在复平面上没有一点与∞相对应，但是，我们可以在复平面的基础上增加一个模为无穷大的假想点，此点与∞相对应，并称为**无穷远点**. 复平面加上无穷远点后称为**扩充复平面**. 扩充复平面上的每一条直线都通过无穷远点.

扩充复平面上，无穷远点的邻域是指包括无穷远点自身在内且满足$|z| > M$的所有点的集合. 也可以理解为某圆周$|z| = M$的外部. 不包括无穷远点自身在内，仅满足$|z| > M$的所有点的集合，称为**无穷远点的去心邻域**，可表示为$\{z \,|\, M < |z| < +\infty\}$.

1.4.2 复球面

根据实际需要，我们还借助于地图制图学中将地球投影到平面上的测地投影法，从而建立复平面上的点与球面上点之间的一一对应关系. 于是，复数可以用球面上的点来表示，进而确定了∞的几何意义.

取一个在原点O与复平面相切的球面（见图 1-11），通过点O（即南极S）作一垂直于平面的直线与球面交于点N（北极）. 我们用直线段将N与复平面上一点z相连，

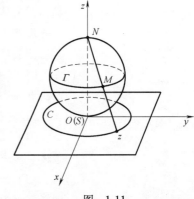

图 1-11

此线段交球面于一点 M. 这样, 就建立了球面上的点(不包括点 N)与复平面上的点之间的一一对应关系. 点 z 是球面上点 M 在复平面上的投影, 点 M 可以看做是复数 z 的球面图形, 这个球面就称为**复球面**, 现在研究平面上与北极点 N 相对应的点.

对于平面上一个以原点 O 为中心的圆周 C, 在球面上对应的图形也是一个圆周 Γ(即纬线).

当圆周 C 的半径越来越大时, 圆周 Γ 也越趋近于北极点 N. 因此, 点 N 可看做是平面上无穷远点在球面上的图形. 这样复球面上的点就与扩充复平面上的点一一对应了. 由此可见, 在复平面的基础上假想出无穷远点是合理的.

值得注意的是: 在实变量中, $+\infty$ 与 $-\infty$ 是有区别的, 而在复变量中, ∞ 是没有符号的.

本 章 小 结

本章介绍了复数与复平面的概念、运算及其表示法, 这些内容是学习复变函数的基础. 由于后面研究的问题均在复数范围内讨论, 所以我们应该对复数性质有清楚的认识, 并牢固掌握复数运算的方法, 由于复数全体与平面上点的全体可作一一对应, 故利用平面点集来研究复数集成为一种常规手段.

本章学习目的及要求

(1) 必须熟练掌握用复数的三角表示式进行运算的技能. 要正确理解辐角的多值性, 会确定非零复数的辐角主值.

(2) 掌握用复数形式的方程(或不等式)表示的平面图形来解决有关几何问题的方法.

(3) 掌握复数与实数的不同点:

1) 任一非零的复数总可以开方, 而所得结果是多值的, 开 n 次方就有 n 个根;

2) 实数能比较大小, 而复数不能.

(4) 正确理解复变函数及其有关的概念, 正确理解区域、单连通域、多连通域、简单曲线等概念.

(5) 掌握复平面、扩充复平面与复球面之间的对应关系, 理解扩充复平面与复平面的区别.

本章内容要点

1. 复数的概念

形如 $a+ib$ 或 $a+bi$ 的数称为复数. 设 $z=a+ib$, 则

$$\bar{z}=a-ib,$$

$$\mathrm{Re}\, z=\mathrm{Re}\, \bar{z}=a,$$

$$\mathrm{Im}\, z=-\mathrm{Im}\, \bar{z}=b,$$

$$|z|=|\bar{z}|=\sqrt{a^2+b^2},$$

$$\arg z=-\arg \bar{z}=\begin{cases} \arctan \dfrac{b}{a}, & a>0, \\[2mm] \dfrac{\pi}{2}, & a=0,\ b>0, \\[2mm] \arctan \dfrac{b}{a}+\pi, & a<0,\ b\geqslant 0, \\[2mm] \arctan \dfrac{b}{a}-\pi, & a<0,\ b<0, \\[2mm] -\dfrac{\pi}{2}, & a=0,\ b<0. \end{cases}$$

其中, $z\neq 0$, $-\dfrac{\pi}{2}<\arctan \dfrac{b}{a}<\dfrac{\pi}{2}$.

2. 复数的表示法

(1) 指数表示法: $z=re^{i\theta}$, 其中 $r=|z|$, $\theta=\mathrm{Arg}\, z=\arg z+2k\pi$, $k\in \mathbf{Z}$;

(2) 三角表示法: $z=r(\cos\theta+i\sin\theta)$.

3. 复数的运算

设 $z_1=a_1+ib_1=r_1e^{i\theta_1}$, $z_2=a_2+ib_2=r_2e^{i\theta_2}$, 则有

(1) 加法和减法: $z_1\pm z_2=(a_1\pm a_2)+i(b_1\pm b_2)$;

(2) 乘法和除法: $z_1\cdot z_2=r_1r_2e^{i(\theta_1+\theta_2)}$; $\dfrac{z_1}{z_2}=\dfrac{r_1}{r_2}e^{i(\theta_1-\theta_2)}$, $r_2\neq 0$;

(3) 乘方和开方: $z^n=r^ne^{in\theta}$; $z^{\frac{1}{n}}=r^{\frac{1}{n}}e^{i\frac{\arg z+2k\pi}{n}}$, 其中 $k=0,\ 1,\ \cdots,\ n-1$;

(4) 共轭复数及其运算性质: $\mathrm{Re}\, z=\dfrac{z+\bar{z}}{2}$; $\mathrm{Im}\, z=\dfrac{z-\bar{z}}{2i}$; $|z|^2=z\cdot \bar{z}$.

4. 点集、区域、简单曲线、单连通区域与多连通区域的概念

5. 复平面、无穷远点、扩充复平面、复球面的概念

综合练习题 1

1. 求下列复数的实部、虚部、模与辐角主值：

(1) $\dfrac{1-i}{1+i}$；　　　　　　　　　　(2) $(1+i)^{100} + (1-i)^{100}$；

(3) $\left(\dfrac{1+\sqrt{3}i}{2}\right)^6$.

2. 将下列复数写成三角表示式：

(1) i；　　　　　　　　　　　　(2) $-\dfrac{3}{5}$；

(3) $1+i$；　　　　　　　　　　　(4) $(2-3i)(-2+i)$；

(5) $\sin\alpha + i\cos\alpha$；　　　　　　(6) $-\cos\beta + i\sin\beta$.

3. 利用复数的指数式计算下列各式：

(1) $(1+i)^4$；　　　　　　　　　　(2) $\dfrac{-2+3i}{3+2i}$；

(3) $\left(\dfrac{1-\sqrt{3}i}{2}\right)^3$；　　　　　　(4) $\sqrt[6]{64}$.

4. 设 ω 是 1 的 n 次根，$\omega \neq 1$，试证明：ω 满足方程 $1 + z + z^2 + \cdots + z^{n-1} = 0$.

5. 解下列方程和方程组：

(1) $z^2 - 4iz - (4-9i) = 0$；　　　　(2) $\begin{cases} z_1 + 2z_2 = 1+i, \\ 3z_1 + iz_2 = 2-3i. \end{cases}$

6. 设 z，$\omega \in \mathbf{C}$，证明下列等式：
$$|z+\omega|^2 = |z|^2 + 2\operatorname{Re} z\,\overline{\omega} + |\omega|^2,$$
$$|z+\omega|^2 + |z-\omega|^2 = 2(|z|^2 + |\omega|^2),$$
并给出第二个等式的几何解释.

7. 将下列方程（t 为参数）给出的曲线用一个实直角坐标方程表示（方程中 a，b 为实常数）：

(1) $z = (-2+i)t$；　　　　　　　(2) $z = t + \dfrac{i}{t}$；

(3) $\operatorname{Re}(z^2) = a$；　　　　　　　(4) $z = a\operatorname{ch}t + ib\operatorname{sh}t$；

(5) $z = ae^{it} + be^{-it}$；　　　　　(6) $z = e^{\alpha t}$　$(\alpha = a + ib)$.

8. 设 $z + z^{-1} = 2\cos\theta \,(z\neq 0,\ \theta$ 是 z 的辐角)，求证：
$$z^n + z^{-n} = 2\cos n\theta.$$

9. 画出下列不等式所确定的区域与闭区域，并指明它们是有界的还是无界的，是单连通区域还是多连通区域，并标出区域边界的正方向：

(1) $|z| < 1$ 且 $\operatorname{Re} z < \dfrac{1}{2}$； (2) $\operatorname{Re}(z^2) < 1$；

(3) $\left|\dfrac{1}{z}\right| < 2$； (4) $\left|\dfrac{z-1}{z+1}\right| \geqslant 2$；

(5) $|z-2| - |z+2| > 1$； (6) $|z-2| + |z+2| \leqslant 6$；

(7) $0 < \arg \dfrac{z-\mathrm{i}}{z+\mathrm{i}} < \pi/4$； (8) $z \cdot \bar{z} - (2+\mathrm{i})z - (2-\mathrm{i})\bar{z} \leqslant 4$.

10. 将下列曲线写成复变量形式：$z = z(t)$，t 为参数.

(1) $x^2 + (y-1)^2 = 4$； (2) $y = 2x$；

(3) $y = 5$； (4) $x = 3$.

11. 指出满足下列各式的点 z 的轨迹是什么曲线：

(1) $\arg(z-\mathrm{i}) = \dfrac{\pi}{4}$； (2) $|z+\mathrm{i}| = 1$；

(3) $|z-a| = \operatorname{Re}(z-b)$，其中 a，b 为实常数；

(4) $\bar{a}z + a\bar{z} + b = 0$，其中 a 为复常数，b 为实常数.

12. 用复参数方程表示连接 $1+\mathrm{i}$ 与 $-1-4\mathrm{i}$ 的直线段.

自 测 题 1

1. 把下列复数 z 写成 $x+\mathrm{i}y$ 的形式，并指出它的模和辐角的主值：

(1) $\dfrac{1-2\mathrm{i}}{3-4\mathrm{i}} - \dfrac{2-\mathrm{i}}{5\mathrm{i}}$； (2) $\dfrac{1-2\mathrm{i}}{1+\mathrm{i}}$.

2. 设 z_1、z_2、z_3 三点满足条件

$$z_1 + z_2 + z_3 = 0；\quad |z_1| = |z_2| = |z_3| = 1.$$

证明：z_1、z_2、z_3 是内接于单位圆 $|z| = 1$ 的一个正三角形的顶点.

3. 将下列复数 z 的方根，并将结果用复平面上的点(向量)表示出来：

(1) $\sqrt[3]{-\sqrt{3}+\mathrm{i}}$； (2) $\sqrt[4]{-\mathrm{i}}$；

(3) $\sqrt[6]{64}$.

4. 设 $|z| = 1$，证明：

$$\left|\dfrac{az+b}{bz+\bar{a}}\right| = 1.$$

5. 已知映射 $w = z^3$，求区域 $\dfrac{\pi}{6} < \arg z < \dfrac{\pi}{4}$ 在 w 平面上的像.

6. 求复数 $z = \dfrac{(-1-\sqrt{3}\mathrm{i})\overline{(1+\mathrm{i})}}{(\mathrm{i}-1)^2}$ 的模和辐角.

第2章 解析函数

解析函数是复变函数中一类具有特殊性质的可导函数，它在理论研究和实际问题中有着广泛的应用．本章首先介绍复变函数的概念、极限与连续性，然后讨论解析函数的概念和判别方法，最后把我们熟知的基本初等函数推广到复数域上来，并说明它们的解析性．

本章预习提示：微积分学中的函数及其极限、连续、导数的概念．

2.1 复变函数及其相关概念

2.1.1 复变函数的概念

定义 2.1 设 D 为给定的复平面点集，若对于 D 中每一个复数 $z = x + \mathrm{i}y$，按着某一确定的法则 f，总有确定的一个或几个复数 $w = u + \mathrm{i}v$ 与之对应，则称复变数 w 是复变数 z 的函数，记作 $w = f(z)$．通常也称 $w = f(z)$ 为定义在 D 上的复变函数，其中 z 称为自变量，w 称为因变量，点集 D 为定义域，D 中所有的 z 对应的一切 w 值构成的集合称为 $f(z)$ 的值域，记为 $f(D)$．

若 z 的一个值对应着 w 的一个值，则称复变函数 $f(z)$ 是**单值**的；若 z 的一个值对应着 w 的两个或两个以上的值，则称复变函数 $f(z)$ 是**多值**的．例如，$w = |z|$，$w = \bar{z}$ 及 $w = z^2$ 均为 z 的单值函数；$w = \sqrt[n]{z}$ $(z \neq 0，n \geqslant 2)$ 及 $w = \mathrm{Arg}\, z (z \neq 0)$ 均为 z 的多值函数．

由于复数 $z = x + \mathrm{i}y$ 与 $w = u + \mathrm{i}v$ 分别对应实数对 $(x，y)$ 和 $(u，v)$，其中 u 与 v 为 $x，y$ 的二元实函数 $u(x，y)$ 和 $v(x，y)$，所以 $w = f(z)$ 也可写成

$$w = u(x，y) + \mathrm{i}v(x，y)，$$

从而对 $f(z)$ 的讨论可相应的转化为对两个二元实函数 $u(x，y)$ 和 $v(x，y)$ 的讨论．例如，考查函数 $w = z^2$，设

$$z = x + \mathrm{i}y, \quad w = u + \mathrm{i}v,$$

则

$$w = u + \mathrm{i}v = (x + \mathrm{i}y)^2 = x^2 - y^2 + \mathrm{i}2xy,$$

所以 $w = z^2$ 对应于 $u = x^2 - y^2$, $v = 2xy$.

与实函数一样, 复变函数也有反函数的概念.

定义 2.2　若对于 $f(D)$ 中的任一点 w, 在 D 中存在一个或多个 z 与之对应, 则在 $f(D)$ 上确定了一个函数, 记为 $z = f^{-1}(w)$, 称为 $w = f(z)$ 的反函数.

当 $w = f(z)$ 为单值函数时, 其反函数 $z = f^{-1}(w)$ 可能是多值的, 例如 $w = z^2$.

如果函数 $w = f(z)$ 与它的反函数 $z = f^{-1}(w)$ 都是单值的, 那么称 $w = f(z)$ 是一一对应的.

2.1.2　复变函数的极限与连续

1. 复变函数的极限

定义 2.3　设函数 $f(z)$ 在 z_0 的某去心邻域内有定义, 若对任意给定的正数 ε, 总存在正数 δ, 使得当 $0 < |z - z_0| < \delta$ 时, 恒有 $|f(z) - A| < \varepsilon$, 则称复常数 A 为函数 $f(z)$ 当 $z \to z_0$ 时的极限, 记作

$$\lim_{z \to z_0} f(z) = A \text{ 或 } f(z) \to A (z \to z_0).$$

其几何意义为: 先在 w 平面上给定一个以 A 为中心, ε 为半径的圆, 然后能在 z 平面上找到 z_0 的一个去心 δ 邻域, 使得给定的复平面点集 D 中含于此去心邻域内的点的像都在上述以 ε 为半径的圆内, 如图 2-1 所示.

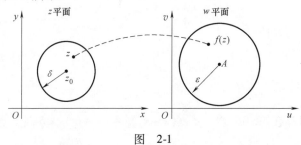

图　2-1

要注意的是, 定义中 $z \to z_0$ 的方式是任意的, 也就是说, z 在 z_0 的去心邻域内沿任何曲线以任何方式趋于 z_0, $f(z)$ 都趋向于同一个

常数 A. 而对于一元实函数 $f(x)$ 的极限 $\lim\limits_{x \to x_0} f(x)$，其中 $x \to x_0$ 指在 x 轴上 x 只沿 x_0 的左、右两个方向趋于 x_0.

关于极限的计算，有下面的两个定理.

定理 2.1 设 $f(z) = u(x, y) + iv(x, y)$，$z_0 = x_0 + iy_0$，$A = u_0 + iv_0$，则 $\lim\limits_{z \to z_0} f(z) = A$ 的充要条件是

$$\lim_{(x,y) \to (x_0,y_0)} u(x, y) = u_0 \text{ 且 } \lim_{(x,y) \to (x_0,y_0)} v(x, y) = v_0.$$

证 先证必要性.

因为 $\lim\limits_{z \to z_0} f(z) = A$，即对任意给定的正数 ε，总存在正数 δ，使得

当 $0 < |z - z_0| = |(x + iy) - (x_0 + iy_0)| = \sqrt{(x - x_0)^2 + (y - y_0)^2} < \delta$ 时，

恒有

$$\begin{aligned}
|f(z) - A| &= |(u + iv) - (u_0 + iv_0)| \\
&= \sqrt{(u - u_0)^2 + (v - v_0)^2} < \varepsilon.
\end{aligned}$$

又因为

$$|u - u_0| \leqslant \sqrt{(u - u_0)^2 + (v - v_0)^2},$$
$$|v - v_0| \leqslant \sqrt{(u - u_0)^2 + (v - v_0)^2},$$

所以，当 $0 < \sqrt{(x - x_0)^2 + (y - y_0)^2} < \delta$ 时，有

$$|u - u_0| < \varepsilon, \quad |v - v_0| < \varepsilon$$

成立.

即

$$\lim_{(x,y) \to (x_0,y_0)} u(x, y) = u_0,$$
$$\lim_{(x,y) \to (x_0,y_0)} v(x, y) = v_0.$$

再证充分性.

已知

$$\lim_{(x,y) \to (x_0,y_0)} u(x, y) = u_0,$$
$$\lim_{(x,y) \to (x_0,y_0)} v(x, y) = v_0$$

成立，即存在 $\delta > 0$，当 $0 < \sqrt{(x - x_0)^2 + (y - y_0)^2} < \delta$ 时，有

$$|u - u_0| < \frac{\varepsilon}{2}, \quad |v - v_0| < \frac{\varepsilon}{2},$$

因此

$$|f(z) - A| = |(u - u_0) - i(v - v_0)| < |u - u_0| + |v - v_0| < \varepsilon.$$

所以，当 $0 < |z - z_0| = \sqrt{(x - x_0)^2 + (y - y_0)^2} < \delta$ 时，有
$$|f(z) - A| < \varepsilon,$$

即

$$\lim_{z \to z_0} f(z) = A.$$

定理 2.2 设 $\lim\limits_{z \to z_0} f(z) = A$，$\lim\limits_{z \to z_0} g(z) = B$，则

（1） $\lim\limits_{z \to z_0}[f(z) \pm g(z)] = \lim\limits_{z \to z_0} f(z) \pm \lim\limits_{z \to z_0} g(z) = A \pm B$；

（2） $\lim\limits_{z \to z_0}[f(z) \cdot g(z)] = \lim\limits_{z \to z_0} f(z) \cdot \lim\limits_{z \to z_0} g(z) = AB$；

（3） $\lim\limits_{z \to z_0} \dfrac{f(z)}{g(z)} = \dfrac{\lim\limits_{z \to z_0} f(z)}{\lim\limits_{z \to z_0} g(z)} = \dfrac{A}{B}$，$B \neq 0$.

例 1 试求下列函数的极限.

（1） $\lim\limits_{z \to 1 + i} \dfrac{\bar{z}}{z}$；　　　　　　　（2） $\lim\limits_{z \to 1} \dfrac{z \cdot \bar{z} - \bar{z} + z - 1}{z - 1}$.

解 （1）解法一：设 $z = x + iy$，则

$$\bar{z} = x - iy,$$

$$\frac{\bar{z}}{z} = \frac{x - iy}{x + iy} = \frac{x^2 - y^2}{x^2 + y^2} + i \frac{-2xy}{x^2 + y^2},$$

所以

$$\lim_{z \to 1 + i} \frac{\bar{z}}{z} = \lim_{(x,y) \to (1,1)} \frac{x^2 - y^2}{x^2 + y^2} + i \cdot \lim_{(x,y) \to (1,1)} \frac{-2xy}{x^2 + y^2} = -i.$$

解法二： $\lim\limits_{z \to 1 + i} \dfrac{\bar{z}}{z} = \dfrac{\lim\limits_{z \to 1 + i} \bar{z}}{\lim\limits_{z \to 1 + i} z} = \dfrac{1 - i}{1 + i} = -i.$

（2）设 $z = x + iy$，则

$$\bar{z} = x - iy,$$

$$\lim_{z \to 1} \frac{z \cdot \bar{z} - \bar{z} + z - 1}{z - 1} = \lim_{z \to 1} \frac{(z - 1)(\bar{z} + 1)}{z - 1}$$

$$= \lim_{z \to 1}(\bar{z} + 1) = 2.$$

例 2 证明函数 $f(z) = \dfrac{\bar{z}}{z}$ 在 $z \to 0$ 时极限不存在.

证 设 $z = x + iy$，则

$$f(z) = \frac{\bar{z}}{z} = \frac{x^2 - y^2}{x^2 + y^2} + i\frac{-2xy}{x^2 + y^2},$$

设 $\qquad u(x, y) = \frac{x^2 - y^2}{x^2 + y^2}, \qquad v(x, y) = \frac{-2xy}{x^2 + y^2}.$

考虑二元实函数 $u(x, y)$，当 (x, y) 沿着 $y = kx$（k 为任意实数）趋向于 0 时，有

$$\lim_{(x,y)\to(0,0)} u(x, y) = \lim_{\substack{x\to 0 \\ (y=kx)}} u(x, y) = \frac{1 - k^2}{1 + k^2}.$$

显然，极限值随 k 值的不同而不同，所以根据二元实变函数极限的定义知，$u(x, y)$ 在 (x, y) 趋向于 0 时的极限不存在，由定理 2.1 知，$f(z) = \dfrac{\bar{z}}{z}$ 在 $z\to 0$ 时极限不存在.

2. 复变函数的连续性

定义 2.4 设 $f(z)$ 在点 z_0 的某邻域内有定义，若 $\lim\limits_{z\to z_0} f(z) = f(z_0)$，则称函数 $f(z)$ 在点 z_0 处连续. 若 $f(z)$ 在区域 D 内每一个点都连续，则称函数 $f(z)$ 在区域 D 内连续.

定理 2.3 函数 $f(z) = u(x, y) + iv(x, y)$ 在 $z_0 = x_0 + iy_0$ 处连续的充要条件是 $u(x, y)$ 和 $v(x, y)$ 都在点 (x_0, y_0) 处连续.

定理 2.4 在 z_0 处连续的两个函数的和、差、积、商（分母在 z_0 处不等于零）在 z_0 处仍连续.

从以上定理中，我们可以知道有理整函数（多项式）

$$P(z) = a_0 + a_1 z + a_2 z^2 + \cdots + a_n z^n$$

在整个复平面上都是连续的，而有理分式函数

$$w = \frac{P(z)}{Q(z)} \qquad [\text{其中，} P(z) \text{ 和 } Q(z) \text{ 都是多项式}]$$

在复平面上除去分母为零的点外处处连续.

特别要指出的是，$f(z)$ 在曲线 C 上点 z_0 处连续的意义是指

$$\lim_{z\to z_0} f(z) = f(z_0), \ z \in \mathbf{C}.$$

在闭曲线或包括曲线端点的曲线段上连续的函数 $f(z)$ 在曲线上是有界的，即存在一正数 M，在曲线上恒有

$$|f(z)| \leq M.$$

例 3 求 $\lim\limits_{z\to i} \dfrac{\bar{z} - 1}{z + 2}$.

解 因为 $\dfrac{\bar{z}-1}{z+2}$ 在 $z=\mathrm{i}$ 处连续，所以

$$\lim_{z \to \mathrm{i}}\frac{\bar{z}-1}{z+2} = \frac{-\mathrm{i}-1}{\mathrm{i}+2} = -\frac{3}{5} - \frac{\mathrm{i}}{5}.$$

例 4 讨论函数 $\arg z$ 的连续性.

解 设 z_0 为复平面上任意一点，则

（1）当 $z_0 = 0$ 时，$\arg z$ 在点 z_0 处无定义，故 $\arg z$ 在 z_0 处不连续.

（2）当 z_0 落在负实轴上时，由于 $-\pi < \arg z \leqslant \pi$，当 z 从实轴上方趋于 z_0 时，$\arg z$ 趋于 π，当 z 从实轴下方趋于 z_0 时，$\arg z$ 趋于 $-\pi$，所以 $\arg z$ 在负实轴上不连续.

（3）当 z_0 为其他情况时，由于 $\lim\limits_{z \to z_0}\arg z = \arg z_0$，所以 $\arg z$ 连续.

综上所述，函数 $\arg z$ 在除去原点及负实轴的复平面上处处连续.

2.2　解析函数及其相关概念

2.2.1　复变函数的导数

定义 2.5 设函数 $w = f(z)$ 在点 z_0 的某邻域内有定义，$z_0 + \Delta z$ 为该邻域内任一点，若极限

$$\lim_{\Delta z \to 0}\frac{f(z_0 + \Delta z) - f(z_0)}{\Delta z}$$

存在，则称 $w = f(z)$ 在点 z_0 处可导，称该极限值为 $w = f(z)$ 在 z_0 的导数，记作

$$f'(z_0) = \frac{\mathrm{d}w}{\mathrm{d}z}\bigg|_{z=z_0} = \lim_{\Delta z \to 0}\frac{f(z_0 + \Delta z) - f(z_0)}{\Delta z}.$$

值得注意的是：定义中的 $z_0 + \Delta z \to z_0$（即 $\Delta z \to 0$）的方向是任意的.

若令 $z = z_0 + \Delta z$，则 $f'(z_0)$ 也可表示为 $\lim\limits_{z \to z_0}\dfrac{f(z) - f(z_0)}{z - z_0}$.

函数 $w = f(z)$ 在任意点 z 处的导数为

$$f'(z) = \lim_{\Delta z \to 0} \frac{f(z + \Delta z) - f(z)}{\Delta z}.$$

如果 $w = f(z)$ 在区域 D 内处处可导，就说 $w = f(z)$ 在 D 内可导.

例1 求 $f(z) = z^2$ 的导数.

解
$$\lim_{\Delta z \to 0} \frac{f(z + \Delta z) - f(z)}{\Delta z} = \lim_{\Delta z \to 0} \frac{(z + \Delta z)^2 - z^2}{\Delta z}$$
$$= \lim_{\Delta z \to 0}(2z + \Delta z) = 2z,$$

由于 z 的任意性，所以 $f(z)$ 在复平面内处处可导，且有 $f'(z) = 2z$.

例2 讨论 $f(z) = x + 2y\mathrm{i}$ 的可导性.

解 因为 $\lim_{\Delta z \to 0} \dfrac{f(z + \Delta z) - f(z)}{\Delta z} = \lim_{\Delta z \to 0} \dfrac{(x + \Delta x) + 2(y + \Delta y)\mathrm{i} - x - 2y\mathrm{i}}{\Delta x + \Delta y\mathrm{i}}$
$$= \lim_{\Delta z \to 0} \frac{\Delta x + 2\Delta y\mathrm{i}}{\Delta x + \Delta y\mathrm{i}}.$$

取 $\Delta z = \Delta x \to 0$，则 $\Delta y = 0$，

$$\lim_{\Delta z \to 0} \frac{\Delta x + 2\Delta y\mathrm{i}}{\Delta x + \Delta y\mathrm{i}} = \lim_{\Delta z \to 0} \frac{\Delta x}{\Delta x} = 1.$$

取 $\Delta z = \mathrm{i}\Delta y \to 0$，则 $\Delta x = 0$，

$$\lim_{\Delta z \to 0} \frac{\Delta x + 2\Delta y\mathrm{i}}{\Delta x + \Delta y\mathrm{i}} = \lim_{\Delta z \to 0} \frac{2\Delta y}{\Delta y} = 2.$$

所以 $f(z) = x + 2y\mathrm{i}$ 的导数不存在，即 $f(z) = x + 2y\mathrm{i}$ 在复平面上处处不可导.

定理 2.5 若函数 $w = f(z)$ 在点 z_0 处可导，则 $f(z)$ 在点 z_0 处必连续.

证 因为 $\lim_{z \to z_0}[f(z) - f(z_0)] = \lim_{z \to z_0}(z - z_0)\dfrac{f(z) - f(z_0)}{z - z_0}$
$$= \lim_{z \to z_0}(z - z_0) \cdot \lim_{z \to z_0} \frac{f(z) - f(z_0)}{z - z_0}$$
$$= 0 \cdot f'(z_0) = 0,$$

所以 $\lim_{z \to z_0} f(z) = f(z_0)$，故 $w = f(z)$ 在点 z_0 处连续.

注意 $f(z)$ 在点 z_0 处连续，推不出 $f(z)$ 在点 z_0 处可导. 如例2 中的函数 $f(z) = x + 2y\mathrm{i}$ 在整个复平面上处处连续，却处处不可导.

由于复变函数中导数的定义与一元实变函数中导数的定义在形式上完全相同，而且复变函数中的极限运算法则也和实变函数中的

一样，因而实变函数中的求导法则都可以不加更改地推广到复变函数中来，而且证法也是相同的．

2.2.2 解析函数的概念

定义 2.6 如果存在 z_0 的一个邻域，使函数 $w = f(z)$ 在 z_0 及 z_0 的该邻域内处处可导，则称 $f(z)$ 在 z_0 处解析，并称 z_0 是 $f(z)$ 的解析点．如果 $f(z)$ 在 z_0 处不解析，则称 z_0 为 $f(z)$ 的奇点．如果 $w = f(z)$ 在区域 D 内每一点解析，就说 $f(z)$ 在区域 D 内解析，或称 $f(z)$ 是 D 内的一个解析函数．

由定义可知，函数的解析性是函数在一个区域上的性质，如果 $f(z)$ 在点 z_0 处解析，则 $f(z)$ 在点 z_0 的某个邻域上每一点处都可导．$f(z)$ 在点 z_0 处解析，可推出 $f(z)$ 在点 z_0 处可导，但反之不成立．可见函数在一点处解析和在一点处可导是两个不同的概念，函数在一点处解析比在一点处可导的要求要高很多．但函数在区域内解析和在区域内可导是等价的，因为区域中的每一个点都是内点．

另外，一个解析函数不可能仅在一个点或一条曲线上解析，所有解析点的集合必为开集．

例 3 研究函数 $f(z) = z^2$ 和 $g(z) = x + 2y\mathrm{i}$ 的解析性．

解 由本节例 1 知，$f(z) = z^2$ 在整个复平面上处处可导，所以 $f(z) = z^2$ 在整个复平面上解析；

由本节例 2 知，$f(z) = x + 2y\mathrm{i}$ 在整个复平面上处处不可导，所以 $f(z) = x + 2y\mathrm{i}$ 在整个复平面上不解析．

例 4 研究函数 $f(z) = \dfrac{1}{z}$ 的解析性．

解 当 $z \neq 0$ 时，$f'(z) = -\dfrac{1}{z^2}$，故 $f(z) = \dfrac{1}{z}$ 在除 $z = 0$ 的复平面上处处解析．$z = 0$ 是 $f(z) = \dfrac{1}{z}$ 的奇点．

2.2.3 求导运算的法则

复变函数有和一元实变函数完全相似的导数运算法则，如下：

(1) $[f(z) \pm g(z)]' = f'(z) \pm g'(z)$；

(2) $[f(z) \cdot g(z)]' = f'(z)g(z) + f(z)g'(z)$；

(3) $\left[\dfrac{f(z)}{g(z)}\right]' = \dfrac{f'(z)g(z) - f(z)g'(z)}{g^2(z)} \ [g(z) \neq 0]$;

(4) $[f(g(z))]' = f'(g(z)) \cdot g'(z)$.

(5) $f'(z) = \dfrac{1}{\varphi'(w)}$, 其中 $w = f(z)$ 和 $z = \varphi(w)$ 是两个互为反函数的单值函数, 且 $\varphi'(w) \neq 0$.

此外, 由导数的定义可得:

(1) $c' = 0$, 其中 c 为复常数;

(2) $(z^n)' = nz^{n-1}$, 其中 n 为正整数.

根据求导法则, 可得

(1) 两个解析函数的和、差、积、商(分母不为零)仍为解析函数;

(2) 解析函数的复合函数仍为解析函数.

由以上结论可知, 多项式

$$P(z) = a_0 + a_1 z + a_2 z^2 + \cdots + a_n z^n$$

在复平面上处处解析, 而有理函数

$$w = \frac{P(z)}{Q(z)} \ [\text{其中 } P(z) \text{ 和 } Q(z) \text{ 都是多项式}]$$

在除分母为零的点外也处处解析.

例5 求下列函数的导数.

(1) $f(z) = (2z^2 + i)^5$;

(2) $f(z) = \dfrac{(1 + z^2)^4}{z^2} \ (z \neq 0)$.

解 (1) $f'(z) = 5(2z^2 + i)^4 \cdot 4z = 20z(2z^2 + i)^4$;

(2) $f'(z) = \dfrac{4(1 + z^2)^3 \cdot 2z^3 - 2z(1 + z^2)^4}{z^4} = \dfrac{2}{z^3}(1 + z^2)^3(3z^2 - 1)$.

例6 设 $f(z) = (z^2 - 2z + 4)^2$, 求 $f'(-i)$.

解 $f'(z) = 2(z^2 - 2z + 4) \cdot (2z - 2)$,

$f'(-i) = 2[(-i)^2 - 2(-i) + 4] \cdot [2 \cdot (-i) - 2]$

$\qquad = -4(3 + 2i)(1 + i)$

$\qquad = -4 - 20i$.

2.3 柯西-黎曼条件

2.3.1 函数可导的充分必要条件

有时直接由定义来判断函数在某一点或某一区域上是否可导或解析是很困难的. 前面我们建立了函数在一点有极限或连续与对应的两个二元实函数在一点有极限或连续的等价关系. 那么, 对研究函数的可导性是否也有类似的问题呢?

定理 2.6 设函数 $f(z) = u(x, y) + iv(x, y)$ 在区域 D 内有定义, 则 $f(z)$ 在 D 内一点 $z = x + iy$ 处可导的充分必要条件是: $u(x, y)$ 与 $v(x, y)$ 在点 (x, y) 处可微, 且在该点满足柯西-黎曼方程 (Cauchy-Riemann 方程, 简称 C-R 方程):

$$\frac{\partial u}{\partial x} = \frac{\partial v}{\partial y}, \quad \frac{\partial u}{\partial y} = -\frac{\partial v}{\partial x}.$$

证 先证必要性.

设 $f(z)$ 在点 $z = x + iy$ 处可导, 记

$$\Delta z = \Delta x + i\Delta y,$$
$$f(z + \Delta z) - f(z) = \Delta u + i\Delta v.$$

则

$$f'(z) = \lim_{\Delta z \to 0} \frac{f(z + \Delta z) - f(z)}{\Delta z}$$
$$= \lim_{\substack{\Delta x \to 0 \\ \Delta y \to 0}} \frac{\Delta u + i\Delta v}{\Delta x + i\Delta y}.$$

因为 $f'(z)$ 存在, 所以 $\Delta z = \Delta x + i\Delta y$ 按任何方式趋于零, 上式总是成立的.

于是, 令 $\Delta y = 0$, $\Delta x \to 0$ 得

$$f'(z) = \lim_{\Delta x \to 0} \frac{\Delta u}{\Delta x} + i \lim_{\Delta x \to 0} \frac{\Delta v}{\Delta x},$$

即

$$f'(z) = \frac{\partial u}{\partial x} + i \frac{\partial v}{\partial x}, \tag{2.1}$$

令 $\Delta x = 0$, $\Delta y \to 0$ 得

$$f'(z) = -\mathrm{i} \lim_{\Delta y \to 0} \frac{\Delta u}{\Delta y} + \lim_{\Delta y \to 0} \frac{\Delta v}{\Delta y},$$

即

$$f'(z) = -\mathrm{i} \frac{\partial u}{\partial y} + \frac{\partial v}{\partial y}, \tag{2.2}$$

比较式(2.1)与式(2.2), 得

$$\frac{\partial u}{\partial x} = \frac{\partial v}{\partial y}, \quad \frac{\partial u}{\partial y} = -\frac{\partial v}{\partial x}.$$

令

$$\varepsilon = \rho_1 + \mathrm{i}\rho_2 = \frac{\Delta u + \mathrm{i}\Delta v}{\Delta x + \mathrm{i}\Delta y} - f'(z) \quad (\text{其中} \rho_1, \rho_2 \text{为实数})$$

则

$$\begin{aligned}
\Delta u + \mathrm{i}\Delta v &= f'(z)(\Delta x + \mathrm{i}\Delta y) + \varepsilon(\Delta x + \mathrm{i}\Delta y) \\
&= \left(\frac{\partial u}{\partial x} + \mathrm{i}\frac{\partial v}{\partial x}\right)(\Delta x + \mathrm{i}\Delta y) + (\rho_1 + \mathrm{i}\rho_2)(\Delta x + \mathrm{i}\Delta y) \\
&= \left(\frac{\partial u}{\partial x}\Delta x - \frac{\partial v}{\partial x}\Delta y + \rho_1\Delta x - \rho_2\Delta y\right) + \\
&\quad \mathrm{i}\left(\frac{\partial v}{\partial x}\Delta x + \frac{\partial u}{\partial x}\Delta y + \rho_2\Delta x + \rho_1\Delta y\right),
\end{aligned}$$

再利用 C-R 方程, 比较实部与虚部得

$$\Delta u = \frac{\partial u}{\partial x}\Delta x + \frac{\partial u}{\partial y}\Delta y + \rho_1\Delta x - \rho_2\Delta y,$$

$$\Delta v = \frac{\partial v}{\partial x}\Delta x + \frac{\partial v}{\partial y}\Delta y + \rho_2\Delta x + \rho_1\Delta y,$$

当 $\Delta z \to 0$ 时, $\varepsilon \to 0 (\rho_1 \to 0, \rho_2 \to 0)$, 所以 $u(x, y)$ 与 $v(x, y)$ 在点 (x, y) 处可微.

再证充分性.

由 $u(x, y)$ 与 $v(x, y)$ 在点 (x, y) 处可微且满足 C-R 方程可知:

$$\Delta u = \frac{\partial u}{\partial x}\Delta x + \frac{\partial u}{\partial y}\Delta y + \varepsilon_1\Delta x + \varepsilon_2\Delta y,$$

$$\Delta v = \frac{\partial v}{\partial x}\Delta x + \frac{\partial v}{\partial y}\Delta y + \varepsilon_3\Delta x + \varepsilon_4\Delta y,$$

其中, $\lim\limits_{\substack{\Delta x \to 0 \\ \Delta y \to 0}} \varepsilon_k = 0 (k = 1, 2, 3, 4)$.

因此

$$\Delta w = f(z+\Delta z) - f(z) = \Delta u + i\Delta v$$

$$= \left(\frac{\partial u}{\partial x} + i\frac{\partial v}{\partial x}\right)\Delta x + \left(\frac{\partial u}{\partial y} + i\frac{\partial v}{\partial y}\right)\Delta y + (\varepsilon_1 + i\varepsilon_3)\Delta x + (\varepsilon_2 + i\varepsilon_4)\Delta y$$

$$= \left(\frac{\partial u}{\partial x} + i\frac{\partial v}{\partial x}\right)(\Delta x + i\Delta y) + (\varepsilon_1 + i\varepsilon_3)\Delta x + (\varepsilon_2 + i\varepsilon_4)\Delta y,$$

所以

$$\frac{\Delta w}{\Delta z} = \frac{\partial u}{\partial x} + i\frac{\partial v}{\partial x} + (\varepsilon_1 + i\varepsilon_3)\frac{\Delta x}{\Delta z} + (\varepsilon_2 + i\varepsilon_4)\frac{\Delta y}{\Delta z}.$$

因为 $\left|\frac{\Delta x}{\Delta z}\right| \leqslant 1$，$\left|\frac{\Delta y}{\Delta z}\right| \leqslant 1$，于是有

$$f'(z) = \lim_{\Delta z \to 0}\frac{\Delta w}{\Delta z} = \frac{\partial u}{\partial x} + i\frac{\partial v}{\partial x},$$

即 $f(z)$ 在点 $z = x + iy$ 处可导.

推论 2.1 若 $f(z)$ 可导，则 $f(z)$ 的导数可写成以下四种形式：

$$f'(z) = \frac{\partial u}{\partial x} + i\frac{\partial v}{\partial x} = \frac{\partial v}{\partial y} + i\frac{\partial v}{\partial x}$$

$$= \frac{\partial v}{\partial y} - i\frac{\partial u}{\partial y} = \frac{\partial u}{\partial x} - i\frac{\partial u}{\partial y}.$$

2.3.2 函数在区域内解析的充分必要条件

把 $f(z)$ 在一点处可导改为在区域 D 内每一点都可导，就可得到 $f(z)$ 在区域 D 内解析的充要条件.

定理 2.7 函数 $f(z) = u(x, y) + iv(x, y)$ 在定义域 D 内解析的充分必要条件是：$u(x, y)$ 与 $v(x, y)$ 在 D 内可微，并且满足 C-R 方程：

$$\frac{\partial u}{\partial x} = \frac{\partial v}{\partial y}, \quad \frac{\partial u}{\partial y} = -\frac{\partial v}{\partial x}.$$

由二元函数的两个偏导数在某点连续可得该二元函数在此点必可微，于是有

推论 2.2 设函数 $f(z) = u(x, y) + iv(x, y)$ 在 D 内有定义，若 $u(x, y)$ 与 $v(x, y)$ 的四个偏导数 u_x'，u_y'，v_x'，v_y' 在 D 内存在且连续，且 $u(x, y)$ 与 $v(x, y)$ 在 D 内满足 C-R 方程，则 $f(z)$ 在区域 D

内解析.

例1 讨论 $f(z) = z\text{Re }z$ 的可导性和解析性.

解 因为

$$f(z) = (x + iy)x = x^2 + ixy,$$

于是

$$u(x, y) = x^2, v(x, y) = xy;$$

$$\frac{\partial u}{\partial x} = 2x, \frac{\partial u}{\partial y} = 0,$$

$$\frac{\partial v}{\partial x} = y, \frac{\partial v}{\partial y} = x.$$

显然 $u(x, y)$ 与 $v(x, y)$ 处处具有一阶连续偏导，但仅当 $x = 0$，$y = 0$ 时，才满足 C-R 方程，因此，$f(z) = z\text{Re }z$ 仅在 $z = 0$ 处可导，但是处处不解析.

例2 证明：$f(z) = \bar{z}$ 在复平面上不解析.

解 因为 $f(z) = x - iy$，于是

$$u(x, y) = x, \quad v(x, y) = -y,$$

$$\frac{\partial u}{\partial x} = 1, \quad \frac{\partial v}{\partial y} = -1.$$

显然 $f(z)$ 对复平面上任一点 (x, y) 均不满足 C-R 方程，所以 $f(z) = \bar{z}$ 在整个复平面上不解析.

例3 讨论函数 $f(z) = 2x(1 - y) + i(x^2 - y^2 + 2y)$ 的解析性.

解 设

$$u = 2x(1 - y), \quad v = (x^2 - y^2 + 2y).$$

因为

$$\frac{\partial u}{\partial x} = 2(1 - y) = \frac{\partial v}{\partial y},$$

$$\frac{\partial u}{\partial y} = -2x = -\frac{\partial v}{\partial x},$$

且它们处处连续，

所以 $f(z) = 2x(1 - y) + i(x^2 - y^2 + 2y)$ 在复平面上处处解析.

例4 设函数

$$f(z) = x^2 + axy + by^2 + i(cx^2 + dxy + y^2),$$

问常数 a，b，c，d 取何值时，$f(z)$ 在复平面内处处解析？

解　设
$$u = x^2 + axy + by^2,$$
$$v = cx^2 + dxy + y^2,$$

则

$$\frac{\partial u}{\partial x} = 2x + ay, \quad \frac{\partial u}{\partial y} = ax + 2by,$$

$$\frac{\partial v}{\partial x} = 2cx + dy, \quad \frac{\partial v}{\partial y} = dx + 2y,$$

所以，只需

$$2x + ay = dx + 2y,$$
$$ax + 2by = -2cx - dy,$$

即当 $a = 2$，$b = -1$，$c = -1$，$d = 2$ 时，$f(z)$ 在复平面内处处解析.

2.4　初等函数

本节将把实变函数中的几种最简单、最基本且最常用的初等函数——指数函数、对数函数、幂函数和三角函数推广到复数域，研究它们的性质，说明它们的解析性.

2.4.1　指数函数

定义 2.7　设 $z = x + iy$ 为任意复数，称
$$e^z = e^{x+iy} = e^x(\cos y + i\sin y)$$
为指数函数. 其模 $|e^z| = e^x$，其辐角 $\mathrm{Arg}(e^z) = y + 2k\pi$，$k \in \mathbf{Z}$.

e^z 为单值函数，当 $y = 0$ 时，$z = x$，此时 $e^z = e^x$ 为实指数函数，特别地，$e^0 = 1$；当 $x = 0$ 时，$e^z = e^{iy} = \cos y + i\sin y$，即**欧拉公式**.

指数函数具有下列性质.

性质 2.1　指数函数 e^z 在整个复平面上都有定义，且 $e^z \neq 0$.

因为 $e^x > 0$，而
$$e^{iy} = \cos y + i\sin y \neq 0.$$

性质 2.2　对任意复数 z_1，z_2 有
$$e^{z_1} e^{z_2} = e^{z_1 + z_2}$$

$$\frac{e^{z_1}}{e^{z_2}} = e^{z_1 - z_2}.$$

证　设 $z_1 = x_1 + iy_1$，$z_2 = x_2 + iy_2$，则

$$e^{z_1}e^{z_2} = e^{x_1+iy_1}e^{x_2+iy_2}$$
$$= e^{x_1}(\cos y_1 + i\sin y_1)e^{x_2}(\cos y_2 + i\sin y_2)$$
$$= e^{x_1+x_2}[\cos(y_1+y_2) + i\sin(y_1+y_2)]$$
$$= e^{z_1+z_2};$$

$$\frac{e^{z_1}}{e^{z_2}} = \frac{e^{x_1+iy_1}}{e^{x_2+iy_2}} = \frac{e^{x_1}(\cos y_1 + i\sin y_1)}{e^{x_2}(\cos y_2 + i\sin y_2)}$$
$$= e^{x_1-x_2}[\cos(y_1-y_2) + i\sin(y_1-y_2)]$$
$$= e^{z_1-z_2}.$$

性质 2.3　指数函数是以 $2k\pi i$ 为周期的周期函数，即 $e^{z+2k\pi i} = e^z$，$k \in \mathbf{Z}$.

证　设 $z = x + iy$，则

$$e^{z+2k\pi i} = e^{x+i(y+2k\pi)} = e^x \cdot e^{i(y+2k\pi)}$$
$$= e^x[\cos(y+2k\pi) + i\sin(y+2k\pi)]$$
$$= e^x(\cos y + i\sin y)$$
$$= e^{(x+iy)}$$
$$= e^z.$$

该性质说明：若 $e^{z_1} = e^{z_2}$，则 $z_1 = z_2 + 2k\pi i$，$k \in \mathbf{Z}$.

性质 2.4　指数函数 e^z 在复平面上处处解析，且 $(e^z)' = e^z$.

证　设 $z = x + iy$，$e^z = u(x, y) + iv(x, y)$，则

$$u(x, y) = e^x \cos y,$$
$$v(x, y) = e^x \sin y,$$

故

$$u_x = v_y = e^x \cos y,$$
$$u_y = -v_x = -e^x \sin y,$$

显然这 4 个偏导数连续且满足 C-R 方程.

因此，e^z 在整个复平面上解析，且

$$(e^z)' = u_x + iv_x = e^x \cos y + ie^x \sin y = e^z.$$

性质 2.5　$\lim\limits_{z \to \infty} e^z$ 不存在.

因为 $\lim\limits_{z=x \to +\infty} e^z = +\infty$，$\lim\limits_{z=x \to -\infty} e^z = 0$.

例 1　解方程 $e^z - 1 - i\sqrt{3} = 0$.

解
$$e^z = 1 + i\sqrt{3} = 2\left(\frac{1}{2} + i\frac{\sqrt{3}}{2}\right)$$

$$= 2\left(\cos \frac{\pi}{3} + i\sin \frac{\pi}{3}\right) = e^{\ln 2 + i\frac{\pi}{3}},$$

所以

$$z = \ln 2 + i\frac{\pi}{3} + 2k\pi i = \ln 2 + i\left(\frac{\pi}{3} + 2k\pi\right), \quad k \in \mathbf{Z}.$$

2.4.2 对数函数

定义 2.8 对数函数定义为指数函数的反函数，即若 $z = e^w (z \neq 0, \infty)$，则称 w 是 z 的对数函数，记为 $w = \mathrm{Ln}\, z$.

令 $w = u + iv$，$z = re^{i\theta}$，于是

$$e^{u+iv} = re^{i\theta},$$

因而

$$e^u = r, \quad v = \theta + 2k\pi,$$

故

$$
\begin{aligned}
w &= \mathrm{Ln}\, z = u + iv = \ln r + i(\theta + 2k\pi) \\
&= \ln|z| + i\mathrm{Arg}\, z = \ln|z| + i(\arg z + 2k\pi), \quad k \in \mathbf{Z}.
\end{aligned}
$$

由此可见，$\mathrm{Ln}\, z$ 是多值函数，且任意两个值相差 $2\pi i$ 的整数倍.

另外，我们规定 $\ln z = \ln|z| + i\arg z$ 为 $\mathrm{Ln}\, z$ 的主值. $\ln z$ 为单值函数，即

$$\mathrm{Ln}\, z = \ln z + 2k\pi i, \quad k \in \mathbf{Z}.$$

例 2 求 $\ln(-1)$，$\mathrm{Ln}(-1)$，$\ln i$ 和 $\mathrm{Ln}\, i$.

解 因为 $|-1| = 1$，$\arg(-1) = \pi$，

所以

$$
\begin{aligned}
\ln(-1) &= \ln 1 + i\pi = i\pi, \\
\mathrm{Ln}(-1) &= \ln(-1) + 2k\pi i = i(2k+1)\pi.
\end{aligned}
$$

又因为 $|i| = 1$，$\arg i = \frac{\pi}{2}$，

所以

$$\ln i = \ln 1 + i\frac{\pi}{2} = i\frac{\pi}{2},$$

$$\mathrm{Ln}\, i = \ln i + 2k\pi i = i\left(2k + \frac{1}{2}\right)\pi.$$

对数函数具有下列性质.

性质 2.6 当 $z = x > 0$ 时，$\ln z = \ln x$；

当 $z = x < 0$ 时，$\mathrm{Ln}\, z = \ln |x| + \mathrm{i}(2k+1)\pi$，$k \in \mathbf{Z}$.

性质 2.7 $\mathrm{e}^{\mathrm{Ln}z} = z$，$\mathrm{Ln}\, \mathrm{e}^z = z + 2k\pi\mathrm{i}$，$k \in \mathbf{Z}$.

性质 2.8 $\mathrm{Ln}(z_1 z_2) = \mathrm{Ln}\, z_1 + \mathrm{Ln}\, z_2$，$\mathrm{Ln}\left(\dfrac{z_1}{z_2}\right) = \mathrm{Ln}\, z_1 - \mathrm{Ln}\, z_2$.

证
$$\begin{aligned}
\mathrm{Ln}(z_1 z_2) &= \ln |z_1 z_2| + \mathrm{i}\mathrm{Arg}(z_1 z_2) \\
&= \ln |z_1| + \ln |z_2| + \mathrm{i}(\mathrm{Arg}\, z_1 + \mathrm{Arg}\, z_2) \\
&= \ln |z_1| + \mathrm{i}\mathrm{Arg}\, z_1 + \ln |z_2| + \mathrm{i}\mathrm{Arg}\, z_2 \\
&= \mathrm{Ln}\, z_1 + \mathrm{Ln}\, z_2 ;
\end{aligned}$$

$$\begin{aligned}
\mathrm{Ln}\left(\frac{z_1}{z_2}\right) &= \ln \left|\frac{z_1}{z_2}\right| + \mathrm{i}\mathrm{Arg}\left(\frac{z_1}{z_2}\right) \\
&= \ln |z_1| - \ln |z_2| + \mathrm{i}(\mathrm{Arg}\, z_1 - \mathrm{Arg}\, z_2) \\
&= \ln |z_1| - \mathrm{i}\mathrm{Arg}\, z_1 + \ln |z_2| - \mathrm{i}\mathrm{Arg}\, z_2 \\
&= \mathrm{Ln}\, z_1 - \mathrm{Ln}\, z_2 .
\end{aligned}$$

注意 与第 1 章中关于乘积与商的辐角等式一样，性质 2.8 的两个运算性质应理解为左、右两边的集合相等.

性质 2.9 $\mathrm{Ln}\, z$ 的主值 $\ln z$ 在复平面上除原点及负实半轴外处处解析，且 $(\ln z)' = \dfrac{1}{z}$；$\mathrm{Ln}\, z$ 的各个分支也在除去原点与负实半轴的复平面内解析，且 $(\mathrm{Ln}\, z)' = \dfrac{1}{z}$.

证 令 $z = x + \mathrm{i}y$，则

$$\ln z = \ln |z| + \mathrm{i}\arg z = \frac{1}{2}\ln(x^2 + y^2) + \mathrm{i}\arg z,$$

显然 $\ln(x^2 + y^2)$ 除原点外处处连续.

而当 $x < 0$ 时，

$$\lim_{y \to 0^+} \arg z = \pi, \qquad \lim_{y \to 0^-} \arg z = -\pi.$$

故 $\arg z$ 在原点和负实半轴上不连续，因此，$\ln z$ 在原点及负实轴上不可导，在其他点都可导，且

$$(\ln z)' = \frac{1}{(\mathrm{e}^w)'} = \frac{1}{\mathrm{e}^w} = \frac{1}{z}.$$

而 $\mathrm{Ln}\, z = \ln z + 2k\pi\mathrm{i}$，因此 $\mathrm{Ln}\, z$ 也在除去原点与负实半轴的复平面内解析，即

$$(\operatorname{Ln} z)' = (\ln z + 2k\pi\mathrm{i})' = \frac{1}{z}.$$

值得注意的是，在复变函数里

$$\operatorname{Ln} z^n \neq n\operatorname{Ln} z, \qquad \operatorname{Ln} \sqrt[n]{z} \neq \frac{1}{n}\operatorname{Ln} z.$$

如 $\operatorname{Ln} z^2 \neq 2\operatorname{Ln} z$，因为，设 $z = r\mathrm{e}^{\mathrm{i}\theta}$，则

$$z^2 = r^2\mathrm{e}^{\mathrm{i}2\theta},$$

$$\operatorname{Ln} z^2 = \ln|z^2| + \mathrm{i}\operatorname{Arg}(z^2) = \ln r^2 + \mathrm{i}(2\theta + 2k\pi),$$

而

$$2\operatorname{Ln} z = 2\ln r + \mathrm{i}(2\theta + 4k\pi), \quad k \in \mathbf{Z},$$

所以 $\operatorname{Ln} z^2$ 的值比 $2\operatorname{Ln} z$ 的值大.

2.4.3　幂函数

定义 2.9　**定义乘幂 a^b 为 $\mathrm{e}^{b\operatorname{Ln} a}$，称 $z^a = \mathrm{e}^{a\operatorname{Ln} z}$（$z \neq 0$，$a$ 为复常数）为 z 的幂函数.**

它是指数与对数函数的复合函数，由于 $\operatorname{Ln} z$ 是多值函数，所以幂函数 $z^a = \mathrm{e}^{a\operatorname{Ln} z}$ 也是多值函数. 幂函数 $z^a = \mathrm{e}^{a\operatorname{Ln} z}$ 在复平面上除原点及负实半轴外也处处解析.

下面介绍幂函数的几种特殊情形.

（1）当 a 是任一整数 n 时，

$$z^a = z^n = \mathrm{e}^{n\operatorname{Ln} z} = \mathrm{e}^{n(\ln|z| + \mathrm{i}\arg z + \mathrm{i}2k\pi)} = |z|^n\mathrm{e}^{\mathrm{i}n\arg z}$$

是单值函数. 当 n 为正整数时，函数的定义域为全体复数且 $0^n = 0$；

当 $a = \dfrac{1}{n}$ 时，$z^{\frac{1}{n}}$ 为 z 的 n 次方根，此时 $z^a = z^{\frac{1}{n}}$ 是 n 值函数.

（2）当 a 是有理数 $\dfrac{q}{p}$（既约分数，且 $q > 0$）时，

$$z^a = \mathrm{e}^{\frac{q}{p}\operatorname{Ln} z} = \mathrm{e}^{\frac{q}{p}(\ln|z| + \mathrm{i}\arg z + \mathrm{i}2k\pi)} = |z|^{\frac{q}{p}}\mathrm{e}^{\mathrm{i}\frac{q}{p}(\arg z + 2k\pi)}$$

能取到 p 个不同的值，即当 $k = 0$，1，2，$\cdots$，$p - 1$ 时所对应的值.

（3）当 a 是无理数或虚数时，$z^a = \mathrm{e}^{a\operatorname{Ln} z}$ 有无限多个值.

例3　求下列式子的值：

（1）$(-1)^{\sqrt{2}}$；　　　　（2）i^{i}.

解　（1）$(-1)^{\sqrt{2}} = \mathrm{e}^{\sqrt{2}\operatorname{Ln}(-1)} = \mathrm{e}^{\sqrt{2}(2k+1)\pi\mathrm{i}} = \mathrm{e}^{\sqrt{2}\pi\mathrm{i}}\mathrm{e}^{2\sqrt{2}k\pi\mathrm{i}}$，$k \in \mathbf{Z}$；

$(2)\ i^i = e^{iLni} = e^{i\left(\ln 1 + i\frac{\pi}{2} + i2k\pi\right)} = e^{-\left(2k+\frac{1}{2}\right)\pi}$, $k \in \mathbf{Z}$.

2.4.4　三角函数与反三角函数

对任意实数 y，由欧拉公式

$$e^{iy} = \cos y + i\sin y$$

与

$$e^{-iy} = \cos y - i\sin y$$

可得

$$\sin y = \frac{e^{iy} - e^{-iy}}{2i},$$

$$\cos y = \frac{e^{iy} + e^{-iy}}{2}.$$

将上式中的实数 y 推广到复数 z，就得到下列定义：

定义 2.10　设 z 为任一复变数，称以下两个函数

$$\sin z = \frac{e^{iz} - e^{-iz}}{2i}, \qquad \cos z = \frac{e^{iz} + e^{-iz}}{2}$$

分别为正弦函数和余弦函数.

其他四个三角函数，我们也可以通过 $\sin z$，$\cos z$ 定义如下：

$$\tan z = \frac{\sin z}{\cos z}, \qquad \cot z = \frac{\cos z}{\sin z},$$

$$\sec z = \frac{1}{\cos z}, \qquad \csc z = \frac{1}{\sin z}.$$

正弦函数与余弦函数有下列性质.

性质 2.10　$\sin z$ 和 $\cos z$ 均是单值函数.

性质 2.11　$\sin z$ 和 $\cos z$ 均是以 2π 为周期的周期函数，即

$$\sin(z + 2\pi) = \sin z,$$

$$\cos(z + 2\pi) = \cos z.$$

性质 2.12　$\sin z$ 是奇函数，$\cos z$ 是偶函数，即

$$\sin(-z) = -\sin z,$$

$$\cos(-z) = \cos z.$$

性质 2.13　实变函数中的三角恒等式，在复变函数中依然成立.

例如，　　　$\sin(z_1 + z_2) = \sin z_1 \cos z_2 + \cos z_1 \sin z_2,$

$$\cos(z_1 + z_2) = \cos z_1 \cos z_2 - \sin z_1 \sin z_2,$$

$$\sin\left(z + \frac{\pi}{2}\right) = \cos z,$$

$$\cos\left(z + \frac{\pi}{2}\right) = -\sin z,$$

$$\sin^2 z + \cos^2 z = 1.$$

性质 2.14 $\sin z$ 仅在 $z = k\pi$ 处为零，$\cos z$ 仅在 $z = \dfrac{\pi}{2} + k\pi$ 处为零，其中 $k \in \mathbf{Z}$.

性质 2.15 $\sin z$ 和 $\cos z$ 在复平面上均为解析函数，且

$$(\sin z)' = \cos z, \quad (\cos z)' = -\sin z.$$

性质 2.16 $\sin z$ 和 $\cos z$ 都是无界函数.

如

$$\cos iy = \frac{e^{-y} + e^{y}}{2} > \frac{e^{y}}{2} \longrightarrow +\infty, \quad y \longrightarrow +\infty.$$

其他三角函数可以套用实函数的类似公式.

例 4 计算 $\cos i$ 与 $\sin(1 + 2i)$.

解

$$\cos i = \frac{e^{i \cdot i} + e^{-i \cdot i}}{2} = \frac{e^{-1} + e}{2};$$

$$\sin(1 + 2i) = \frac{e^{i(1+2i)} - e^{-i(1+2i)}}{2i}$$

$$= \frac{e^{-2}(\cos 1 + i\sin 1) - e^{2}(\cos 1 - i\sin 1)}{2i}$$

$$= \frac{e^{2} + e^{-2}}{2}\sin 1 + i\,\frac{e^{2} - e^{-2}}{2}\cos 1.$$

定义 2.11 三角函数 $z = \sin w$，$z = \cos w$，$z = \tan w$ 的反函数，分别记为

$$w = \operatorname{Arcsin} z, \quad w = \operatorname{Arccos} z, \quad w = \operatorname{Arctan} z.$$

反三角函数与对数函数有下列关系.

（1） $\operatorname{Arcsin} z = -i\operatorname{Ln}\left(iz + \sqrt{1 - z^2}\right)$；

（2） $\operatorname{Arccos} z = -i\operatorname{Ln}\left(z + \sqrt{z^2 - 1}\right)$；

（3） $\operatorname{Arctan} z = -\dfrac{i}{2}\operatorname{Ln}\dfrac{1 + iz}{1 - iz}$.

这里我们证明第二个等式，其余等式可类似证明.

因为
$$w = \mathrm{Arccos}z,$$

即
$$\cos w = z,$$

所以
$$\cos w = \frac{1}{2}(\mathrm{e}^{\mathrm{i}w} + \mathrm{e}^{-\mathrm{i}w}) = z,$$

即
$$(\mathrm{e}^{\mathrm{i}w})^2 - 2z\mathrm{e}^{\mathrm{i}w} + 1 = 0.$$

这是关于 $\mathrm{e}^{\mathrm{i}w}$ 的二次方程，其根为
$$\mathrm{e}^{\mathrm{i}w} = z + \sqrt{z^2 - 1},$$

即
$$w = \mathrm{Arccos}z = -\mathrm{iLn}(z + \sqrt{z^2 - 1}).$$

所以 $\mathrm{Arccos}z$ 有无穷多值，这也反映了 $\cos w$ 的周期性.

2.4.5　双曲函数与反双曲函数

将实变数双曲函数的定义推广到复变数上来，就得到下列定义.

定义 2.12　复变数的双曲正弦函数、双曲余弦函数、双曲正切函数分别定义如下：
$$\mathrm{sh}\, z = \frac{\mathrm{e}^z - \mathrm{e}^{-z}}{2}, \quad \mathrm{ch}\, z = \frac{\mathrm{e}^z + \mathrm{e}^{-z}}{2}, \quad \mathrm{th}\, z = \frac{\mathrm{e}^z - \mathrm{e}^{-z}}{\mathrm{e}^z + \mathrm{e}^{-z}}.$$

双曲函数有类似三角函数的下列性质.

性质 2.17　$\mathrm{sh}\, z$ 和 $\mathrm{ch}\, z$ 都是以 $2\pi\mathrm{i}$ 为周期的周期函数，即
$$\mathrm{sh}(z + 2k\pi\mathrm{i}) = \mathrm{sh}z,$$
$$\mathrm{ch}(z + 2k\pi\mathrm{i}) = \mathrm{ch}z.$$

性质 2.18　$\mathrm{ch}\, z$ 为偶函数，$\mathrm{sh}\, z$ 为奇函数.

性质 2.19　$\mathrm{sh}\, z$ 和 $\mathrm{ch}\, z$ 在整个复平面上解析，且
$$(\mathrm{sh}\, z)' = \mathrm{ch}\, z, \quad (\mathrm{ch}\, z)' = \mathrm{sh}z.$$

性质 2.20　双曲函数与三角函数的关系有
$$\mathrm{sh}\, \mathrm{i}z = \mathrm{i}\sin z, \quad \mathrm{ch}\, \mathrm{i}z = \cos z,$$
$$\sin \mathrm{i}z = \mathrm{i}\mathrm{sh}z, \quad \cos \mathrm{i}z = \mathrm{ch}\, z.$$

例 5　解方程 $\sin z = \mathrm{ish}1$.

解　$\sin z = \sin(x+\mathrm{i}y) = \sin x\cos\mathrm{i}y + \cos x\sin\mathrm{i}y$

$\qquad\quad = \sin x\,\mathrm{ch}y + \mathrm{i}\cos x\,\mathrm{sh}y = \mathrm{i\,sh}1,$

因此

$$\mathrm{Re}(\sin z) = \sin x\,\mathrm{ch}y = 0,$$
$$\mathrm{Im}(\sin z) = \cos x\,\mathrm{sh}y = \mathrm{sh}1.$$

又因为 $\mathrm{ch}y\neq 0$，故

$$\sin x = 0.$$

即 $x = k\pi$，$k\in\mathbf{Z}$，

所以，$z = 2n\pi + \mathrm{i}$ 或 $(2n+1)\pi - \mathrm{i}$，其中 $n\in\mathbf{Z}$.

另外，定义反双曲函数为双曲函数的反函数，可用于推导反三角函数表达式类似的步骤，于是有：

反双曲正弦：$\mathrm{Arsh}z = \mathrm{Ln}(z + \sqrt{z^2+1})$；

反双曲余弦：$\mathrm{Arch}z = \mathrm{Ln}(z + \sqrt{z^2-1})$；

反双曲正切：$\mathrm{Arth}z = \dfrac{1}{2}\mathrm{Ln}\dfrac{1+z}{1-z}$.

它们都是多值函数.

本 章 小 结

本章介绍了复变函数及其极限、连续、导数等概念，它们是微积分学中相应概念的推广. 复变函数的定义在形式上只是将一元实函数的定义域与值域由"实数域"扩大为"复数域"，但要注意实函数是单值函数，而复变函数有单值函数与多值函数之分. 复变函数极限的定义在形式上与一元实函数极限的定义一致，因此复变函数有与实函数类似的极限运算法则. 但实质上复变函数的极限与二元实函数的极限是相似的. 复变函数连续的定义依赖于极限的定义. 复变函数导数的定义在形式上也与一元实函数导数的定义相似，它也有与实函数类似的求导法则. 但要注意复变函数在一点可导比一元函数在一点可导的条件更强.

本章学习目的及要求

（1）理解复变函数的导数以及解析函数的概念；

（2）掌握连续、可导、解析之间的关系及求导的方法；

（3）熟练掌握函数可导与解析的判别法；

（4）掌握并能灵活运用 C-R 方程；

（5）熟悉指数函数、对数函数、幂函数、三角函数、反三角函数、双曲函数与反双曲函数的定义，并了解它们的主要性质.

本章内容要点

1. 复变函数

（1）复变函数的定义：若对平面点集 D 中每一个复数 $z = x + iy$，按照某一确定的法则 f，总有确定的一个或几个复数 $w = u + iv$ 与之对应，则称复变数 w 是复变数 z 的函数，记作 $w = f(z)$，通常也称 $w = f(z)$ 为定义在 D 上的复变函数.

（2）复变函数极限的定义：设函数 $f(z)$ 在 z_0 的某去心邻域内有定义，若对任意给定的正数 ε（无论它多么小），总存在正数 δ，使得当 $0 < |z - z_0| < \delta$ 时，恒有

$$|f(z) - A| < \varepsilon,$$

则称复常数 A 为函数 $f(z)$ 当 $z \to z_0$ 时的极限，记作

$$\lim_{z \to z_0} f(z) = A \text{ 或 } f(z) \to A (z \to z_0).$$

（3）复变函数极限存在的充要条件：设

$$f(z) = u(x, y) + iv(x, y), \ z_0 = x_0 + iy_0, \ A = u_0 + iv_0,$$

则 $\lim\limits_{z \to z_0} f(z) = A$ 的充要条件是

$$\lim_{(x,y) \to (x_0,y_0)} u(x, y) = u_0 \text{ 且 } \lim_{(x,y) \to (x_0,y_0)} v(x, y) = v_0.$$

（4）复变函数极限的四则运算法则：设 $\lim\limits_{z \to z_0} f(z) = A$，$\lim\limits_{z \to z_0} g(z) = B$，则

① $\lim\limits_{z \to z_0} [f(z) \pm g(z)] = \lim\limits_{z \to z_0} f(z) \pm \lim\limits_{z \to z_0} g(z) = A \pm B$；

② $\lim\limits_{z \to z_0} [f(z) \cdot g(z)] = \lim\limits_{z \to z_0} f(z) \cdot \lim\limits_{z \to z_0} g(z) = AB$；

③ $\lim\limits_{z \to z_0} \dfrac{f(z)}{g(z)} = \dfrac{\lim\limits_{z \to z_0} f(z)}{\lim\limits_{z \to z_0} g(z)} = \dfrac{A}{B} (B \neq 0)$.

（5）连续的定义：设 $f(z)$ 在点 z_0 的某邻域内有定义，若 $\lim\limits_{z \to z_0} f(z) = f(z_0)$，则称函数 $f(z)$ 在点 z_0 处连续. 若 $f(z)$ 在区域 D 内每一个点都连续，则称函数 $f(z)$ 在区域 D 内连续.

（6）连续的充要条件：函数 $f(z) = u(x, y) + iv(x, y)$，在 $z_0 =$

$x_0 + iy_0$ 处连续的充要条件是 $u(x,y)$ 和 $v(x,y)$ 都在点 (x_0, y_0) 处连续.

(7) 在 z_0 处连续的两个函数的和、差、积、商(分母在 z_0 处不等于零)在 z_0 处仍连续.

2. 解析函数

(1) 复变函数的导数:

设函数 $w = f(z)$ 在点 z_0 的某邻域内有定义, $z_0 + \Delta z$ 为该邻域内任一点, 若极限

$$\lim_{\Delta z \to 0} \frac{f(z_0 + \Delta z) - f(z_0)}{\Delta z}$$

存在, 则称 $w = f(z)$ 在点 z_0 处可导, 称该极限值为 $w = f(z)$ 在 z_0 的导数, 记作

$$f'(z_0) = \frac{dw}{dz}\bigg|_{z = z_0} = \lim_{\Delta z \to 0} \frac{f(z_0 + \Delta z) - f(z_0)}{\Delta z}.$$

(2) 可导与连续的关系: 若函数 $w = f(z)$ 在点 z_0 处可导, 则 $f(z)$ 在点 z_0 处必连续.

(3) 解析函数的定义: 如果函数 $w = f(z)$ 在 z_0 及 z_0 的某邻域内处处可导, 则称 $f(z)$ 在 z_0 解析, 并称 z_0 是 $f(z)$ 的解析点. 如果 $f(z)$ 在 z_0 不解析, 则称 z_0 为 $f(z)$ 的奇点. 如果 $w = f(z)$ 在区域 D 内每一点都解析, 则称 $f(z)$ 在区域 D 内解析, 或称 $f(z)$ 是 D 内的一个解析函数.

(4) 求导的法则:

① $[f(z) \pm g(z)]' = f'(z) \pm g'(z)$;

② $[f(z) \cdot g(z)]' = f'(z)g(z) + f(z)g'(z)$;

③ $\left[\dfrac{f(z)}{g(z)}\right]' = \dfrac{f'(z)g(z) - f(z)g'(z)}{g^2(z)}$ $(g(z) \neq 0)$;

④ $[f(g(z))]' = f'(g(z)) \cdot g'(z)$.

⑤ $f'(z) = \dfrac{1}{\varphi'(w)}$, 其中 $w = f(z)$ 和 $z = \varphi(w)$ 是两个互为反函数的单值函数, 且 $\varphi'(w) \neq 0$.

3. 柯西-黎曼条件

(1) 可导的充要条件: 设函数 $f(z) = u(x,y) + iv(x,y)$ 定义在区域 D 内, 则 $f(z)$ 在 D 内一点 $z = x + iy$ 处可导的充分必要条件是:

$u(x, y)$ 与 $v(x, y)$ 在点 (x, y) 处可微, 且在该点满足柯西-黎曼 (C-R) 方程:

$$\frac{\partial u}{\partial x} = \frac{\partial v}{\partial y}, \frac{\partial u}{\partial y} = -\frac{\partial v}{\partial x}.$$

(2) 解析的充要条件: 函数 $f(z) = u(x, y) + iv(x, y)$ 在定义域 D 内解析的充分必要条件是: $u(x, y)$ 与 $v(x, y)$ 在 D 内可微, 并且满足 C-R 方程:

$$\frac{\partial u}{\partial x} = \frac{\partial v}{\partial y}, \frac{\partial u}{\partial y} = -\frac{\partial v}{\partial x}.$$

(3) 可导函数 $f(z)$ 的四种导数形式:

$$f'(z) = \frac{\partial u}{\partial x} + i\frac{\partial v}{\partial x} = \frac{\partial v}{\partial y} + i\frac{\partial v}{\partial x}$$

$$= \frac{\partial v}{\partial y} - i\frac{\partial u}{\partial y} = \frac{\partial u}{\partial x} - i\frac{\partial u}{\partial y}.$$

4. 初等函数

(1) 指数函数: 设 $z = x + iy$ 为任意复数, 称

$$e^z = e^{x+iy} = e^x(\cos y + i\sin y)$$

为指数函数. 其模 $|e^z| = e^x$, 其辐角 $\mathrm{Arg}(e^z) = y + 2k\pi$, $k \in \mathbf{Z}$.

(2) 对数函数: 定义对数函数为指数函数的反函数, 即, 若 $z = e^w (z \neq 0, \infty)$, 则称 w 是 z 的对数函数, 记为

$$w = \mathrm{Ln}\, z = \ln|z| + i\mathrm{Arg}\, z = \ln|z| + i(\arg z + 2k\pi), \quad k \in \mathbf{Z}.$$

规定 $\ln z = \ln|z| + i\arg z$ 为 $\mathrm{Ln}\, z$ 的主值.

(3) 幂函数: 定义乘幂 a^b 为 $e^{b\mathrm{Ln}\, a}$, 称 $z^a = e^{a\mathrm{Ln}\, z}(z \neq 0, a$ 为复常数) 为 z 的幂函数.

(4) 三角函数与反三角函数:

①设 z 为任一复变数, 称以下两个函数

$$\sin z = \frac{e^{iz} - e^{-iz}}{2i}, \quad \cos z = \frac{e^{iz} + e^{-iz}}{2}$$

分别为正弦函数和余弦函数.

②三角函数 $z = \sin w$, $z = \cos w$, $z = \tan w$ 的反函数, 分别记为

$$w = \mathrm{Arcsin}\, z = -i\mathrm{Ln}(iz + \sqrt{1 - z^2}),$$

$$w = \mathrm{Arccos}\, z = -i\mathrm{Ln}(z + \sqrt{z^2 - 1}),$$

$$w = \mathrm{Arctan}\, z = -\frac{i}{2}\mathrm{Ln}\frac{1 + iz}{1 - iz}.$$

(5) 双曲函数与反双曲函数：

①双曲函数

$$\text{双曲正弦：} \operatorname{sh} z = \frac{e^z - e^{-z}}{2};$$

$$\text{双曲余弦：} \operatorname{ch} z = \frac{e^z + e^{-z}}{2};$$

$$\text{双曲正切：} \operatorname{th} z = \frac{e^z - e^{-z}}{e^z + e^{-z}}.$$

②反双曲函数

$$\text{反双曲正弦：} \operatorname{Arsh} z = \operatorname{Ln}(z + \sqrt{z^2 + 1});$$

$$\text{反双曲余弦：} \operatorname{Arch} z = \operatorname{Ln}(z + \sqrt{z^2 - 1});$$

$$\text{反双曲正切：} \operatorname{Arth} z = \frac{1}{2}\operatorname{Ln}\frac{1+z}{1-z}.$$

综合练习题 2

1. 求下列函数的定义域，并判断它们在其定义域内是否连续：

(1) $w = |z|$；

(2) $w = z^3$；

(3) $w = \dfrac{2z-1}{z-2}$；

(4) $w = \sqrt[3]{z^3}$；

(5) $w = \sqrt{z^2 - 3z + 2}$；

(6) $w = \sqrt{z^2 + (2-i)z - 2i}$.

2. 将函数 $f(z) = x\left(1 + \dfrac{1}{x^2 + y^2}\right) + iy\left(1 - \dfrac{1}{x^2 + y^2}\right)$ 写成关于 z 的解析式.

3. 解答下列各题：

(1) 在映射 $\omega = z^3$ 下，区域 $0 < \arg z < \pi/3$ 映射为什么样的区域？

(2) 在映射 $w = z^2$ 下，扇形区域 $0 < \arg z < \pi/4$，$|z| < 1$ 映射为什么样的区域？

(3) 在映射 $w = \dfrac{1}{z}$ 下，曲线 $x^2 + y^2 = 4$ 和 $x = 1$ 映射为 w 平面上什么曲线？

4. 试证：$\lim\limits_{z \to 0} \dfrac{\operatorname{Im} z}{z}$ 不存在.

5. 试判断函数 $f(z) = \begin{cases} \dfrac{ixy}{x^2 + y^2}, & z \neq 0, \\ 0, & z = 0 \end{cases}$ 的连续性.

6. 求下列极限：

(1) $\lim\limits_{z\to 0}\dfrac{\operatorname{Re}z}{z}$;　　　　　　(2) $\lim\limits_{z\to\infty}\dfrac{1}{1+z^2}$;

(3) $\lim\limits_{z\to i}\dfrac{z-i}{z(1+z^2)}$;　　　　　(4) $\lim\limits_{z\to 1}\dfrac{z\cdot\bar{z}+2z-\bar{z}-2}{z^2-1}$.

7. 讨论下列函数的连续性:

(1) $f(z)=\begin{cases}\dfrac{xy}{x^2+y^2}, & z\neq 0,\\ 0, & z=0;\end{cases}$　　　(2) $f(z)=\begin{cases}\dfrac{x^3y}{x^4+y^2}, & z\neq 0,\\ 0, & z=0.\end{cases}$

8. 试证:如果 $f(z)$ 在 z_0 连续,则 $\overline{f(z)}$ 和 $|f(z)|$ 在 z_0 处也连续.

9. 试证: $\arg z$ 在原点与负实轴上不连续.

10. 讨论下列函数的可导性与解析性:

(1) $f(z)=x^3+3ix^2y-3xy^2-iy^3$;　　(2) $f(z)=xy^2+ix^2y$;

(3) $f(z)=3-z+2z^2$;　　　　　　(4) $f(z)=|z|^2z$.

11. 证明: $f(z)=(x^3-3xy^2)+i(3x^2y-y^3)$ 处处解析,并求 $f'(z)$.

12. 设 $f(z)=my^3+nx^2y+i(x^3+lxy^2)$ 在整个复平面上解析,求 m,n,l 的值.

13. 证明:C-R 方程的极坐标形式是

$$\frac{\partial u}{\partial r}=\frac{1}{r}\frac{\partial v}{\partial\theta},\qquad \frac{\partial v}{\partial r}=-\frac{1}{r}\frac{\partial u}{\partial\theta}.$$

14. 证明:如果 $f(z)=u(x,y)+iv(x,y)$ 在区域 D 内解析,且满足下列条件之一,则 $f(z)$ 是常数.

(1) $f'(z)=0$;　　　　　　　(2) $\operatorname{Re}[f(z)]$ 为常数;

(3) $\operatorname{Im}[f(z)]$ 为常数;　　　　(4) $u=v^2$.

15. 计算下列函数值:

(1) $e^{\frac{2-\pi i}{3}}$;　　　　　　　　(2) $e^{k\pi i}$;

(3) $\operatorname{Ln}(-3-4i)$;　　　　　(4) $\ln(ie)$;

(5) $z^{\frac{3}{4}}$;　　　　　　　　(6) 2^{1+i};

(7) $\cos(\pi+5i)$;　　　　　(8) $|\sin z|^2$;

(9) $\tan(3-i)$;　　　　　　(10) $\arctan(2+3i)$;

(11) $\arcsin i$;　　　　　　(12) $\operatorname{arth} i$.

16. 解下列方程:

(1) $e^z+1=0$;　　　　　　(2) $\ln z=2+\pi i$;

(3) $\sin z+\cos z=0$;　　　　(4) $\operatorname{sh} z=0$.

17. 证明下列函数在复平面上不解析:

(1) $e^{\bar{z}}$;　　　　　　　　(2) $\sin\bar{z}$.

18. 说明下列等式是否正确:

(1) $\operatorname{Ln} z^2 = 2\operatorname{Ln} z$;

(2) $\operatorname{Ln} \sqrt{z} = \dfrac{1}{2}\operatorname{Ln} z$;

(3) $\overline{\mathrm{e}^z} = \mathrm{e}^{\bar{z}}$;

(4) $\overline{\cos z} = \cos \bar{z}$;

(5) $\overline{\sin z} = \sin \bar{z}$;

(6) $\overline{\operatorname{ch} z} = \operatorname{ch} \bar{z}$.

自 测 题 2

1. 计算下列各式的值：

(1) $\sin(2+3\mathrm{i})$;

(2) $\mathrm{i}^{\sqrt{2}}$;

(3) $\operatorname{Ln}(-1-\mathrm{i})$;

(4) $\operatorname{Ln}(-1)$;

(5) $(1+\mathrm{i})^{\frac{2}{3}}$;

(6) $\mathrm{e}^{1+\pi\mathrm{i}} + \cos\mathrm{i}$.

2. 设 $z = x + \mathrm{i}y$，试用含 x、y 的式子表示下列各式：

(1) $|\mathrm{e}^{\mathrm{i}-2z}|$;

(2) $|\sin z|$;

(3) $\operatorname{Re}(\mathrm{e}^{\frac{1}{z}})$.

3. 判断下列函数的可导性和解析性：

(1) $f(z) = \bar{z} \cdot z^2$;

(2) $f(z) = 2x^3 + 3y^3\mathrm{i}$;

(3) $f(z) = \dfrac{1}{\bar{z}}$;

(4) $f(z) = \mathrm{e}^x(x\cos y - y\sin y) + \mathrm{i}\mathrm{e}^x(y\cos y + x\sin y)$.

4. 由下列 $u(x, y)$，求解析函数 $f(z) = u(x, y) + \mathrm{i}v(x, y)$：

(1) $u(x, y) = y^3 - 3x^2y$, $f(\mathrm{i}) = 1 + \mathrm{i}$;

(2) $u(x, y) = (x - y)(x^2 + 4xy + y^2)$.

5. 已知 $f(z) = u + \mathrm{i}v$ 在区域 D 内解析，求证：

$$|f'(z)|^2 = \begin{vmatrix} \dfrac{\partial u}{\partial x} & \dfrac{\partial u}{\partial y} \\ \dfrac{\partial v}{\partial x} & \dfrac{\partial v}{\partial y} \end{vmatrix}.$$

6. 设函数 $f(z)$ 在区域 D 内解析，试证：$\overline{\mathrm{i}f(\bar{z})}$ 在区域 D 内也解析.

7. 证明：$(z^a)' = a \cdot z^{a-1}$，其中 a 为实数.

第 3 章 复 积 分

复变函数的积分(简称复积分)是研究解析函数的一个重要工具. 解析函数的许多重要性质要利用复积分来证明. 本章主要介绍柯西-古萨定理及柯西积分公式,它们是复变函数论的基本定理和基本公式,以后各章都直接或间接地和它们有关联.

本章预习提示:微积分中的第二类曲线积分及格林公式,积分与路径无关的条件.

3.1 复变函数的积分

3.1.1 复变函数积分的概念

定义 3.1 设 C 为平面上给定的一条光滑或逐段光滑曲线,如果选定 C 的两个可能方向中的一个作为正方向,那么我们把 C 理解为带有方向的曲线,称为有向曲线. 有向曲线 C 的正向记为 C^+(通常简记为 C),负向记为 C^-.

若 C 是一条光滑的简单闭曲线,则规定逆时针方向为 C 的正向,顺时针方向为 C 的负向.

复变函数的积分主要考虑在复平面上的曲线积分,因此,后面我们所提到的曲线(除特别声明外)均指光滑的或逐段光滑的曲线.

定义 3.2 设有向曲线段 C 的起点为 A,终点为 B,$f(z)$ 为定义在 C 上的有界函数. 沿 A 到 B 的方向把曲线 C 任意分成 n 个弧段,设分点为

$$A = z_0,\ z_1,\ z_2,\ \cdots,\ z_{k-1},\ z_k,\ \cdots,\ z_n = B,$$

在每个弧段 $\overset{\frown}{z_{k-1}z_k}$ $(k=1,\ 2,\ \cdots,\ n)$ 上任意取一点 ζ_k,并作和式

$$S_n = \sum_{k=1}^{n} f(\zeta_k) \Delta z_k,$$

其中 $\Delta z_k = z_k - z_{k-1}$,$\Delta s_k$ 表示 $\overset{\frown}{z_{k-1}z_k}$ 的长度,$\delta = \max_{1 \leqslant k \leqslant n} \{\Delta s_k\}$.

当 $\delta \to 0$ 时，如果和式 S_n 的极限存在，且此极限值与对 C 的分法及 ζ_k 的取法无关，则称此极限值为 $f(z)$ 沿 C 从 A 到 B 的积分，记为 $\int_C f(z)\mathrm{d}z$，

即
$$\int_C f(z)\mathrm{d}z = \lim_{\delta \to 0}\sum_{k=1}^{n} f(\zeta_k)\Delta z_k.$$

其中 C 称为积分路径，$f(z)$ 称为被积函数.

定义 3.2 如图 3-1 所示

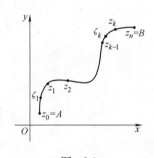

图 3-1

注意 $\int_{C^+} f(z)\mathrm{d}z$ 表示沿 C 的正方向的积分，简写为 $\int_C f(z)\mathrm{d}z$，$\int_{C^-} f(z)\mathrm{d}z$ 表示沿 C 的负方向的积分.

如果曲线 C 为闭曲线，那么沿此正向闭曲线的积分记作 $\oint_C f(z)\mathrm{d}z$.

当曲线 C 定义在 x 轴的区间 $[a, b]$ 上时，而 $f(z) = u(x)$ 时，这个积分定义就是一元实函数定积分的定义.

3.1.2 复积分的存在性及其计算

1. 复积分存在的条件

定理 3.1 若函数 $f(z) = u(x, y) + iv(x, y)$ 在有向曲线段 C 上分段连续，则 $\int_C f(z)\mathrm{d}z$ 必存在，且

$$\int_C f(z)\mathrm{d}z = \int_C u\mathrm{d}x - v\mathrm{d}y + i\int_C v\mathrm{d}x + u\mathrm{d}y. \tag{3.1}$$

证 设 $z_k = x_k + iy_k$，$x_k - x_{k-1} = \Delta x_k$，$y_k - y_{k-1} = \Delta y_k$，则
$$z_k - z_{k-1} = \Delta x_k + i\Delta y_k,$$

设 $\zeta_k = \xi_k + i\eta_k$，$u(\xi_k, \eta_k) = u_k$，$v(\xi_k, \eta_k) = v_k$，则
$$f(\zeta_k) = u_k + iv_k,$$

所以

$$\begin{aligned}
S_n &= \sum_{k=1}^{n} f(\zeta_k)(z_k - z_{k-1}) = \sum_{k=1}^{n}(u_k + iv_k)(\Delta x_k + i\Delta y_k) \\
&= \sum_{k=1}^{n}(u_k\Delta x_k - v_k\Delta y_k) + i\sum_{k=1}^{n}(u_k\Delta y_k + v_k\Delta x_k).
\end{aligned}$$

由于 u，v 都是分段连续函数，根据第二类曲线积分的存在定

理，易知上式右端的两个和式的极限都是存在的，因此，积分 $\int_C f(z)\mathrm{d}z$ 存在，且有式(3.1)成立.

注 (1) 式(3.1)说明，复积分的计算可化为其实部和虚部的两个二元实函数曲线积分的计算.

(2) 事实上，式(3.1)中的被积表达式可看成是函数 $f(z) = u + iv$ 与微分 $\mathrm{d}z = \mathrm{d}(x + iy) = \mathrm{d}x + i\mathrm{d}y$ 相乘后得到的，即

$$\int_C f(z)\mathrm{d}z = \int_C (u + iv)(\mathrm{d}x + i\mathrm{d}y) = \int_C u\mathrm{d}x - v\mathrm{d}y + i\int_C v\mathrm{d}x + u\mathrm{d}y.$$

2. 复积分的计算

定理 3.2 设有光滑曲线 C：

$$z = z(t) = x(t) + iy(t), \qquad \alpha \leqslant t \leqslant \beta.$$

其正方向为参数增加的方向，参数 α，β 分别对应起点 A 及终点 B，即

$$z'(t) \neq 0, \ \alpha < t < \beta,$$

则 $$\int_C f(z)\mathrm{d}z = \int_\alpha^\beta f(z(t))\mathrm{d}z(t) = \int_\alpha^\beta f(z(t))z'(t)\mathrm{d}t, \qquad (3.2)$$

或 $$\int_C f(z)\mathrm{d}z = \int_\alpha^\beta \mathrm{Re}[f(z(t))z'(t)]\mathrm{d}t + i\int_\alpha^\beta \mathrm{Im}[f(z(t))z'(t)]\mathrm{d}t.$$

$$(3.3)$$

证 易知

$$f(z(t)) = u(x(t), y(t)) + iv(x(t), y(t)) = u(t) + iv(t),$$

由定理 3.1，有

$$\int_C f(z)\mathrm{d}z = \int_C u\mathrm{d}x - v\mathrm{d}y + i\int_C v\mathrm{d}x + u\mathrm{d}y$$

$$= \int_\alpha^\beta [u(t)x'(t) - v(t)y'(t)]\mathrm{d}t +$$

$$i\int_\alpha^\beta [u(t)y'(t) + v(t)x'(t)]\mathrm{d}t$$

$$= \int_\alpha^\beta [u(t) + iv(t)][x'(t) + iy'(t)]\mathrm{d}t$$

$$= \int_\alpha^\beta f(z(t))z'(t)\mathrm{d}t,$$

而

$$\mathrm{Re}[f(z(t))z'(t)] = u(t)x'(t) - v(t)y'(t),$$

$$\mathrm{Im}[f(z(t))z'(t)] = u(t)y'(t) + v(t)x'(t),$$

所以

$$\int_C f(z)\mathrm{d}z = \int_\alpha^\beta \mathrm{Re}[f(z(t))z'(t)]\mathrm{d}t + \mathrm{i}\int_\alpha^\beta \mathrm{Im}[f(z(t))z'(t)]\mathrm{d}t.$$

用式(3.2)或式(3.3)计算复积分是从积分路径 C 的参数方程着手的,称为**参数方程法**. 式(3.2)或式(3.3)称为复积分的**变量代换公式**.

例1 计算 $\int_C |z|\mathrm{d}z$,其中 C 为

(1) 从点 $-\mathrm{i}$ 到点 i 的直线段;

(2) 左半平面以原点为中心的负向单位半圆周,如图3-2所示.

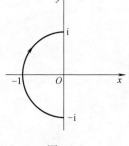

图 3-2

解 (1) 直线段 C 的参数方程为

$$z(t) = x(t) + \mathrm{i}y(t) = \mathrm{i}t\,(-1 \leqslant t \leqslant 1), \quad z'(t) = \mathrm{i}.$$

所以

$$\int_C |z|\mathrm{d}z = \int_{-1}^1 |\mathrm{i}t|\mathrm{i}\mathrm{d}t$$

$$= \mathrm{i}\int_{-1}^1 |t|\mathrm{d}t = -\mathrm{i}\int_{-1}^0 t\mathrm{d}t + \mathrm{i}\int_0^1 t\mathrm{d}t = \mathrm{i};$$

(2) 单位半圆周的参数方程为

$$z = \mathrm{e}^{\mathrm{i}\theta}\left(\frac{\pi}{2} \leqslant \theta \leqslant \frac{3\pi}{2}\right), \quad z'(\theta) = \mathrm{i}\mathrm{e}^{\mathrm{i}\theta}.$$

所以

$$\int_C |z|\mathrm{d}z = \int_{\frac{3\pi}{2}}^{\frac{\pi}{2}} |\mathrm{e}^{\mathrm{i}\theta}|\mathrm{i}\mathrm{e}^{\mathrm{i}\theta}\mathrm{d}\theta = -\int_{\frac{\pi}{2}}^{\frac{3\pi}{2}} \mathrm{i}\mathrm{e}^{\mathrm{i}\theta}\mathrm{d}\theta$$

$$= -\mathrm{e}^{\mathrm{i}\theta}\Big|_{\frac{\pi}{2}}^{\frac{3\pi}{2}} = 2\mathrm{i}.$$

由此可见,复积分不仅与起点和终点有关,还与积分路径有关.

例2 计算 $I = \oint_C \dfrac{\mathrm{d}z}{(z-z_0)^n}$,其中曲线 C 为以 z_0 为中心,r 为半径的正向圆周,$n \in \mathbf{Z}$.

解 曲线 C 的参数方程为

$$z = z_0 + r\mathrm{e}^{\mathrm{i}\theta}(0 \leqslant \theta \leqslant 2\pi), \quad \mathrm{d}z = \mathrm{i}r\mathrm{e}^{\mathrm{i}\theta}\mathrm{d}\theta.$$

所以

$$I = \int_0^{2\pi} \frac{\mathrm{i}r\mathrm{e}^{\mathrm{i}\theta}\mathrm{d}\theta}{(r\mathrm{e}^{\mathrm{i}\theta})^n} = \frac{1}{r^{n-1}}\int_0^{2\pi} \mathrm{i}\mathrm{e}^{-\mathrm{i}(n-1)\theta}\mathrm{d}\theta = \begin{cases} 0, & n \neq 1, \\ 2\pi\mathrm{i}, & n = 1. \end{cases}$$

由此可见，该积分与积分路径圆周的中心和半径无关.

特别地，

$$\oint_{|z|=r} \frac{1}{z^n}dz = \begin{cases} 0, & n \neq 1, \\ 2\pi i, & n = 1. \end{cases}$$

其中，$|z| = r$ 为正向.

例 3　计算 $\oint_{|z|=2} \frac{\bar{z}}{z}dz$，其中 $|z| = 2$ 为正向.

解　$\oint_{|z|=2} \frac{\bar{z}}{z}dz = \oint_{|z|=2} \frac{\bar{z} \cdot z}{z^2}dz = \oint_{|z|=2} \frac{|z|^2}{z^2}dz$

$$= 4\oint_{|z|=2} \frac{1}{z^2}dz = 0.$$

3.1.3　复积分的基本性质

设 $f(z)$ 和 $g(z)$ 在曲线 C 上可积，则有下列与实变函数中第二类曲线积分相类似的性质：

性质 3.1（方向性）　$\int_C f(z)dz = -\int_{C^-} f(z)dz.$

性质 3.2（线性）　$\int_C [k_1 f(z) \pm k_2 g(z)]dz = k_1 \int_C f(z)dz \pm k_2 \int_C g(z)dz$，其中，$k_1$ 和 k_2 为复常数.

性质 3.3（对积分路径的可加性）　$\int_C f(z)dz = \int_{C_1} f(z)dz + \int_{C_2} f(z)dz + \cdots + \int_{C_n} f(z)dz$，其中 C 由曲线段 $C_1, C_2, \cdots, C_n$ 依次首尾相接而成.

性质 3.4（积分不等式）　设曲线 C 的长度为 L，若存在正数 M 使得函数 $f(z)$ 在 C 上满足 $|f(z)| \leqslant M$，则

$$\left| \int_C f(z)dz \right| \leqslant \int_C |f(z)|ds \leqslant ML,$$

其中，ds 为曲线 C 的弧微分，$ds \approx |dz| = \sqrt{(dx)^2 + (dy)^2}$，$\int_C |f(z)|ds$ 为沿曲线 C 的第一类曲线积分.

例 4　证明：$\left| \int_C \frac{z+1}{z-1}dz \right| \leqslant 8\pi$. 其中，$C: |z-1| = 2$.

证　积分路径 C 为以 $(1,0)$ 为中心，2 为半径的圆，C 的周长 $L = 4\pi$，所以

$$\left| \int_C \frac{z+1}{z-1} dz \right| \leqslant \int_C \left| \frac{z+1}{z-1} \right| ds \leqslant \int_C \frac{|z+1|}{2} ds$$

$$\leqslant \int_C \frac{|z-1|+2}{2} ds = 2 \int_C ds = 8\pi.$$

3.2　柯西-古萨定理及其推广

3.2.1　柯西-古萨定理

上一节的例 1 告诉我们，复积分不仅依赖于起点和终点，还与积分路径有关，那么在什么情况下复积分会与积分路径无关呢？本节将回答这个问题.

假设 $f(z) = u + iv$ 在单连通区域 D 内处处解析，$f'(z)$ 在 D 内连续，则 u_x，u_y，v_x，v_y 在 D 内连续，且满足 C-R 方程

$$\frac{\partial u}{\partial x} = \frac{\partial v}{\partial y}, \quad \frac{\partial v}{\partial x} = -\frac{\partial u}{\partial y}.$$

设 C 为 D 内任意一条简单闭曲线，由式 (3.1) 有

$$\int_C f(z) dz = \int_C u dx - v dy + i \int_C v dx + u dy.$$

记 G 为 C 所围区域，由格林公式有

$$\int_C u dx - v dy = \iint_G \left(-\frac{\partial v}{\partial x} - \frac{\partial u}{\partial y} \right) dx dy,$$

$$\int_C v dx + u dy = \iint_G \left(\frac{\partial u}{\partial x} - \frac{\partial v}{\partial y} \right) dx dy.$$

所以

$$\int_C u dx - v dy = \int_C v dx + u dy = 0,$$

从而

$$\oint_C f(z) dz = 0.$$

下面的定理告诉我们去掉 "$f'(z)$ 在 D 内连续" 这个条件，该结论也成立.

定理 3.3（柯西-古萨定理） 设 $f(z)$ 在单连通区域 D 内处处解析，则 $f(z)$ 沿 D 内任何一条闭曲线 C 的积分为零，即

$$\oint_C f(z)\,\mathrm{d}z = 0.$$

证明略. 感兴趣的读者可参阅参考文献[2]中的有关内容.

注 ①定理中的 C 可以不是简单曲线；②如果曲线 C 是区域 D 的边界，$f(z)$ 在 D 内解析，在闭区域 $\overline{D} = D + C$ 上连续，则结论仍然成立.

推论 3.1 如果函数 $f(z)$ 在单连通区域 D 内处处解析，则 $f(z)$ 在 D 内的积分与路径无关，而仅与起点和终点有关. 即积分 $\int_C f(z)\,\mathrm{d}z$ 不依赖于连接起点 z_0 与终点 z_1 的曲线 C，而只与 z_0, z_1 的位置有关.

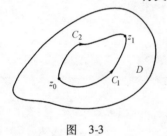

图 3-3

证 设 C_1 和 C_2 为 D 内连接 z_0 与 z_1 的任意两条曲线（见图 3-3），显然 C_1 和 C_2^- 连接成 D 内一条闭曲线 C_3. 由柯西-古萨定理知，

$$\int_{C_3} f(z)\,\mathrm{d}z = \int_{C_1} f(z)\,\mathrm{d}z + \int_{C_2^-} f(z)\,\mathrm{d}z = 0,$$

因而

$$\int_{C_1} f(z)\,\mathrm{d}z = -\int_{C_2^-} f(z)\,\mathrm{d}z = \int_{C_2} f(z)\,\mathrm{d}z.$$

3.2.2 柯西-古萨定理的推广

柯西-古萨定理可推广到多连通区域的情况.

定理 3.4 假设 C_1，C_2 为任意两条简单闭曲线，C_2 在 C_1 的内部，$f(z)$ 在以 C_1 和 C_2 为边界的区域 D 内解析，在 $\overline{D} = D + C_1 + C_2$ 上连续，则

$$\oint_{C_1} f(z)\,\mathrm{d}z = \oint_{C_2} f(z)\,\mathrm{d}z.$$

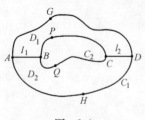

图 3-4

证 如图 3-4 所示，作辅助线 l_1，l_2 将 C_1 和 C_2 连接起来，从而将 D 分成两个单连通区域 D_1 与 D_2，其中 D_1 以 $ABPCDGA$ 为边界. D_2 以 $AHDCQBA$ 为边界.

由柯西-古萨定理有

$$\int_{\overset{\frown}{AB}} f(z)\,\mathrm{d}z + \int_{\overset{\frown}{BPC}} f(z)\,\mathrm{d}z + \int_{\overset{\frown}{CD}} f(z)\,\mathrm{d}z + \int_{\overset{\frown}{DGA}} f(z)\,\mathrm{d}z = 0$$

和

$$\int_{\widehat{BA}} f(z)\,dz + \int_{\widehat{AHD}} f(z)\,dz + \int_{\widehat{DC}} f(z)\,dz + \int_{\widehat{CQB}} f(z)\,dz = 0.$$

又因为

$$C_1 = \widehat{DGA} + \widehat{AHD},$$

$$C_2 = \widehat{BPC} + \widehat{CQB},$$

$$\int_{\widehat{AB}} f(z)\,dz + \int_{\widehat{BA}} f(z)\,dz = 0,$$

$$\int_{\widehat{CD}} f(z)\,dz + \int_{\widehat{DC}} f(z)\,dz = 0,$$

所以
$$\oint_{C_1} f(z)\,dz + \oint_{C_2^-} f(z)\,dz = 0,$$

即

$$\oint_{C_1} f(z)\,dz = -\oint_{C_2^-} f(z)\,dz = \oint_{C_2} f(z)\,dz.$$

如果我们把 C_1，C_2 看成一个复合闭路 Γ（其方向为：C_1 按逆时针方向进行，C_2 按顺时针方向进行），则

$$\oint_{\Gamma} f(z)\,dz = 0.$$

从上面的讨论，我们得到：

定理 3.5（闭路变形原理） 在区域 D 内的一个解析函数 $f(z)$ 沿闭曲线的积分，不因闭曲线在区域 D 内作连续变形而改变它的值.

该定理说明，解析函数 $f(z)$ 沿闭曲线 C 积分时，曲线 C 可作连接变形，只要在变形过程中，曲线不经过函数 $f(z)$ 的不解析点就行.

定理 3.6（复合闭路定理） 设 C_1，C_2，$\cdots$，C_n 为简单闭曲线 C 内部的一组既互不包含也互不相交的简单闭曲线，D 是由 C 的内部与 C_1，C_2，$\cdots$，C_n 的外部所围的区域，如图 3-5 所示，如果 $f(z)$ 在 D 内解析，在 $\overline{D} = D + C + C_1 + C_2 + \cdots + C_n$ 上连续，则 $f(z)$ 沿曲线 C 的积分等于沿曲线 C_1，C_2，$\cdots$，C_n 积分的和，即

$$\oint_C f(z)\,dz = \sum_{k=1}^{n} \oint_{C_k} f(z)\,dz,$$

其中，C，$C_k (k = 1, 2, \cdots, n)$ 取正方向.

若 Γ 为由 C 及 C_1，C_2，$\cdots$，C_n 所组成的复合闭路（其方向

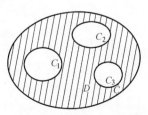

图 3-5

为：C 按逆时针方向进行，C_k 按顺时针方向进行），则 $\oint_\Gamma f(z)\,\mathrm{d}z = 0$.

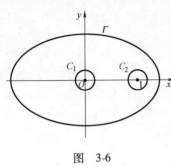

图 3-6

例 1 计算 $\oint_\Gamma \dfrac{\mathrm{d}z}{z^2 - z}$ 的值，Γ 为包含圆周 $|z| = 1$ 在内的任何一条正向简单闭曲线.

解 被积函数 $\dfrac{1}{z^2 - z}$ 的两个奇点 $z = 0$ 和 $z = 1$ 恰在 Γ 围成的区域内，在 Γ 内分别以 $z = 0$ 和 $z = 1$ 为圆心作两个互不相交也互不包含的正向圆周 C_1 和 C_2，如图 3-6 所示.

显然 $\dfrac{1}{z^2 - z}$ 满足定理 3.6 的条件，所以有

$$\oint_\Gamma \frac{\mathrm{d}z}{z^2 - z} = \oint_{C_1} \frac{\mathrm{d}z}{z^2 - z} + \oint_{C_2} \frac{\mathrm{d}z}{z^2 - z}$$

$$= \oint_{C_1} \frac{1}{z - 1}\mathrm{d}z - \oint_{C_1} \frac{1}{z}\mathrm{d}z + \oint_{C_2} \frac{1}{z - 1}\mathrm{d}z - \oint_{C_2} \frac{1}{z}\mathrm{d}z$$

$$= 0 - 2\pi\mathrm{i} + 2\pi\mathrm{i} - 0 = 0.$$

3.2.3 原函数与不定积分

定理 3.7 如果函数 $f(z)$ 在单连通区域 D 内处处解析，那么函数 $F(z) = \displaystyle\int_{z_0}^{z} f(\zeta)\,\mathrm{d}\zeta$ 必为 D 内的一个解析函数，且 $F'(z) = f(z)$.

证 设

$$z = x + \mathrm{i}y, \qquad z_0 = x_0 + \mathrm{i}y_0, \qquad f(z) = u(x, y) + \mathrm{i}v(x, y).$$

由推论 3.1 可知，$\displaystyle\int_{z_0}^{z} f(\zeta)\,\mathrm{d}\zeta$ 与积分路径无关，因此

$$F(z) = \int_{z_0}^{z} f(\zeta)\,\mathrm{d}\zeta = \int_{(x_0, y_0)}^{(x, y)} u\,\mathrm{d}x - v\,\mathrm{d}y + \mathrm{i}\int_{(x_0, y_0)}^{(x, y)} v\,\mathrm{d}x + u\,\mathrm{d}y.$$

设

$$F(z) = P(x, y) + \mathrm{i}Q(x, y),$$

由 $f(z)$ 的解析性可知，P, Q 的一阶偏导数连续，有

$$\frac{\partial P}{\partial x} = u, \qquad \frac{\partial P}{\partial y} = -v,$$

$$\frac{\partial Q}{\partial x} = v, \qquad \frac{\partial Q}{\partial y} = u,$$

由第二类曲线积分的知识，有

$$\frac{\partial P}{\partial x} = \frac{\partial Q}{\partial y}, \quad \frac{\partial P}{\partial y} = -\frac{\partial Q}{\partial x},$$

即 $F(z) = P + iQ$ 满足 C-R 方程，所以 $F(z)$ 为 D 内的解析函数，且

$$F'(z) = \frac{\partial P}{\partial x} + i\frac{\partial Q}{\partial x} = u + iv = f(z).$$

这个定理跟微积分学中的对变上限积分的求导定理完全类似.

定义 3.3 若在区域 D 内有 $F'(z) = f(z)$，则称 $F(z)$ 为 $f(z)$ 在区域 D 内的一个原函数.

$f(z)$ 的任何两个原函数相差一个常数. 事实上，设 $F(z)$ 和 $G(z)$ 都是 $f(z)$ 在区域 D 内的原函数，有

$$[G(z) - F(z)]' = G'(z) - F'(z) = f(z) - f(z) = 0,$$

令 $G(z) - F(z) = u + iv$，则有

$$[G(z) - F(z)]' = \frac{\partial u}{\partial x} + i\frac{\partial v}{\partial x} = 0,$$

从而

$$\frac{\partial u}{\partial x} = \frac{\partial v}{\partial x} = 0.$$

由 C-R 方程知

$$\frac{\partial u}{\partial y} = \frac{\partial v}{\partial y} = 0,$$

所以 u, v 必为常数，即

$$G(z) - F(z) = u + iv = C \, (C \text{ 为复常数}).$$

利用这一性质，可以推导跟牛顿-莱布尼兹公式类似的解析函数的积分计算公式.

定理 3.8 如果函数 $f(z)$ 在单连通区域 D 内处处解析，$F(z)$ 为 $f(z)$ 的一个原函数，那么

$$\int_{z_0}^{z_1} f(z) \, dz = F(z_1) - F(z_0). \tag{3.4}$$

其中 z_0，z_1 为区域 D 内的两点.

证 设 $G(z) = \int_{z_0}^{z} f(\zeta) \, d\zeta$，则 $G(z)$ 也是 $f(z)$ 的一个原函数，所以

$$G(z) - F(z) = C \, (C \text{ 为复常数}).$$

令 $z = z_0$，得

$$G(z_0) - F(z_0) = C,$$

所以
$$C = -F(z_0), \quad G(z_1) = F(z_1) + C = F(z_1) - F(z_0),$$
即
$$\int_{z_0}^{z_1} f(z)\mathrm{d}z = F(z_1) - F(z_0).$$

这个公式与定积分的计算公式相同，同理，复积分中还有许多与定积分类似的算法，如复积分也有类似的分部积分法.

设 $f(z)$，$g(z)$ 在单连通区域 D 内解析，z_0，z_1 为 D 内的两点，则
$$\int_{z_0}^{z_1} f(z)g'(z)\mathrm{d}z = f(z)g(z)\Big|_{z_0}^{z_1} - \int_{z_0}^{z_1} g(z)f'(z)\mathrm{d}z.$$

例 2　计算 $\int_{-\pi i}^{\pi i} \sin^2 z\mathrm{d}z$.

解　由于 $\sin^2 z$ 在复平面内处处解析，故
$$\int_{-\pi i}^{\pi i} \sin^2 z\mathrm{d}z = \int_{-\pi i}^{\pi i} \frac{1 - \cos 2z}{2}\mathrm{d}z$$
$$= \frac{1}{2}\Big[z - \frac{1}{2}\sin 2z\Big]_{-\pi i}^{\pi i}$$
$$= \pi i - \frac{1}{2}\sin 2\pi i.$$

例 3　计算 $\int_0^i (z - 1)\mathrm{e}^{-z}\mathrm{d}z$.

解　由于 $(z-1)\mathrm{e}^{-z}$ 在复平面内处处解析，故
$$\int_0^i (z - 1)\mathrm{e}^{-z}\mathrm{d}z = -\int_0^i (z - 1)\mathrm{d}\mathrm{e}^{-z}$$
$$= -\big[(z - 1)\mathrm{e}^{-z} + \mathrm{e}^{-z}\big]_0^i = -i\mathrm{e}^{-i}$$
$$= -i\big[\cos(-1) + i\sin(-1)\big]$$
$$= -\sin 1 - i\cos 1.$$

3.3　柯西积分公式和高阶导数公式

3.3.1　柯西积分公式及最大模原理

1. 柯西积分公式

利用复合闭路定理我们可以推出解析函数的积分表达式，即柯

西积分公式.

定理 3.9 如果 $f(z)$ 在区域 D 内处处解析，C 为 D 内的任意一条正向简单闭曲线，且它的内部完全含于 D，z_0 为 C 内部的任一点，那么

$$f(z_0) = \frac{1}{2\pi i} \oint_C \frac{f(z)}{z - z_0} \mathrm{d}z. \tag{3.5}$$

证 由于 $f(z)$ 在 z_0 处连续，故对任意 $\varepsilon > 0$，存在 $\delta > 0$，当 $|z - z_0| \le \delta$ 时，

$$|f(z) - f(z_0)| < \varepsilon.$$

设圆周 C_1：$|z - z_0| = r$ 完全含于 D，且 $r \le \delta$，如图 3-7 所示.

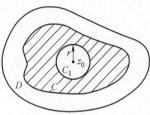

图 3-7

又因为函数 $\dfrac{f(z)}{z - z_0}$ 在 C 与 C_1 围成的多连通区域内解析，由复合闭路定理知，

$$\oint_C \frac{f(z)}{z - z_0}\mathrm{d}z = \oint_{C_1} \frac{f(z)}{z - z_0}\mathrm{d}z = f(z_0)\oint_{C_1} \frac{\mathrm{d}z}{z - z_0} + \oint_{C_1} \frac{f(z) - f(z_0)}{z - z_0}\mathrm{d}z$$

$$= 2\pi i f(z_0) + \oint_{C_1} \frac{f(z) - f(z_0)}{z - z_0}\mathrm{d}z.$$

而

$$\left| \oint_{C_1} \frac{f(z) - f(z_0)}{z - z_0}\mathrm{d}z \right| \le \oint_{C_1} \left| \frac{f(z) - f(z_0)}{z - z_0} \right| \mathrm{d}s \le \frac{\varepsilon}{r} 2\pi r = 2\pi\varepsilon.$$

上述不等式左端是一个非负实常数，而右端可以任意地小，故左端的常数必为 0，即得

$$f(z_0) = \frac{1}{2\pi i} \oint_C \frac{f(z)}{z - z_0}\mathrm{d}z.$$

注 如果 $f(z)$ 在简单闭曲线 C 所围成的区域内解析，且在曲线 C 所围区域的闭包上连续，则式(3.5)仍然成立.

式(3.5)称为柯西积分公式. 通过这个公式就可以把一个解析函数在 C 内部任何一点的值用它的边界上的值来表示. 柯西积分公式可以改写为

$$\oint_C \frac{f(z)}{z - z_0}\mathrm{d}z = 2\pi i f(z_0).$$

柯西积分公式不但提供了计算某些复变函数沿闭路积分的一种

方法，而且还给出了解析函数的一个积分表达式，是研究解析函数的有力工具.

推论 3.2（平均值定理）　如果 C 是圆周 $z = z_0 + Re^{i\theta}$，则柯西积分公式就成为

$$f(z_0) = \frac{1}{2\pi i} \int_0^{2\pi} \frac{f(z_0 + Re^{i\theta})}{Re^{i\theta}} iRe^{i\theta} d\theta$$

$$= \frac{1}{2\pi} \int_0^{2\pi} f(z_0 + Re^{i\theta}) d\theta.$$

即 $f(z)$ 在圆心 z_0 的值等于它在圆周上的算术平均值.

例1　求下列积分（沿圆周正向）的值：

$$(1)\ \frac{1}{2\pi i}\oint_{|z|=4} \frac{\sin z}{z} dz; \qquad\qquad (2)\ \oint_{|z|=4}\left(\frac{1}{z+1} + \frac{2}{z-3}\right)dz.$$

解　$(1)\ \dfrac{1}{2\pi i}\oint_{|z|=4} \dfrac{\sin z}{z} dz = \sin z\,\big|_{z=0} = 0;$

$(2)\ \oint_{|z|=4}\left(\dfrac{1}{z+1} + \dfrac{2}{z-3}\right)dz = \oint_{|z|=4} \dfrac{1}{z+1} dz + 2\oint_{|z|=4} \dfrac{1}{z-3} dz$

$$= 2\pi i \cdot 1 + 2\pi i \cdot 2$$

$$= 6\pi i.$$

2. 最大模原理

利用柯西积分公式我们还能揭示解析函数的另一重要性质——最大模原理.

定理 3.10（最大模原理）　设 D 为有界单连通或复闭路多连通区域，其边界为 C，$f(z)$ 在 D 内解析，在 $\overline{D} = D + C$ 上连续，则 $f(z)$ 的最大模必能在 C 上取得.

证　设 z_0 为 D 内任一点，记 d 为 z_0 到 D 的边界 C 上各点的最短距离，L 为 C 的长度，$M = \max\limits_C |f(z)|$，由柯西积分公式，有

$$f^n(z_0) = \frac{1}{2\pi i}\oint_C \frac{f^n(z)}{z - z_0} dz,$$

所以

$$|f(z_0)|^n \leqslant \frac{1}{2\pi}\oint_C \frac{|f(z)|^n}{|z - z_0|} ds \leqslant \frac{1}{2\pi}\frac{M^n}{d}L,$$

所以

$$|f(z_0)| \leqslant M\left(\frac{L}{2\pi d}\right)^{\frac{1}{n}} \rightarrow M(n \rightarrow +\infty),$$

故

$$|f(z_0)| \leqslant M.$$

即 $|f(z)|$ 的最大值必能在 D 的边界 C 上取得.

若 $f(z)$ 在 D 内解析, 且 $|f(z)|$ 在 D 内取到最大值, 则 $f(z)$ 在区域 D 上必恒为常数.

若 $f(z)$ 在区域 D 内不恒为常数, 则 $|f(z)|$ 在且只能在 D 的边界 C 上取到最大值.

3.3.2 解析函数的高阶导数

一个解析函数不仅有一阶导数, 而且有各高阶导数, 它的值也可用函数在边界上的值通过积分来表示. 这一点和实变函数完全不同. 因为实变函数的可导性不能保证其导数的连续性, 因而不能保证其高阶导数的存在. 关于解析函数的高阶导数我们有下面的定理:

定理 3.11 解析函数 $f(z)$ 的导数仍为解析函数, 它的 n 阶导数为

$$f^{(n)}(z_0) = \frac{n!}{2\pi i}\oint_C \frac{f(z)}{(z-z_0)^{n+1}}dz(n=1,2,\cdots) \tag{3.6}$$

其中, C 为 $f(z)$ 在解析区域 D 内围绕 z_0 的任何一条正向简单闭曲线, 且它的内部完全含于 D.

证 当 $n=1$ 时, 即要证

$$f'(z_0) = \lim_{\Delta z \to 0}\frac{f(z_0+\Delta z)-f(z_0)}{\Delta z} = \frac{1}{2\pi i}\oint_C \frac{f(z)}{(z-z_0)^2}dz.$$

由柯西积分公式知

$$f(z_0) = \frac{1}{2\pi i}\oint_C \frac{f(z)}{z-z_0}dz,$$

$$f(z_0+\Delta z) = \frac{1}{2\pi i}\oint_C \frac{f(z)}{z-z_0-\Delta z}dz.$$

记

$$Q = \left|\frac{f(z_0+\Delta z)-f(z_0)}{\Delta z} - \frac{1}{2\pi i}\oint_C \frac{f(z)}{(z-z_0)^2}dz\right|,$$

则

$$Q = \left| \frac{1}{2\pi i \Delta z} \left(\oint_C \frac{f(z)}{z - z_0 - \Delta z} dz - \oint_C \frac{f(z)}{z - z_0} dz \right) - \frac{1}{2\pi i} \oint_C \frac{f(z)}{(z - z_0)^2} dz \right|$$

$$= \left| \frac{1}{2\pi i} \oint_C \frac{f(z)}{(z - z_0 - \Delta z)(z - z_0)} dz - \frac{1}{2\pi i} \oint_C \frac{f(z)}{(z - z_0)^2} dz \right|$$

$$= \frac{1}{2\pi} \left| \oint_C \frac{\Delta z f(z)}{(z - z_0 - \Delta z)(z - z_0)^2} dz \right|$$

$$\leqslant \frac{1}{2\pi} \oint_C \frac{|\Delta z| |f(z)|}{|z - z_0 - \Delta z| |z - z_0|^2} ds.$$

因为 $f(z)$ 在 D 内解析，$C \subset D$，所以 $f(z)$ 在闭曲线 C 上解析并连续，从而在 C 上有界，即对任意 $z \in C$，一定存在一个正数 M，使得函数 $f(z)$ 在 C 上满足

$$|f(z)| \leqslant M.$$

设 d 为从 z_0 到 C 上各点的最短距离，取 Δz 充分小，满足 $|\Delta z| \leqslant \dfrac{d}{2}$，则

$$|z - z_0| \geqslant d,$$

$$|z - z_0 - \Delta z| \geqslant |z - z_0| - |\Delta z| \geqslant \frac{d}{2}.$$

所以

$$Q \leqslant \frac{1}{2\pi} \oint_C \frac{|\Delta z| M}{\dfrac{d}{2} \cdot d^2} ds = \frac{|\Delta z|}{2\pi} \cdot \frac{2M}{d^3} \cdot L = \frac{ML}{\pi d^3} |\Delta z|,$$

其中，L 为曲线 C 的长度.

令 $\Delta z \to 0$，则 $Q \to 0$，于是有

$$f'(z_0) = \lim_{\Delta z \to 0} \frac{f(z_0 + \Delta z) - f(z_0)}{\Delta z} = \frac{1}{2\pi i} \oint_C \frac{f(z)}{(z - z_0)^2} dz.$$

假设当 $n = k$ 时结论成立，则当 $n = k + 1$ 时可类似证明该结论成立. 由于证明过程复杂，在此从略.

高阶导数公式的作用，通常不在于通过积分来求导，而在于通过求导数来求积分. 所以公式 $\oint_C \dfrac{f(z)}{(z - z_0)^{n+1}} dz = \dfrac{2\pi i}{n!} f^{(n)}(z_0)$ 用得更多.

例2 计算 $\displaystyle\oint_C \frac{\cos\pi z}{(z-1)^5}\mathrm{d}z$，其中 C 为正向圆周：$|z| = r > 1$.

解 被积函数 $\dfrac{\cos\pi z}{(z-1)^5}$ 在 C 的内部有一个奇点 $z = 1$，但 $\cos\pi z$ 在 C 内处处解析，由式(3.6)知，

$$\oint_C \frac{\cos\pi z}{(z-1)^5}\mathrm{d}z = \frac{2\pi\mathrm{i}}{(5-1)!}(\cos\pi z)^{(4)}\Big|_{z=1} = -\frac{\pi^5\mathrm{i}}{12}.$$

例3 计算 $\displaystyle\oint_C \frac{\sin z}{(z-1)(z+2)}\mathrm{d}z$，其中，$C$ 为正向圆周：$|z| = 4$.

解 被积函数

$$\frac{\sin z}{(z-1)(z+2)}$$

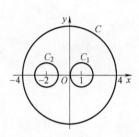

图 3-8

在 C 的内部有两个奇点 $z = 1$ 和 $z = -2$，在 C 所围闭区域内作两个互不相交也互不包含的小圆周 C_1：$|z-1| = r_1$ 和 C_2：$|z+2| = r_2$，如图 3-8 所示.

由复合闭路定理和高阶导数公式，有

$$\oint_C \frac{\sin z}{(z-1)(z+2)}\mathrm{d}z = \oint_{C_1} \frac{\sin z}{z+2}\frac{1}{z-1}\mathrm{d}z + \oint_{C_2} \frac{\sin z}{z-1}\frac{1}{z+2}\mathrm{d}z$$

$$= 2\pi\mathrm{i}\left(\frac{\sin z}{z+2}\right)\Big|_{z=1} + 2\pi\mathrm{i}\left(\frac{\sin z}{z-1}\right)\Big|_{z=-2}$$

$$= \frac{2\pi\mathrm{i}}{3}(\sin 1 + \sin 2).$$

例4 试证明：

(1) $\displaystyle I_1 = \int_0^{2\pi} \mathrm{e}^{r\cos\theta}\cos(r\sin\theta - n\theta)\mathrm{d}\theta = \frac{2\pi}{n!}r^n$；

(2) $\displaystyle I_2 = \int_0^{2\pi} \mathrm{e}^{r\cos\theta}\sin(r\sin\theta - n\theta)\mathrm{d}\theta = 0$.

其中 n 为自然数

证 取 C：$|z| = 1$，且 $z = \mathrm{e}^{\mathrm{i}\theta}$，则

$$\mathrm{d}z = \mathrm{i}\mathrm{e}^{\mathrm{i}\theta}\mathrm{d}\theta,$$

$$I_1 + \mathrm{i}I_2 = \int_0^{2\pi} \mathrm{e}^{r\cos\theta}\mathrm{e}^{\mathrm{i}(r\sin\theta - n\theta)}\mathrm{d}\theta = \int_0^{2\pi} \mathrm{e}^{r(\cos\theta + \mathrm{i}\sin\theta)}\frac{1}{(\mathrm{e}^{\mathrm{i}\theta})^n}\mathrm{d}\theta$$

$$= \oint_C \frac{\mathrm{e}^{rz}}{z^n}\frac{\mathrm{d}z}{\mathrm{i}z} = \frac{1}{\mathrm{i}}\oint_C \frac{\mathrm{e}^{rz}}{z^{n+1}}\mathrm{d}z$$

$$= \frac{1}{i} \cdot \frac{2\pi i}{n!} (e^{rz})^{(n)} \Big|_{z=0} = \frac{2\pi}{n!} r^n.$$

比较两端的实部和虚部，可得

$$I_1 = \frac{2\pi}{n!} r^n, \qquad I_2 = 0.$$

3.4 解析函数与调和函数的关系

3.4.1 调和函数与共轭调和函数的概念

定义 3.4 如果二元实函数 $\Phi(x, y)$ 在区域 D 内具有二阶连续偏导数并且满足拉普拉斯方程：

$$\frac{\partial^2 \Phi}{\partial x^2} + \frac{\partial^2 \Phi}{\partial y^2} = 0,$$

那么称函数 $\Phi(x, y)$ 为区域 D 内的调和函数.

调和函数在流体力学、电学和磁学等实际问题中都有重要的应用.

定理 3.12 任何在区域 D 内解析的函数，它的实部和虚部都是 D 内的调和函数.

证 设 $f(z) = u + iv$ 为 D 内的一个解析函数，则 u, v 满足 C-R 方程：

$$\frac{\partial u}{\partial x} = \frac{\partial v}{\partial y}, \qquad \frac{\partial v}{\partial x} = -\frac{\partial u}{\partial y}.$$

根据定理 3.11 及解析函数的导数公式，u 和 v 具有任意阶的连续偏导，所以

$$\frac{\partial^2 u}{\partial x^2} = \frac{\partial^2 v}{\partial y \partial x}, \qquad \frac{\partial^2 u}{\partial y^2} = -\frac{\partial^2 v}{\partial x \partial y},$$

$$\frac{\partial^2 u}{\partial y \partial x} = \frac{\partial^2 v}{\partial y^2}, \qquad \frac{\partial^2 u}{\partial y \partial x} = -\frac{\partial^2 v}{\partial x^2}.$$

而

$$\frac{\partial^2 v}{\partial y \partial x} = \frac{\partial^2 v}{\partial x \partial y},$$

故

$$\frac{\partial^2 u}{\partial x^2} + \frac{\partial^2 u}{\partial y^2} = 0, \quad \frac{\partial^2 v}{\partial x^2} + \frac{\partial^2 v}{\partial y^2} = 0,$$

即 u 和 v 都是 D 内的调和函数.

本定理的逆命题并不成立,即若 u 和 v 都是 D 内的调和函数,但 $f(z) = u + iv$ 不一定在 D 内解析,因为 u,v 不一定满足 C-R 方程. 如 $f(z) = (x^2 - y^2) + i(-2xy)$ 的实部 $u = x^2 - y^2$ 与虚部 $v = -2xy$ 均为调和函数,但 $f(z)$ 在复平面上处处不解析.

定义 3.5 设 $u(x, y)$ 为区域 D 内给定的调和函数,我们把使 $u + iv$ 在 D 内构成解析函数的调和函数 $v(x, y)$ 称为 $u(x, y)$ 的共轭调和函数. 或者说,在 D 内满足 C-R 方程的两个调和函数中,$v(x, y)$ 称为 $u(x, y)$ 的共轭调和函数.

值得注意的是:u 与 v 的关系不能颠倒,因为 u 不一定是 v 的共轭调和函数. 如 $f(z) = z^2 = (x^2 - y^2) + i2xy$ 的实部 $u = x^2 - y^2$ 与虚部 $v = 2xy$ 均为调和函数,由于 $f(z) = z^2$ 解析,显然 $v = 2xy$ 是 $u = x^2 - y^2$ 的共轭调和函数. 但 $v_x = 2y$,$u_y = -2y$,所以函数 $g(z) = v + iu$ 并不解析,u 不是 v 的共轭调和函数.

当且仅当 u 和 v 都为常数时,它们才互为共轭调和函数.

3.4.2 解析函数与共轭调和函数的关系

定理 3.13 函数 $f(z) = u + iv$ 在区域 D 内解析的充要条件是:在区域 D 内,虚部 v 是实部 u 的共轭调和函数.

下面介绍,根据定理 3.13,在已知单连通区域 D 内解析函数 $f(z) = u + iv$ 的实部或虚部的情况下,我们如何求得 $f(z)$ 的方法.

1. 偏积分法

如果已知一个调和函数 u,则可以利用 C-R 方程求得它的共轭调和函数 v,从而构成一个解析函数 $f(z) = u + iv$,这种方法称为**偏积分法**.

根据 C-R 方程先有 $v_y = u_x$,故

$$v = \int \frac{\partial u}{\partial x} dy + g(x).$$

另一方面有 $v_x = -u_y$,故

$$-u_y = \frac{\partial}{\partial x} \int \frac{\partial u}{\partial x} dy + g'(x),$$

从而

$$g(x) = \int \left(-\frac{\partial u}{\partial y} - \frac{\partial}{\partial x} \int \frac{\partial u}{\partial x} \mathrm{d}y \right) \mathrm{d}x + C,$$

所以

$$v = \int \frac{\partial u}{\partial x} \mathrm{d}y + \int \left(-\frac{\partial u}{\partial y} - \frac{\partial}{\partial x} \int \frac{\partial u}{\partial x} \mathrm{d}y \right) \mathrm{d}x + C (C\ 为任意常数).$$

例1 证明：$u(x, y) = y^3 - 3x^2 y$ 为调和函数，并求其共轭调和函数 $v(x, y)$ 和由它们构成的解析函数.

解 因为

$$\frac{\partial u}{\partial x} = -6xy, \quad \frac{\partial^2 u}{\partial x^2} = -6y,$$

$$\frac{\partial u}{\partial y} = 3y^2 - 3x^2, \quad \frac{\partial^2 u}{\partial y^2} = 6y,$$

所以

$$\frac{\partial^2 u}{\partial x^2} + \frac{\partial^2 u}{\partial y^2} = 0,$$

故 $u(x,y) = y^3 - 3x^2 y$ 为调和函数.

因为

$$\frac{\partial v}{\partial y} = \frac{\partial u}{\partial x} = -6xy,$$

$$v = -6 \int xy \mathrm{d}y + g(x) = -3xy^2 + g(x),$$

$$\frac{\partial v}{\partial x} = -3y^2 + g'(x),$$

又因为

$$\frac{\partial v}{\partial x} = -\frac{\partial u}{\partial y} = -3y^2 + 3x^2,$$

$$-3y^2 + g'(x) = -3y^2 + 3x^2,$$

故

$$g(x) = \int 3x^2 \mathrm{d}x = x^3 + C,$$

$$v(x, y) = x^3 - 3xy^2 + C (C\ 为任意常数).$$

从而得一个解析函数

$$f(z) = y^3 - 3x^2 y + \mathrm{i}(x^3 - 3xy^2 + C) = \mathrm{i}(z^3 + C) \quad (C\ 为任意常数).$$

2. 不定积分法

已知调和函数 u 或 v，用不定积分求解解析函数的方法称为不定积分法.

设 $f(z) = u + iv$，由 C-R 方程及解析函数的导数公式，有
$$f'(z) = u_x + iv_x = u_x - iu_y = v_y + iv_x.$$

记 $U(z) = u_x - iu_y$，$V(z) = v_y + iv_x$，积分得

$$f(z) = \int U(z)\,\mathrm{d}z + C, \tag{3.7}$$

$$f(z) = \int V(z)\,\mathrm{d}z + C. \tag{3.8}$$

式(3.7)适用于已知实部 u 求 $f(z)$；式(3.8)适用于已知虚部 v 求 $f(z)$.

例2 已知 $v(x, y) = \mathrm{e}^x(y\cos y + x\sin y) + x + y$ 为调和函数，求解析函数 $f(z) = u + iv$，使 $f(0) = 0$.

解 $f'(z) = V(z) = v_y + iv_x$
$$= \mathrm{e}^x(\cos y - y\sin y + x\cos y) + 1 +$$
$$i[\mathrm{e}^x(y\cos y + x\sin y + \sin y) + 1]$$
$$= \mathrm{e}^x(\cos y + i\sin y) + i(x + iy)\mathrm{e}^x\sin y +$$
$$(x + iy)\mathrm{e}^x\cos y + 1 + i$$
$$= \mathrm{e}^x(\cos y + i\sin y) + (x + iy)\mathrm{e}^x(\cos y + i\sin y) + 1 + i$$
$$= \mathrm{e}^{x+iy} + (x + iy)\mathrm{e}^{x+iy} + 1 + i$$
$$= \mathrm{e}^z + z\mathrm{e}^z + 1 + i;$$
$$f(z) = \int V(z)\,\mathrm{d}z = \int(\mathrm{e}^z + z\mathrm{e}^z + 1 + i)\,\mathrm{d}z$$
$$= z\mathrm{e}^z + (1 + i)z + C(C \text{ 为任意常数}).$$

因为
$$f(0) = 0,$$
即
$$f(0) = C = 0,$$
故 $C = 0$，因而
$$f(z) = z\mathrm{e}^z + (1 + i)z.$$

3. 曲线积分法

利用 C-R 方程有
$$\mathrm{d}v(x, y) = v_x\mathrm{d}x + v_y\mathrm{d}y = -u_y\mathrm{d}x + u_x\mathrm{d}y,$$

故

$$v(x,y) = \int_{(x_0,y_0)}^{(x,y)} -u_y \mathrm{d}x + u_x \mathrm{d}y + C,$$

其中，(x_0, y_0) 为区域 D 内的点. 由于该积分与积分路径无关，因此可选取简单路径(如折线)进行计算.

类似可得

$$u(x,y) = \int_{(x_0,y_0)}^{(x,y)} v_y \mathrm{d}x - v_x \mathrm{d}y + C.$$

例3 已知 $u = x^2 + xy - y^2$，$f(\mathrm{i}) = -1 + \mathrm{i}$，求解析函数 $f(z) = u + \mathrm{i}v$.

解 因为

$$\frac{\partial v}{\partial y} = \frac{\partial u}{\partial x} = 2x + y,$$

$$-\frac{\partial v}{\partial x} = \frac{\partial u}{\partial y} = -2y + x,$$

所以

$$\mathrm{d}v = \frac{\partial v}{\partial x}\mathrm{d}x + \frac{\partial v}{\partial y}\mathrm{d}y = (2y - x)\mathrm{d}x + (2x + y)\mathrm{d}y,$$

$$v(x,y) = \int_{(0,0)}^{(x,y)} (2y - x)\mathrm{d}x + (2x + y)\mathrm{d}y + C$$

$$= \int_0^x -x\mathrm{d}x + \int_0^y (2x + y)\mathrm{d}y + C$$

$$= -\frac{x^2}{2} + 2xy + \frac{y^2}{2} + C.$$

所以

$$f(z) = (x^2 - y^2 + xy) + \mathrm{i}\left(-\frac{1}{2}x^2 + 2xy + \frac{1}{2}y^2 + C\right)$$

$$= (x + \mathrm{i}y)^2 - \frac{\mathrm{i}}{2}(x + \mathrm{i}y)^2 + \mathrm{i}C$$

$$= \left(1 - \frac{1}{2}\mathrm{i}\right)z^2 + \mathrm{i}C.$$

将 $f(\mathrm{i}) = -1 + \mathrm{i}$ 代入上式，得

$$\left(1 - \frac{\mathrm{i}}{2}\right)\mathrm{i}^2 + \mathrm{i}C = -1 + \mathrm{i}, \quad C = \frac{1}{2},$$

所以

$$f(z) = \left(1 - \frac{i}{2}\right)z^2 + \frac{i}{2}.$$

4. 凑全微分法

例 4 利用凑全微分法求例 3.

解 因为

$$\begin{aligned}
\mathrm{d}v &= \frac{\partial v}{\partial x}\mathrm{d}x + \frac{\partial v}{\partial y}\mathrm{d}y = -\frac{\partial u}{\partial y}\mathrm{d}x + \frac{\partial u}{\partial x}\mathrm{d}y \\
&= (2y - x)\mathrm{d}x + (2x + y)\mathrm{d}y \\
&= 2y\mathrm{d}x + 2x\mathrm{d}y - x\mathrm{d}x + y\mathrm{d}y \\
&= 2\mathrm{d}xy + \mathrm{d}\left(-\frac{x^2}{2} + \frac{y^2}{2}\right)
\end{aligned}$$

所以

$$v(x,\ y) = -\frac{x^2}{2} + 2xy + \frac{y^2}{2} + C,$$

$$f(z) = (x^2 - y^2 + xy) + \mathrm{i}\left(-\frac{1}{2}x^2 + 2xy + \frac{1}{2}y^2 + C\right).$$

代入 $f(\mathrm{i}) = -1 + \mathrm{i}$, 得

$$C = \frac{1}{2},$$

所以

$$f(z) = \left(1 - \frac{\mathrm{i}}{2}\right)z^2 + \frac{\mathrm{i}}{2}.$$

本 章 小 结

复积分是定积分在复数域中的推广，两者的定义在形式上是一样的，只是把定积分的被积函数从 $f(x)$ 换成 $f(z)$，积分区间 $[a,\ b]$ 换成一条起点为 A、终点为 B 的光滑曲线 C. 复积分的值不仅与积分曲线的起点和终点有关，而且一般也与积分路径有关，这与微积分中的第二类曲线积分相似，因而具有与第二类曲线积分类似的性质.

本章学习目的及要求

(1) 掌握柯西积分定理相关的几个定理;

(2) 会运用柯西积分公式、高阶导数公式等知识计算沿封闭曲线的积分;

(3) 掌握已知解析函数的实部或虚部求解析函数的方法.

本章内容要点

1. 复变函数积分

(1) 复变函数积分的存在条件:若函数 $f(z) = u(x, y) + iv(x, y)$ 在曲线 C 上连续,则 $\int_C f(z)\mathrm{d}z$ 必存在,且

$$\int_C f(z)\mathrm{d}z = \int_C u\mathrm{d}x - v\mathrm{d}y + i\int_C v\mathrm{d}x + u\mathrm{d}y.$$

(2) 复变函数积分的一般计算方法:设有光滑曲线

$$C: z = z(t) = x(t) + iy(t), \quad \alpha \leqslant t \leqslant \beta,$$

其正方向为参数增加的方向,参数 α、β 分别对应起点 A 及终点 B,且

$$z'(t) \neq 0, \quad \alpha < t < \beta,$$

则

$$\int_C f(z)\mathrm{d}z = \int_\alpha^\beta f(z(t))\mathrm{d}z(t) = \int_\alpha^\beta f(z(t))z'(t)\mathrm{d}t.$$

(3) 复变函数积分的基本性质:

① $\int_C f(z)\mathrm{d}z = -\int_{C^-} f(z)\mathrm{d}z$;

② $\int_C [k_1 f(z) \pm k_2 g(z)]\mathrm{d}z = k_1 \int_C f(z)\mathrm{d}z \pm k_2 \int_C g(z)\mathrm{d}z$,其中 k_1、k_2 为复常数;

③ $\int_C f(z)\mathrm{d}z = \int_{C_1} f(z)\mathrm{d}z + \int_{C_2} f(z)\mathrm{d}z + \cdots + \int_{C_n} f(z)\mathrm{d}z$,其中 C 由曲线段 $C_1, C_2, \cdots, C_n$ 依次首尾相接而成;

④ 设曲线 C 的长度为 L,若存在正数 M 使得函数 $f(z)$ 在 C 上满足 $|f(z)| \leqslant M$,则

$$\left|\int_C f(z)\mathrm{d}z\right| \leqslant \int_C |f(z)|\mathrm{d}s \leqslant ML,$$

其中 $\mathrm{d}s \approx |\mathrm{d}z| = \sqrt{(\mathrm{d}x)^2 + (\mathrm{d}y)^2}$ 为曲线 C 的弧微分;$\int_C |f(z)|\mathrm{d}s$ 为沿曲线 C 的第一类曲线积分.

2. 柯西-古萨定理及其推广

（1）柯西-古萨定理：设 $f(z)$ 在单连通区域 D 内处处解析，则 $f(z)$ 沿 D 内任何一条闭曲线 C 的积分为零，即 $\int_C f(z)\mathrm{d}z = 0$.

（2）柯西-古萨定理在多连通区域的推广：设 C_1，C_2，$\cdots$，C_n 为简单闭曲线 C 内部的一组既互不包含也互不相交的简单闭曲线，D 是由 C 的内部与 C_1，C_2，$\cdots$，C_n 的外部所围的区域，如果 $f(z)$ 在 D 内解析，在 $\overline{D} = D + C + C_1 + C_2 + \cdots + C_n$ 上连续，则 $f(z)$ 沿 D 的外部边界的积分等于沿 D 的内部边界的积分的和，即

$$\oint_C f(z)\mathrm{d}z = \sum_{k=1}^{n} \oint_{C_k} f(z)\mathrm{d}z,$$

其中 C，$C_k(k = 1, 2, \cdots, n)$ 取正方向.

若 Γ 为由 C 及 C_1，C_2，$\cdots$，C_n 所组成的复合闭路（其方向为：C 按逆时针方向进行，C_k 按顺时针方向进行），则

$$\oint_\Gamma f(z)\mathrm{d}z = 0.$$

（3）牛顿-莱布尼兹公式：若函数 $f(z)$ 在单连通区域 D 内处处解析，$F(z)$ 为 $f(z)$ 的一个原函数，则

$$\int_{z_0}^{z_1} f(z)\mathrm{d}z = F(z_1) - F(z_0),$$

其中 z_0，z_1 为区域 D 内的两点.

3. 柯西积分公式及高阶导数公式

（1）柯西积分公式：如果 $f(z)$ 在区域 D 内处处解析，C 为 D 内的任何一条正向简单闭曲线，它的内部完全含于 D，z_0 为 C 内部的任一点，那么

$$f(z_0) = \frac{1}{2\pi\mathrm{i}} \oint_C \frac{f(z)}{z - z_0}\mathrm{d}z.$$

（2）最大模原理：设 D 为有界单连通或多连通区域，其边界为 C，$f(z)$ 在 D 内解析，在 $\overline{D} = D + C$ 上连续，则 $|f(z)|$ 必在 C 上取到最大值.

（3）高阶导数公式：解析函数 $f(z)$ 的 n 阶导数为

$$f^{(n)}(z_0) = \frac{n!}{2\pi\mathrm{i}} \oint_C \frac{f(z)}{(z - z_0)^{n+1}}\mathrm{d}z \quad (n = 1, 2, \cdots)$$

4. 调和函数与解析函数的关系

（1）调和函数的定义：如果二元实函数 $\Phi(x, y)$ 在区域 D 内具

有二阶连续偏导数并且满足拉普拉斯方程：$\dfrac{\partial^2 \Phi}{\partial x^2} + \dfrac{\partial^2 \Phi}{\partial y^2} = 0$，那么称函数 $\Phi(x, y)$ 为区域 D 内的调和函数.

(2) 共轭调和函数的定义：设 $u(x, y)$ 为区域 D 内给定的调和函数，我们把使 $u + iv$ 在 D 内构成解析函数的调和函数 $v(x, y)$ 称为 $u(x, y)$ 的共轭调和函数.

(3) 调和函数与解析函数的关系：函数 $f(z) = u + iv$ 在区域 D 内解析的充要条件是：在区域 D 内，虚部 v 是实部 u 的共轭调和函数.

综合练习题 3

1. 沿下列路径计算积分 $\displaystyle\int_0^{3+i} z^2 \mathrm{d}z$：

(1) 从原点到 $3 + i$ 的直线段；

(2) 从原点沿实轴到 3，再从 3 垂直向上到 $3 + i$；

(3) 从原点沿虚轴到 i，再由 i 沿水平方向向右到 $3 + i$.

2. 计算积分 $\displaystyle\int_C (x - y + ix^2) \mathrm{d}z$，其中积分曲线 C 为

(1) 从原点到 $1 + i$ 的直线段；

(2) 从原点沿实轴到 1，再从 1 垂直向上到 $1 + i$；

(3) 从原点沿虚轴到 i，再由 i 沿水平方向向右到 $1 + i$.

3. 计算 $\displaystyle\int_C z^2 \mathrm{d}z$，其中 C 为

(1) 从原点到点 $z_0 = 1 + i$ 的直线段；

(2) 从原点到点 $z_1 = 1$ 的直线段与从 z_1 到 z_0 的直线段所接成的折线.

4. 沿下列积分路径计算 $\displaystyle\oint_C \dfrac{e^z}{(z-1)(z+2)} \mathrm{d}z$.

(1) C：$|z| = \dfrac{1}{2}$；　　　　(2) C：$|z| = \dfrac{3}{2}$；

(3) C：$|z| = 3$.

5. 计算 $\displaystyle\int_C (i - \bar{z}) \mathrm{d}z$，其中 C 为

(1) 从原点到 $1 + i$ 的直线段；

(2) 从原点沿抛物线 $y = x^2$ 到 $1 + i$ 的弧段.

6. 沿下列积分路径计算 $\displaystyle\oint_C \dfrac{e^z}{(z-1)^2(z+2)} \mathrm{d}z$.

(1) C：$|z| = \dfrac{3}{2}$；　　　　(2) C：$|z| = 3$.

7. 计算下列各积分，积分路径为任意曲线：

(1) $\int_0^1 z\sin z\,\mathrm{d}z$;

(2) $\int_{-\pi i}^{3\pi i} \mathrm{e}^{2z}\,\mathrm{d}z$;

(3) $\int_0^{\pi+2i} \cos \frac{z}{2}\,\mathrm{d}z$.

8. 试用观察法得出下列积分的值，并说明观察时所依据的是什么？C 是正向的圆周 $|z| = 1$.

(1) $\oint_C \frac{\mathrm{d}z}{z-2}$;

(2) $\oint_C \frac{\mathrm{d}z}{z^2 + 2z + 4}$;

(3) $\oint_C \frac{\mathrm{d}z}{\cos z}$;

(4) $\oint_C \frac{\mathrm{d}z}{z - 1/2}$;

(5) $\oint_C z\mathrm{e}^z\,\mathrm{d}z$;

(6) $\oint_C \frac{\mathrm{d}z}{\left(z - \dfrac{i}{2}\right)(z + 2)}$.

9. 试求下列积分：

(1) $\oint_C \frac{\bar{z}}{|z|}\,\mathrm{d}z, C: |z| = 2$;

(2) $\oint_C \frac{\mathrm{d}z}{(z^2 - 1)(z^3 - 1)}, C: |z| = r < 1$;

(3) $\oint_C \frac{\mathrm{d}z}{(z^2 + 1)(z^3 + 4)}, C: |z| = \frac{3}{2}$;

(4) $\oint_C \frac{\mathrm{e}^{iz}}{z^2 + 1}\,\mathrm{d}z; C: |z - 2i| = \frac{3}{2}$;

(5) $\oint_C \frac{\sin z}{\left(z - \dfrac{\pi}{2}\right)^2}\,\mathrm{d}z, C: |z| = 2$;

(6) $\oint_C \frac{\mathrm{e}^z}{z^5}\,\mathrm{d}z, C: |z| = 1$.

10. 设 C 为不经过 a 与 $-a$ 的正向简单闭曲线，a 为不等于零的任何复数，试就 a 与 $-a$ 跟 C 的各种不同位置，计算积分

$$\oint_C \frac{z}{z^2 - a^2}\,\mathrm{d}z$$

的值.

11. 设函数 $f(z)$ 在 $0 < |z| < 1$ 内解析，且沿任何圆周 C： $|z| = r(0 < r < 1)$ 的积分等于零，问： $f(z)$ 是否必须在 $z = 0$ 处解析? 试举例说明.

12. 设 $f(z)$ 在区域 D 内解析，C 为 D 内的任意一条正向简单闭曲线，证明：对在 D 内，但不在 C 上的任一点 z_0，有

$$\int_C \frac{f'(z)}{z - z_0}\,\mathrm{d}z = \int_C \frac{f(z)}{(z - z_0)^2}\,\mathrm{d}z.$$

13. 证明： $u = x^2 - y^2$ 和 $v = \dfrac{y}{x^2 + y^2}$ 都是调和函数，但 $u + iv$ 不是解析函数.

14. 判断下列各对函数中的 v 是不是 u 的共轭调和函数：

(1) $u = x$, $v = -y$;　　　　(2) $u = \mathrm{e}^x \cos y + 1$, $v = \mathrm{e}^x \sin y + 1$.

15. 由下列各条件求出解析函数 $f(z) = u + \mathrm{i}v$:

(1) $u = 2(x-1)y$, $f(2) = -\mathrm{i}$;

(2) $u = \mathrm{e}^x(x \cos y - y \sin y)$, $f(0) = 0$;

(3) $u = \dfrac{1}{2}\ln(x^2 + y^2)$, D 为除正实轴外全平面;

(4) $v = x^2 - y^2 + 1$, $f(0) = \mathrm{i}$;

(5) $v = \dfrac{y}{x^2 + y^2}$, $f(2) = 0$.

16. 已知 $u + v = (x-y)(x^2 + 4xy + y^2) - 2(x+y)$, 求解析函数 $f(z) = u + \mathrm{i}v$.

17. 设 $v = \mathrm{e}^{\lambda x} \sin y$, 求 λ 的值使 v 为调和函数, 并求出解析函数 $f(z) = u + \mathrm{i}v$.

18. 证明下列命题:

(1) 若 v 为 u 的共轭调和函数, 并且 u 亦为 v 的共轭调和函数, 则 u 和 v 必为常数;

(2) 若 V 和 v 都是 u 在 D 内的共轭调和函数, 则 V 和 v 仅相差一个任意常数.

自 测 题 3

1. 计算下列各积分:

(1) 1) $\displaystyle\int_C |z| \mathrm{d}z$, 其中 1) C 为连接从 0 到 $2-\mathrm{i}$ 的直线段; 2) C 是 $|z| = 1$ 上从 $-\mathrm{i}$ 到 i 的左半圆周;

(2) $\displaystyle\int_C z\mathrm{e}^z \mathrm{d}z$, 其中 C 是连接从 0 到 i 的直线段;

(3) $\displaystyle\oint_C \dfrac{\mathrm{e}^z}{z(2z+1)^3} \mathrm{d}z$, 其中 C: $|z| = 1$ 的正向.

2. 已知 $f(z) = \dfrac{a_1}{z - z_0} + \dfrac{a_2}{(z - z_0)^2} + \cdots + \dfrac{a_n}{(z - z_0)^n} + \varphi(z)$,

其中, $\varphi(z)$ 在区域 D 内解析, $z_0 \in D$, a_1, a_2, $\cdots$, a_n 为常数, C 是 D 内围绕 z_0 的任一闭曲线, 证明:

$$\frac{1}{2\pi\mathrm{i}}\oint_C f(z) \mathrm{d}z = a_1.$$

3. 已知

$$f(z) = \oint_{|\zeta|=2} \frac{\sin\dfrac{\pi}{4}\zeta}{\zeta - z} \mathrm{d}\zeta,$$

求 $f(1-2i)$，$f(1)$，$f'(1)$.

4. 若 $f(z)$ 在单连通区域 D 内解析，且满足 $|1-f(z)|<1$，试证：

(1) $f(z)\neq 0$ 在 D 内处处成立；

(2) $\oint_C \dfrac{f'(z)}{f(z)}\mathrm{d}z=0$，$C$ 是 D 内任一闭曲线.

5. 计算 $\dfrac{1}{2\pi i}\oint_C \dfrac{z e^z}{(z-a)^3}\mathrm{d}z$，$a$ 在闭曲线 C 内部.

6. 计算积分 $\oint_C \dfrac{e^z}{z(z^2-1)}\mathrm{d}z$，$C:|z|=3$ 取正向.

7. 计算下列积分（所给曲线取正向）：

(1) $\displaystyle\oint_{|z+1|=\rho} \dfrac{\mathrm{d}z}{(z-1)^3(z+1)^4}$ $(\rho<2)$；

(2) $\displaystyle\oint_{|z|=1} \dfrac{e^{-z}\cos z}{z^2}\mathrm{d}z$.

第4章 级 数

本章把级数作为工具来研究解析函数. 首先给出有关级数的一些基本概念和性质, 再利用柯西积分公式, 给出解析函数的级数表示——泰勒级数和洛朗级数, 并由此得出函数在一点解析的等价条件是函数在该点的邻域内可展开成幂级数. 而有关洛朗级数的讨论是为第5章研究解析函数的孤立奇点的性质做准备.

本章预习提示: 数项级数的定义及级数的审敛法、幂级数的收敛半径、幂级数在收敛域内的性质.

4.1 复数项级数

4.1.1 复数序列的极限

复数序列就是
$$z_1 = x_1 + iy_1, \ z_2 = x_2 + iy_2, \ \cdots, \ z_n = x_n + iy_n, \ \cdots$$
这里 z_n 是复数, $x_n = \operatorname{Re} z_n$, $y_n = \operatorname{Im} z_n$, 我们把这一序列记为 $\{z_n\}$.

定义 4.1 设 $\{z_n\}$ 是一复数列, z_0 是一个复常数, $z_n = x_n + iy_n$, 如果对任意给定的 $\varepsilon > 0$, 总可以找到一个正整数 N, 使得当 $n > N$ 时,
$$|z_n - z_0| < \varepsilon,$$
那么我们就说 $\{z_n\}$ 有极限 z_0, 或者说 $\{z_n\}$ 是收敛序列, 并且收敛于 z_0, 记作
$$\lim_{n \to +\infty} z_n = z_0.$$
如果序列 $\{z_n\}$ 不收敛, 则称 $\{z_n\}$ 发散, 或称它是发散序列.

令 $z_0 = x_0 + iy_0$ (其中 x_0 及 y_0 是实数), 由不等式
$$|x_n - x_0| \leqslant |z_n - z_0| \leqslant |x_n - x_0| + |y_n - y_0|,$$
$$|y_n - y_0| \leqslant |z_n - z_0| \leqslant |x_n - x_0| + |y_n - y_0|$$
很容易得出以下结论:

定理 4.1　序列 $\{z_n\}$ 收敛(于 z_0)的充分必要条件是：序列 $\{x_n\}$ 收敛(于 x_0)，$\{y_n\}$ 收敛(于 y_0).

对于复数序列的和、差、积、商很容易由实数序列的结果推广而来.

4.1.2　复数项级数

定义 4.2　设 $\{z_n\}$ 是一复数列，则称

$$z_1 + z_2 + \cdots + z_n + \cdots$$

为复数项级数. 记作 $\sum\limits_{n=1}^{+\infty} z_n$ 或 $\sum z_n, z_n$ 称为第 n 项.

$$s_n = \sum_{k=1}^{n} z_k = z_1 + z_2 + \cdots + z_n$$

称为此级数的前 n 项部分和，$s_1, s_2, \cdots, s_n, \cdots$ 称为部分和序列，如果这个序列收敛，那么我们说这个级数收敛；如果序列的极限是 s，那么我们说这个级数的和是 s，记作

$$\sum_{n=1}^{+\infty} z_n = s.$$

如果序列 $\{s_n\}$ 发散，那么我们就说级数 $\sum\limits_{n=1}^{+\infty} z_n$ 发散.

根据收敛级数的定义，可以立即推出：

定理 4.2　如果级数 $\sum\limits_{n=1}^{+\infty} z_n$ 收敛，那么

$$\lim_{n \to +\infty} z_n = \lim_{n \to +\infty} (s_n - s_{n-1}) = 0.$$

令 $z_n = x_n + iy_n$，$s = a + ib$，我们有

$$s_n = \sum_{k=1}^{n} (x_k + iy_k).$$

则根据复数序列的结果，不难看出：

定理 4.3　级数 $\sum\limits_{n=1}^{+\infty} z_n$ 收敛的充分必要条件是级数 $\sum\limits_{n=1}^{+\infty} x_n$ 收敛以及级数 $\sum\limits_{n=1}^{+\infty} y_n$ 收敛.

定理 4.4　如果级数 $\sum\limits_{n=1}^{+\infty} |z_n|$ 收敛，则级数 $\sum\limits_{n=1}^{+\infty} z_n$ 一定收敛.

证　不妨设 $z_n = x_n + iy_n$，由不等式

$$|y_n| \leqslant |z_n| = |x_n + \mathrm{i}y_n| = \sqrt{x_n^2 + y_n^2},$$

$$|x_n| \leqslant |z_n| = |x_n + \mathrm{i}y_n| = \sqrt{x_n^2 + y_n^2}$$

可知

$$\sum_{n=1}^{+\infty} |x_n| \, , \sum_{n=1}^{+\infty} |y_n| \leqslant \sum_{n=1}^{+\infty} |z_n|.$$

由正项级数的比较法知，$\sum_{n=1}^{+\infty} |x_n|$，$\sum_{n=1}^{+\infty} |y_n|$ 都收敛，从而 $\sum_{n=1}^{+\infty} x_n$，$\sum_{n=1}^{+\infty} y_n$ 都收敛，由定理 4.3 可知 $\sum_{n=1}^{+\infty} z_n$ 收敛.

定义 4.3　若级数 $\sum_{n=1}^{+\infty} z_n$ 收敛，且级数 $\sum_{n=1}^{+\infty} |z_n|$ 也收敛，则称级数 $\sum_{n=1}^{+\infty} z_n$ 绝对收敛；若级数 $\sum_{n=1}^{+\infty} z_n$ 收敛，而级数 $\sum_{n=1}^{+\infty} |z_n|$ 发散，则称级数 $\sum_{n=1}^{+\infty} z_n$ 条件收敛.

由定理 4.4 的证明，我们很容易得出如下的推论：

推论 4.1　$\sum_{n=1}^{+\infty} z_n = \sum_{n=1}^{+\infty} (x_n + \mathrm{i}y_n)$ 绝对收敛的充要条件是 $\sum_{n=1}^{+\infty} x_n$，$\sum_{n=1}^{+\infty} y_n$ 绝对收敛.

例 1　判断下列级数的收敛性.

$$(1)\ \sum_{n=1}^{+\infty} \left(\frac{1}{3^n} + \frac{\mathrm{i}}{n} \right); \qquad\qquad (2)\ \sum_{n=1}^{+\infty} \frac{\mathrm{i}^n}{n}.$$

解　(1) 设 $z_n = x_n + \mathrm{i}y_n$，则

$$x_n = \frac{1}{3^n}, \qquad y_n = \frac{1}{n}.$$

级数 $\sum_{n=1}^{+\infty} x_n = \sum_{n=1}^{+\infty} \frac{1}{3^n}$ 收敛，而级数 $\sum_{n=1}^{+\infty} y_n = \sum_{n=1}^{+\infty} \frac{1}{n}$ 发散，由定理 4.3 可知，级数 $\sum_{n=1}^{+\infty} \left(\frac{1}{3^n} + \frac{\mathrm{i}}{n} \right)$ 发散.

$$(2)\ \sum_{n=1}^{+\infty} \frac{\mathrm{i}^n}{n} = \mathrm{i} - \frac{1}{2} - \frac{1}{3}\mathrm{i} + \frac{1}{4} + \frac{1}{5}\mathrm{i} - \frac{1}{6} + \cdots$$

$$= \left(-\frac{1}{2} + \frac{1}{4} - \frac{1}{6} + \cdots \right) + \mathrm{i}\left(1 - \frac{1}{3} + \frac{1}{5} + \cdots \right).$$

因为级数

$$\sum_{n=1}^{+\infty} (-1)^n \frac{1}{2n} = -\frac{1}{2} + \frac{1}{4} - \frac{1}{6} + \cdots$$

收敛,级数

$$\sum_{n=1}^{+\infty} (-1)^{n+1} \frac{1}{2n-1} = 1 - \frac{1}{3} + \frac{1}{5} + \cdots$$

也收敛, 于是级数 $\sum_{n=1}^{\infty} \frac{i^n}{n}$ 收敛.

例 2 判断下列级数是否收敛, 是否绝对收敛.

(1) $\sum_{n=1}^{+\infty} \left(\frac{1}{n} + \frac{i}{n^2} \right)$;

(2) $\sum_{n=1}^{+\infty} \left[\frac{(-1)^n}{n} + \frac{1}{2^n} i \right]$;

(3) $\sum_{n=0}^{+\infty} \frac{(5i)^n}{n!}$.

解 (1) 由于 $\sum_{n=1}^{+\infty} \frac{1}{n}$ 发散,于是 $\sum_{n=1}^{+\infty} \left(\frac{1}{n} + \frac{i}{n^2} \right)$ 发散,从而原级数也不绝对收敛.

(2) 设

$$z_n = x_n + iy_n, \quad x_n = \frac{(-1)^n}{n}, \quad y_n = \frac{1}{2^n},$$

由于级数 $\sum_{n=1}^{+\infty} x_n = \sum_{n=1}^{+\infty} \frac{(-1)^n}{n}$ 为条件收敛,但是不绝对收敛,而级数 $\sum_{n=1}^{+\infty} y_n = \sum_{n=1}^{+\infty} \frac{1}{2^n}$ 为绝对收敛,故级数 $\sum_{n=1}^{+\infty} \left[\frac{(-1)^n}{n} + \frac{1}{2^n} i \right]$ 收敛,且为条件收敛.

(3) 因为此级数可改写为

$$\sum_{n=0}^{+\infty} \frac{(5i)^n}{n!} = 1 + 5i - \frac{5^2}{2!} - \frac{5^3}{3!} i + \frac{5^4}{4!} + \frac{5^5}{5!} i + \cdots$$

$$= \left(1 - \frac{5^2}{2!} + \frac{5^4}{4!} + \cdots \right) + \left(5 - \frac{5^3}{3!} + \frac{5^5}{5!} + \cdots \right) i$$

$$= \sum_{n=0}^{+\infty} \left[(-1)^n \frac{5^{2n}}{(2n)!} + i(-1)^n \frac{5^{2n+1}}{(2n+1)!} \right].$$

由于 $\sum\limits_{n=0}^{+\infty}(-1)^{n}\dfrac{5^{2n}}{(2n)!}$ 绝对收敛，$\sum\limits_{n=0}^{+\infty}(-1)^{n+1}\dfrac{5^{2n+1}}{(2n+1)!}$ 绝对收敛，因此 $\sum\limits_{n=0}^{+\infty}\dfrac{(5\mathrm{i})^{n}}{n!}$ 收敛，且绝对收敛.

4.2　幂级数

4.2.1　复变函数项级数

定义 4.4　设 $\{f_{n}(z)\}$ 是定义在区域 D 上的复变函数序列，则称

$$\sum_{n=1}^{+\infty}f_{n}(z)=f_{1}(z)+f_{2}(z)+\cdots+f_{n}(z)+\cdots$$

为复变函数项级数，称

$$s_{n}(z)=\sum_{k=1}^{n}f_{k}(z)=f_{1}(z)+f_{2}(z)+\cdots+f_{n}(z)$$

为级数 $\sum\limits_{n=1}^{+\infty}f_{n}(z)$ 的前 n 项部分和.

若对于 D 内的点 z_{0}，级数 $\sum\limits_{n=1}^{+\infty}f_{n}(z_{0})$ 收敛，则称点 z_{0} 为 $\sum\limits_{n=1}^{+\infty}f_{n}(z)$ 的**收敛点**，否则，称为**发散点**，所有收敛点所组成的集合称为 $\sum\limits_{n=1}^{+\infty}f_{n}(z)$ 的**收敛域**；所有发散点组成的集合称为**发散域**.

定义 4.5　若对于 D 内的每一点 z，$\sum\limits_{n=1}^{+\infty}|f_{n}(z)|$ 都收敛，则称级数 $\sum\limits_{n=1}^{+\infty}f_{n}(z)$ 在区域 D 内**绝对收敛**.

下面引入复变函数项级数一致收敛的概念，它是研究复变函数项级数的有力工具.

定义 4.6　给定复变函数项级数 $\sum\limits_{n=1}^{+\infty}f_{n}(z)$，其中复变函数 $f_{n}(z)(n=1,2,\cdots)$ 均定义在集合 D 上. 若对于 $\forall\varepsilon>0$，存在一个充分大且仅与 ε 有关的正整数 $N=N(\varepsilon)$，当 $n>N$ 时，有

$$|s(z)-s_{n}(z)|<\varepsilon$$

在 D 上恒成立,则称 $\sum\limits_{n=1}^{+\infty} f_n(z)$ 在集合 D 上一致收敛于和函数 $s(z)$.

定理 4.5 若复变函数 $f_n(z)(n=1, 2, \cdots)$ 均定义在集合 D 上,且有不等式

$$|f_n(z)| \leqslant M_n \quad (n=1, 2, \cdots)$$

成立. 如果正项级数 $\sum\limits_{n=1}^{+\infty} M_n$ 收敛,则复变函数项级数 $\sum\limits_{n=1}^{+\infty} f_n(z)$ 在集合 D 上一致收敛.

4.2.2 幂级数

定义 4.7 形如

$$\sum_{n=0}^{+\infty} c_n(z-z_0)^n = c_0 + c_1(z-z_0) + c_2(z-z_0)^2 + \cdots +$$
$$c_n(z-z_0)^n + \cdots \tag{4.1}$$

的复变函数项级数称为幂级数,其中 $c_n(n=0, 1, 2, \cdots)$ 和 z_0 均为常数.

这类级数在复变函数论中具有重要的意义. 一方面,幂级数在一定的区域内收敛于一解析函数;另一方面,在一点解析的函数在这点的一个邻域内可以用幂级数表示出来.

幂级数是研究解析函数的一个重要工具,在实际计算中应用起来也比较方便.

首先,我们研究幂级数的收敛性.

定理 4.6 [阿贝尔(Abel)定理]

(1)如果幂级数

$$\sum_{n=0}^{+\infty} c_n(z-z_0)^n$$

在点 $z_1(z_1 \neq z_0)$ 处收敛,那么对满足 $|z-z_0| < |z_1-z_0|$ 的任何点 z,级数不仅收敛,而且绝对收敛.

(2)如果幂级数

$$\sum_{n=0}^{+\infty} c_n(z-z_0)^n$$

在点 z_1 处发散,那么对满足 $|z-z_0| > |z_1-z_0|$ 的任何点 z,级数发散.

证 （1）若级数 $\sum\limits_{n=0}^{+\infty} c_n(z-z_0)^n$ 在点 z_1 处收敛，则

$$\lim_{n\to\infty} c_n(z_1-z_0)^n = 0.$$

因此，存在正常数 C，使得

$$\left| c_n(z_1-z_0)^n \right| \leqslant C,$$

把级数

$$\sum_{n=0}^{+\infty} c_n(z-z_0)^n$$

写成

$$\sum_{n=1}^{+\infty} c_n(z_1-z_0)^n \left(\frac{z-z_0}{z_1-z_0} \right)^n,$$

我们有

$$\left| c_n(z-z_0)^n \right| = \left| c_n(z_1-z_0)^n \right| \cdot \left| \left(\frac{z-z_0}{z_1-z_0} \right)^n \right| \leqslant C \left| \frac{z-z_0}{z_1-z_0} \right|^n = CK^n,$$

其中 $K = \left| \dfrac{z-z_0}{z_1-z_0} \right| < 1.$

由于级数 $\sum\limits_{n=1}^{+\infty} CK^n$ 收敛，级数

$$\sum_{n=0}^{+\infty} c_n(z-z_0)^n$$

在满足 $|z-z_0| < |z_1-z_0|$ 的任何点 z 处不仅收敛，而且绝对收敛.

（2）用反证法证明.

若级数

$$\sum_{n=0}^{+\infty} c_n(z-z_0)^n$$

在 $|z-z_0| > |z_1-z_0|$ 的某一点 z_2 处收敛，由（1）可知，对一切满足不等式

$$|z_2-z_0| > |z_1-z_0|$$

的 z_1 处，幂级数

$$\sum_{n=0}^{+\infty} c_n(z-z_0)^n$$

收敛，这与假设矛盾，得证.

4.2.3　幂级数的收敛圆与收敛半径

定义 4.8　若存在一个正数 R，使得幂级数

$$\sum_{n=0}^{+\infty} c_n(z-z_0)^n$$

在 $|z-z_0|<R$ 内处处收敛，而在 $|z-z_0|>R$ 内是发散的，则称幂级数

$$\sum_{n=0}^{+\infty} c_n(z-z_0)^n$$

的收敛半径为 R，$|z-z_0|<R$ 称为幂级数

$$\sum_{n=0}^{+\infty} c_n(z-z_0)^n$$

的收敛圆.

根据定理 4.6，我们可以证明：

定理 4.7 设级数

$$\sum_{n=0}^{+\infty} c_n(z-z_0)^n$$

的收敛半径是 R，按照不同的情况，我们有

（1）如果 $0<R<+\infty$，则

当 $|z-z_0|<R$ 时，级数

$$\sum_{n=0}^{+\infty} c_n(z-z_0)^n$$

绝对收敛；

当 $|z-z_0|>R$ 时，级数

$$\sum_{n=0}^{+\infty} c_n(z-z_0)^n$$

发散.

（2）如果 $R=+\infty$，则级数

$$\sum_{n=0}^{+\infty} c_n(z-z_0)^n$$

在复平面上的每一点绝对收敛.

（3）如果 $R=0$，则级数

$$\sum_{n=0}^{+\infty} c_n(z-z_0)^n$$

仅在 $z=z_0$ 处收敛，其余点均发散.

注意 在定理 4.7 中，当 $|z-z_0|=R$ 时，级数 $\sum_{n=0}^{+\infty} c_n(z-z_0)^n$ 可

能收敛,也可能发散.

关于幂级数的收敛半径 R,我们有如下的结论:

定理 4.8 若

$$r = \lim_{n \to +\infty} \left| \frac{c_{n+1}}{c_n} \right| \text{ 或者 } r = \lim_{n \to +\infty} \sqrt[n]{|c_n|},$$

那么当 $0 < r < +\infty$ 时,级数

$$\sum_{n=0}^{+\infty} c_n(z - z_0)^n$$

的收敛半径 $R = \dfrac{1}{r}$;

当 $r = 0$ 时,$R = +\infty$;当 $r = +\infty$ 时,$R = 0$.

证明略.

例 1 求下列幂级数的收敛半径.

(1) $\displaystyle\sum_{n=1}^{+\infty} \frac{z^n}{n^3}$ 　　　　　 (2) $\displaystyle\sum_{n=1}^{+\infty} \frac{z^n}{1 \cdot 3 \cdot 5 \cdot \cdots \cdot (2n-1)}$;

(3) $\displaystyle\sum_{n=1}^{+\infty} n! z^n$; 　　　　　 (4) $\displaystyle\sum_{n=1}^{+\infty} \frac{n! z^n}{n^n}$.

解 (1) 设 $c_n = \dfrac{1}{n^3}$,$r = \lim\limits_{n \to +\infty} \left| \dfrac{c_{n+1}}{c_n} \right| = \lim\limits_{n \to +\infty} \left(\dfrac{n}{n+1} \right)^3 = 1$,

故 $R = 1$.

(2) $c_n = \dfrac{1}{1 \cdot 3 \cdot 5 \cdot \cdots \cdot (2n-1)}$,$r = \lim\limits_{n \to \infty} \left| \dfrac{c_{n+1}}{c_n} \right| = \lim\limits_{n \to \infty} \dfrac{1}{2n+1} = 0$,故 $R = \infty$.

(3) $c_n = n!$,$r = \lim\limits_{n \to \infty} \left| \dfrac{c_{n+1}}{c_n} \right| = \lim\limits_{n \to \infty} (n+1) = \infty$,故 $R = 0$.

(4) $c_n = \dfrac{n!}{n^n}$,$r = \lim\limits_{n \to \infty} \left| \dfrac{c_{n+1}}{c_n} \right| = \lim\limits_{n \to \infty} \left(\dfrac{n}{n+1} \right)^n = \lim\limits_{n \to \infty} \left(\dfrac{1}{\frac{1}{n}+1} \right)^n = \dfrac{1}{e}$,

故 $R = e$.

例 2 求下列幂级数的收敛半径和绝对收敛域.

(1) $\displaystyle\sum_{n=1}^{+\infty} \frac{3^n}{n!} \left(\frac{z-1}{2} \right)^n$; 　　　　　 (2) $\displaystyle\sum_{n=1}^{+\infty} \frac{n}{2^n} z^n$.

解 (1) $\sum_{n=1}^{+\infty} \frac{3^n}{n!} \left(\frac{z-1}{2}\right)^n = \sum_{n=1}^{+\infty} \frac{3^n}{n!} \frac{1}{2^n} (z-1)^n, c_n = \frac{3^n}{n!} \frac{1}{2^n},$

$$r = \lim_{n \to \infty} \left|\frac{c_{n+1}}{c_n}\right| = \lim_{n \to \infty} \frac{3^{n+1}}{(n+1)!} \frac{2^n}{2^{n+1}} \frac{n!}{3^n} = 0,$$

故收敛半径是 $R = +\infty$，绝对收敛域是整个复平面.

(2) $c_n = \frac{n}{2^n}$, $r = \lim_{n \to \infty} \left|\frac{c_{n+1}}{c_n}\right| = \lim_{n \to \infty} \frac{n+1}{2^{n+1}} \frac{2^n}{n} = \frac{1}{2},$

故收敛半径是 $R = 2$.

当 $|z| = 2$ 时，$\sum_{n=1}^{+\infty} \left|\frac{n}{2^n} z^n\right| = \sum_{n=1}^{+\infty} n$ 发散，故绝对收敛域是

$\{z \mid |z| < 2\}.$

4.2.4 幂级数的性质

在本节我们讨论幂级数的和函数的性质.

定理 4.9 设幂级数

$$\sum_{n=0}^{+\infty} c_n (z-a)^n$$

的收敛半径为 R，C 为收敛圆盘 $|z-a| < R$ 内的任一条简单光滑曲线，那么

(1) 它的和函数

$$f(z) = \sum_{n=0}^{+\infty} c_n (z-a)^n$$

在收敛圆：$|z-a| < R$ 内解析，且

$$f^{(k)}(z) = \sum_{n=0}^{+\infty} n \cdot (n-1) \cdot \cdots \cdot (n-k+1) c_n (z-a)^{n-k}.$$

其中，$k = 1, 2, 3 \cdots$

(2) 和函数 $f(z)$ 在 C 上可积，并且

$$\int_C f(z) \mathrm{d}z = \sum_{n=0}^{+\infty} c_n \int_C (z-a)^n \mathrm{d}z.$$

例 3 求幂级数

$$\sum_{n=0}^{+\infty} z^n = 1 + z + z^2 + \cdots + z^n + \cdots$$

的收敛范围与和函数.

解 设

$$f(z) = \sum_{n=0}^{+\infty} z^n, c_n = 1, r = \lim_{n \to \infty} \sqrt[n]{c_n} = 1,$$

故 $R = 1$，于是 $\sum\limits_{n=0}^{+\infty} z^n$ 的收敛范围是 $|z| < 1$，则 $f(z)$ 在 $|z| < 1$ 内解析.

设

$$s_n = 1 + z + z^2 + \cdots + z^n = \sum_{k=0}^{n} z^k = \frac{1 - z^{n+1}}{1 - z},$$

则

$$\sum_{n=0}^{+\infty} z^n = \lim_{n \to \infty} \frac{1 - z^{n+1}}{1 - z} = \frac{1}{1 - z}.$$

故

$$\sum_{n=0}^{+\infty} z^n = 1 + z + z^2 + \cdots + z^n + \cdots$$

的和函数是 $\dfrac{1}{1 - z}$.

例 4 求幂级数 $\sum\limits_{n=0}^{+\infty} (n + 1) z^n$ 的收敛半径与和函数.

解 设

$$c_n = n + 1, \quad r = \lim_{n \to \infty} \left| \frac{c_{n+1}}{c_n} \right| = \lim_{n \to \infty} \frac{n + 2}{n + 1} = 1,$$

故收敛半径 $R = 1$，于是当 $|z| < 1$ 时，级数收敛.

当 $|z| = 1$ 时，$\lim\limits_{n \to \infty} (n + 1) z^n$ 不存在，故级数发散.

当 $|z| < 1$ 时，设

$$f(z) = \sum_{n=0}^{+\infty} (n + 1) z^n,$$

利用逐项积分可得

$$\int_0^z f(z) \mathrm{d}z = \sum_{n=0}^{+\infty} \int_0^z (n + 1) z^n \mathrm{d}z = \sum_{n=0}^{+\infty} z^{n+1},$$

由例 3 的结果知

$$\sum_{n=0}^{+\infty} z^{n+1} = \frac{1}{1 - z} - 1 = \frac{z}{1 - z},$$

于是

$$\int_0^z f(z)\,\mathrm{d}z = \frac{z}{1-z},$$

所以

$$\sum_{n=0}^{+\infty}(n+1)z^n = \frac{1}{(1-z)^2}, |z|<1.$$

4.3 泰勒级数

4.3.1 解析函数的泰勒展开式

上一节已经证明了任一幂级数的和函数在其收敛圆盘内解析. 现在利用柯西积分公式,证明任一在圆域内解析的函数都可以用幂级数来表示.

定理 4.10(泰勒定理) 设函数 $f(z)$ 在点 z_0 解析,则 $f(z)$ 在点 z_0 的某个邻域能展成幂级数

$$f(z) = f(z_0) + \frac{f'(z_0)}{1!}(z-z_0) + \frac{f''(z_0)}{2!}(z-z_0)^2 + \cdots +$$

$$\frac{f^{(n)}(z_0)}{n!}(z-z_0)^n + \cdots \tag{4.2}$$

证 设 $f(z)$ 在圆域 $|z-z_0|<R$ 内解析,取邻域半径 $r<R$,作圆 $|z-z_0|<r$,取 C: $|z-z_0|=r$ 上任一点 ξ,则

$$|z-z_0| < |\xi-z_0|,$$

即

$$\frac{z-z_0}{\xi-z_0} < 1.$$

又

$$\frac{1}{\xi-z} = \frac{1}{(\xi-z_0)-(z-z_0)} = \frac{1}{\xi-z_0}\,\frac{1}{1-\dfrac{z-z_0}{\xi-z_0}}.$$

利用公式,当 $|z|<1$ 时,

$$\frac{1}{1-z} = 1 + z + z^2 + \cdots + z^n + \cdots$$

于是

$$\frac{1}{\xi-z}=\frac{1}{\xi-z_0}+\frac{(z-z_0)}{(\xi-z_0)^2}+\frac{(z-z_0)^2}{(\xi-z_0)^3}+\cdots+\frac{(z-z_0)^n}{(\xi-z_0)^{n+1}}+\cdots$$

从而有

$$\frac{f(\xi)}{\xi-z}=\frac{f(\xi)}{\xi-z_0}+\frac{(z-z_0)f(\xi)}{(\xi-z_0)^2}+\frac{(z-z_0)^2f(\xi)}{(\xi-z_0)^3}+\cdots+$$

$$\frac{(z-z_0)^nf(\xi)}{(\xi-z_0)^{n+1}}+\cdots \tag{4.3}$$

因为当 $\xi\in C$ 时，有

$$\left|\frac{(z-z_0)^nf(\xi)}{(\xi-z_0)^{n+1}}\right|\leqslant|f(\xi)|\cdot\left|\frac{(z-z_0)^n}{(\xi-z_0)^{n+1}}\right|$$

$$\leqslant\max_{\xi\in C}|f(\xi)|\frac{|z-z_0|^n}{r^{n+1}}=M\frac{|z-z_0|^n}{r^{n+1}},$$

其中 $M=\max\limits_{\xi\in C}|f(\xi)|$.

而级数

$$\sum_{n=0}^{+\infty}M\frac{|z-z_0|^n}{r^{n+1}}\text{ 收敛}\left(\text{因为}\frac{|z-z_0|}{r}<1\right),$$

于是在 C 上，式(4.3)右端的级数一致收敛于 $\dfrac{f(\xi)}{\xi-z}$.

式(4.3)两边同时对变量 ξ 积分，并除以 $2\pi i$，得

$$\frac{1}{2\pi i}\oint_C\frac{f(\xi)}{\xi-z}d\xi=\frac{1}{2\pi i}\oint_C\frac{f(\xi)}{\xi-z_0}d\xi+\frac{1}{2\pi i}\oint_C\frac{(z-z_0)f(\xi)}{(\xi-z_0)^2}d\xi+$$

$$\frac{1}{2\pi i}\oint_C\frac{(z-z_0)^2f(\xi)}{(\xi-z_0)^3}d\xi+\cdots.$$

利用解析函数的 n 阶求导公式

$$f^{(n)}(z_0)=\frac{n!}{2\pi i}\oint_C\frac{f(\xi)}{(\xi-z_0)^{n+1}}d\xi$$

得

$$f(z)=f(z_0)+\frac{f'(z_0)}{1!}(z-z_0)+\frac{f''(z_0)}{2!}(z-z_0)^2+\cdots+$$

$$\frac{f^{(n)}(z_0)}{n!}(z-z_0)^n+\cdots.$$

其中，$\dfrac{1}{n!}f^{(n)}(z_0) = \dfrac{1}{2\pi\mathrm{i}}\oint_C \dfrac{f(\xi)}{(\xi - z_0)^{n+1}}\mathrm{d}\xi$ 称为**泰勒系数**，$f(z) =$

$\displaystyle\sum_{n=0}^{+\infty} \dfrac{1}{n!}f^{(n)}(z_0)(z - z_0)^n$ 称为 $f(z)$ 在 z_0 处的**泰勒展开式**.

综上所述，可推出：

定理 4.11　函数 $f(z)$ 在 z_0 点解析的充分必要条件是 $f(z)$ 在 z_0 的某个邻域内能展成幂级数.

可以证明，$f(z)$ 在 z_0 处的泰勒展开式是唯一的. 有时我们也称幂级数为泰勒级数.

例 1　求 e^z 在 $z = 0$ 处的泰勒展开式.

解　由于 $f(z) = \mathrm{e}^z$ 在复平面内处处解析，因此，在 $z_0 = 0$ 的领域内可展成泰勒级数.

又因为

$$f(z) = f'(z) = f''(z) = \cdots = f^{(n)}(z) = \mathrm{e}^z,$$

于是

$$f(0) = f'(0) = f''(0) = \cdots = f^{(n)}(0) = 1,$$

所以

$$f(z) = \mathrm{e}^z = \sum_{n=0}^{+\infty} \dfrac{f^{(n)}(0)}{n!}(z - z_0)^n = 1 + z + \dfrac{z^2}{2!} + \cdots + \dfrac{z^n}{n!} + \cdots.$$

4.3.2　几个典型初等函数的泰勒展开式

本节我们将求出一些初等函数的泰勒展开式，它们的形状与实变函数的情形相同.

例 2　求 $\sin z$，$\cos z$ 在 $z = 0$ 处的泰勒展开式.

解　由关系式

$$\sin z = \dfrac{\mathrm{e}^{\mathrm{i}z} - \mathrm{e}^{-\mathrm{i}z}}{2\mathrm{i}},$$

$$\mathrm{e}^{\mathrm{i}z} = \sum_{n=0}^{+\infty} \dfrac{(\mathrm{i}z)^n}{n!}, \mathrm{e}^{-\mathrm{i}z} = \sum_{n=0}^{+\infty} \dfrac{(-\mathrm{i}z)^n}{n!},$$

得

$$\sin z = \dfrac{1}{2\mathrm{i}}\sum_{n=0}^{+\infty}\left[\dfrac{(\mathrm{i}z)^n}{n!} - \dfrac{(-\mathrm{i}z)^n}{n!}\right] = \dfrac{1}{2\mathrm{i}}\sum_{n=0}^{+\infty}\left[1 - (-1)^n\right]\dfrac{(\mathrm{i}z)^n}{n!},$$

因此

$$\sin z = z - \frac{z^3}{3!} + \frac{z^5}{5!} - \cdots,$$

同理

$$\cos z = 1 - \frac{z^2}{2!} + \frac{z^4}{4!} - \cdots.$$

例 3　求 $\dfrac{1}{1+z}$ 和 $\dfrac{1}{1-z}$ 在 $z = 0$ 处的泰勒展开式.

解　设 $f(z) = \dfrac{1}{1-z}$，则 $f(z)$ 在复平面上除了 $z = 1$ 外处处解析，

因此以 $z = 0$ 为中心的 $f(z)$ 的解析圆域为 $|z| < 1$，对 $f(z)$ 求导，得

$$f^{(n)}(z) = n!\ (1-z)^{-(n+1)},$$

$$f^{(n)}(z)\mid_{z=0} = n!.$$

故

$$\frac{1}{1-z} = \sum_{n=0}^{+\infty} \frac{f^{(n)}(0)}{n!}(z-z_0)^n = 1 + z + z^2 + \cdots + z^n + \cdots.$$

由上式易得

$$\frac{1}{1+z} = \frac{1}{1-(-z)} = \sum_{n=0}^{+\infty}(-z)^n = 1 - z + z^2 + \cdots.$$

例 4　求 $f(z) = \ln(1+z)$ 在 $z = 0$ 处的泰勒展开式.

解　对 $f(z) = \ln(1+z)$ 求导，得

$$f'(z) = \frac{1}{1+z} = \sum_{n=0}^{+\infty}(-z)^n = 1 - z + z^2 + \cdots.$$

对上式两边积分，得

$$f(z) = \int_0^z f'(z)\mathrm{d}z = \sum_{n=0}^{+\infty}\int_0^z (-1)^n z^n \mathrm{d}z = \sum_{n=0}^{+\infty}(-1)^n \frac{z^{n+1}}{n+1}.$$

例 5　求 $\dfrac{1}{(1+z)^2}$ 在 $z = 0$ 处的泰勒展开式.

解　设

$$f(z) = \frac{1}{(1+z)^2},$$

注意到

$$-\left(\frac{1}{1+z}\right)' = f(z) = \frac{1}{(1+z)^2},$$

故

$$\frac{1}{(1+z)^2} = -\left[\sum_{n=0}^{+\infty}(-z)^n\right]' = -\sum_{n=0}^{+\infty}(-1)n(-z)^{n-1}$$

$$= \sum_{n=0}^{+\infty}(-1)^{n+1}nz^{n-1}.$$

从以上例题可以看出，求 $f(z)$ 的泰勒展开式一般有两种方法：

（1）直接求出 $f^{(k)}(z_0)(k=0,1,2,\cdots)$，然后代入泰勒展开式中，该方法称为直接展开法.

（2）利用幂级数的性质，如幂级数在收敛圆内可以逐项求导和积分，可通过求导和积分的方法求出 $f(z)$ 的泰勒展开式；利用常用的复变函数，如 e^z，$\sin z$，$\cos z$，$\dfrac{1}{1+z}$，$\dfrac{1}{1-z}$ 等的泰勒展开式求出 $f(z)$ 的泰勒展开式. 该类方法称为间接展开法.

4.4　洛朗级数

本节我们讨论一种比幂级数稍微复杂的含有正、负幂项的级数——洛朗级数. 它是幂级数的一种推广，但它也是一种相对比较简单的函数项级数. 从上一节的讨论中我们知道，如果 $f(z)$ 在 z_0 处解析，那么 $f(z)$ 在 z_0 的附近可用幂级数表示. 然而在实际问题中，常遇到 $f(z)$ 在 z_0 处不解析，但却在以 z_0 为中心的某个圆环域内解析. 此时，$f(z)$ 不能仅用含有 $z-z_0$ 的正幂项的级数来表示. 本节我们将看到，在某个圆环域内解析的函数 $f(z)$ 可用洛朗级数表示.

4.4.1　函数在圆环形解析域内的洛朗展开式

在本节中，我们讲述解析函数的另一种重要的级数展式.

定义 4.9　形如

$$\sum_{n=-\infty}^{+\infty}c_n(z-z_0)^n = \cdots + c_{-n}(z-z_0)^{-n} + \cdots + c_{-1}(z-z_0)^{-1} +$$
$$c_0 + c_1(z-z_0) + c_2(z-z_0)^2 + \cdots +$$
$$c_n(z-z_0)^n + \cdots \tag{4.4}$$

的级数称为洛朗级数. 其中，z_0，c_0，$c_{\pm1}$，$\cdots$，$c_{\pm n}$，$\cdots$是复常数.

我们来考察上述幂级数的收敛半径. 由定义可以把幂级数

$$\sum_{n=-\infty}^{+\infty} c_n(z-z_0)^n$$

看成是两部分，其中一部分是含有 $(z-z_0)$ 的正整数次幂的级数

$$\sum_{n=0}^{+\infty} c_n(z-z_0)^n.$$

　　这是前面讲过的幂级数，由定理 4.9 很容易求出其收敛半径 R，因此当 $|z-z_0| < R$ 时，

$$\sum_{n=0}^{+\infty} c_n(z-z_0)^n$$

收敛；对于含有 $(z-z_0)$ 的负整数次幂的级数

$$\sum_{n=-1}^{-\infty} c_n(z-z_0)^n,$$

设其收敛半径是 $\dfrac{1}{r}$，则当 $\left| \dfrac{1}{z-z_0} \right| < \dfrac{1}{r}$ 时，

$$\sum_{n=-1}^{-\infty} c_n(z-z_0)^n$$

收敛，也就是当 $|z-z_0| > r$ 时，

$$\sum_{n=-1}^{-\infty} c_n(z-z_0)^n$$

收敛，因此洛朗级数

$$\sum_{n=-\infty}^{+\infty} c_n(z-z_0)^n$$

的收敛域是 $r < |z-z_0| < R.$

　　于是，当 $r \geqslant R$ 时，$r < |z-z_0| < R$ 没有公共部分，洛朗级数

$$\sum_{n=-\infty}^{+\infty} c_n(z-z_0)^n$$

发散；当 $r=0$，$R=+\infty$ 时，

$$0 < |z-z_0| < +\infty,$$

即洛朗级数

$$\sum_{n=-\infty}^{+\infty} c_n(z-z_0)^n$$

在除去点 $z=z_0$ 外处处收敛.

例1 求洛朗级数 $\sum\limits_{n=-\infty}^{+\infty} c_n(z-1)^n$ 的收敛圆环域，其中

$$c_0 = 1, \ c_n = \frac{n!}{n^n}, \ c_{-n} = 1 + \frac{1}{2} + \frac{1}{3} + \cdots + \frac{1}{n} \quad (n = 1, 2, \cdots).$$

解

$$\sum_{n=-\infty}^{+\infty} c_n(z-1)^n = 1 + \sum_{n=1}^{+\infty} \frac{n!}{n^n}(z-1)^n +$$

$$\sum_{n=1}^{+\infty} \left(1 + \frac{1}{2} + \frac{1}{3} + \cdots + \frac{1}{n}\right)(z-1)^{-n},$$

对于第一个级数

$$\sum_{n=1}^{+\infty} \frac{n!}{n^n}(z-1)^n,$$

有

$$r = \lim_{n\to\infty} \left| \frac{c_{n+1}}{c_n} \right| = \lim_{n\to\infty} \frac{(n+1)!}{(n+1)^{n+1}} \frac{n^n}{n!} = \lim_{n\to\infty} \frac{1}{\left(1+\frac{1}{n}\right)^n} = \frac{1}{e},$$

故其收敛半径 $R = e$.

对于第二个级数

$$\sum_{n=1}^{+\infty} \left(1 + \frac{1}{2} + \frac{1}{3} + \cdots + \frac{1}{n}\right)(z-1)^{-n}, c_n = 1 + \frac{1}{2} + \frac{1}{3} + \cdots + \frac{1}{n},$$

有

$$\lim_{n\to\infty} \left| \frac{c_{n+1}}{c_n} \right| = \lim_{n\to\infty} \frac{1 + \frac{1}{2} + \frac{1}{3} + \cdots + \frac{1}{n} + \frac{1}{n+1}}{1 + \frac{1}{2} + \frac{1}{3} + \cdots + \frac{1}{n}}$$

$$= \lim_{n\to\infty} \left(1 + \frac{\frac{1}{n+1}}{1 + \frac{1}{2} + \frac{1}{3} + \cdots + \frac{1}{n}}\right),$$

又

$$1 \leqslant 1 + \frac{\frac{1}{n+1}}{1 + \frac{1}{2} + \frac{1}{3} + \cdots + \frac{1}{n}} \leqslant 1 + \frac{1}{n+1},$$

由夹逼法则，有

$$\lim_{n \to \infty} \left| \frac{c_{n+1}}{c_n} \right| = 1,$$

因此当 $\left| \dfrac{1}{z-1} \right| < 1$ 时，第二个级数收敛，即当 $|z-1| > 1$ 时，级数

$$\sum_{n=1}^{+\infty} \left(1 + \frac{1}{2} + \frac{1}{3} + \cdots + \frac{1}{n} \right) (z-1)^n$$

收敛，所以此洛朗级数的收敛圆环域是

$$1 < |z-1| < e.$$

定理 4.12（洛朗定理） 若 $f(z)$ 在圆环域 $r < |z-z_0| < R$，$0 \le r \le R < +\infty$ 内解析，则 $f(z)$ 在此圆环域内必可展成洛朗级数

$$f(z) = \sum_{n=-\infty}^{+\infty} c_n (z-z_0)^n, \qquad (4.5)$$

其中

$$c_n = \frac{1}{2\pi i} \oint_C \frac{f(\xi)}{(\xi-z_0)^{n+1}} d\xi \quad (n = 0, \pm 1, \pm 2, \cdots) \qquad (4.6)$$

当 $n \ge 0$ 时，C 为圆周 $|z-z_0| = R$；当 $n < 0$ 时，C 为圆周 $|z-z_0| = r$.

证 在圆环域 $r < |z-z_0| < R$ 内作两个正向圆周

$$C_1: \ |z-z_0| < r_1,$$
$$C_2: \ |z-z_0| < r_2,$$

其中

$$r < r_1 < r_2 < R.$$

设 z 为 $r_1 < |z-z_0| < r_2$ 内任一点，由于 $f(z)$ 在 $r_1 < |z-z_0| < r_2$ 内解析，根据定理 3.6（复合闭路定理）可得

$$f(z) = \frac{1}{2\pi i} \oint_{C_2} \frac{f(\xi)}{\xi-z} d\xi - \frac{1}{2\pi i} \oint_{C_1} \frac{f(\xi)}{\xi-z} d\xi. \qquad (4.7)$$

对于第一个积分，ξ 满足

$$|\xi-z_0| = r_2, \ |z-z_0| < r_2,$$

因此

$$\left| \frac{z-z_0}{\xi-z_0} \right| < 1,$$

于是

$$\frac{1}{\xi - z} = \frac{1}{(\xi - z_0) - (z - z_0)} = \frac{1}{\xi - z_0} \frac{1}{1 - \dfrac{z - z_0}{\xi - z_0}}$$

$$= \sum_{n=0}^{+\infty} \frac{(z - z_0)^n}{(\xi - z_0)^{n+1}}. \tag{4.8}$$

设 $q = \left| \dfrac{z - z_0}{\xi - z_0} \right|$，因为级数(4.8)的一般项的模

$$\left| \frac{(z - z_0)^n}{(\xi - z_0)^{n+1}} \right| < \frac{q^n}{r_2} \quad (0 < q < 1),$$

于是级数(4.8)在 C_2 上一致收敛，将式(4.8)的两端同乘以解析函数 $\dfrac{f(\xi)}{2\pi i}$，所得的级数在 C_2 上仍然一致收敛，即有

$$\frac{f(\xi)}{2\pi i} \frac{1}{\xi - z} = \frac{1}{2\pi i} \sum_{n=0}^{+\infty} f(\xi) \cdot \frac{(z - z_0)^n}{(\xi - z_0)^{n+1}}.$$

于是逐项积分得

$$\frac{1}{2\pi i} \oint_{C_2} \frac{f(\xi)}{\xi - z} \mathrm{d}\xi = \frac{1}{2\pi i} \sum_{n=0}^{+\infty} \oint_{C_2} f(\xi) \frac{(z - z_0)^n}{(\xi - z_0)^{n+1}} \mathrm{d}\xi. \tag{4.9}$$

对于第二个积分，ξ 满足 $|\xi - z_0| = r_1$，$|z - z_0| > r_1$，因此

$$\left| \frac{\xi - z_0}{z - z_0} \right| < 1,$$

于是

$$\frac{1}{\xi - z} = \frac{-1}{z - z_0} \frac{1}{1 - \dfrac{\xi - z_0}{z - z_0}} = -\sum_{n=0}^{+\infty} \frac{(\xi - z_0)^n}{(z - z_0)^{n+1}}$$

$$= -\sum_{n=1}^{+\infty} \frac{(z - z_0)^{-n}}{(\xi - z_0)^{-n+1}}, \tag{4.10}$$

设 $p = \left| \dfrac{\xi - z_0}{z - z_0} \right|$，级数(4.10)的一般项的模为

$$\left| \frac{(z - z_0)^n}{(\xi - z_0)^{n+1}} \right| = \frac{1}{|z - z_0|} p^n \quad (0 < p < 1).$$

于是级数(4.10)在 C_1 上一致收敛. 同理将式(4.10)的两端同乘以解析函数 $\dfrac{f(\xi)}{2\pi i}$ 而逐项积分，得

$$\frac{1}{2\pi i}\oint_{C_1}\frac{f(\xi)}{\xi - z}\mathrm{d}\xi = \frac{1}{2\pi i}\sum_{n=0}^{+\infty}\oint_{C_1}f(\xi)\frac{(z - z_0)^{-n}}{(\xi - z_0)^{-n+1}}\mathrm{d}\xi. \quad (4.11)$$

把求得的式(4.9)和式(4.11)代入式(4.7)，就得到了$f(z)$关于任意的点$z(r < |z - z_0| < R)$的洛朗级数展开式

$$f(z) = \sum_{n=-1}^{-\infty}c_n(z - z_0)^n + \sum_{n=0}^{+\infty}c_n(z - z_0)^n = \sum_{n=-\infty}^{+\infty}c_n(z - z_0)^n,$$

其中

$$c_n = \frac{1}{2\pi i}\oint_C\frac{f(\xi)}{(\xi - z_0)^{n+1}}\mathrm{d}\xi \quad (n = 0,\ \pm 1,\ \pm 2,\cdots).$$

当$n \geqslant 0$时，曲线C为C_2；当$n < 0$时，曲线C为C_1.

注 一个解析函数可以在不同的圆环域上都是解析的，在不同的圆环域上的洛朗级数展开形式是不同的，但是在同一个圆环域上的洛朗级数展开形式却是唯一的.

4.4.2　函数展开成洛朗级数的间接展开法

洛朗定理给出一个圆环域上洛朗级数展开的一般方法，即直接求出c_n代入式(4.5)即可. 这种方法称为**直接展开法**. 但是，对于一些复杂函数，应用洛朗定理直接展开是比较麻烦的.

例2 将函数$f(z) = \dfrac{e^z}{z^3}$在$0 < |z| < +\infty$内展开成洛朗级数.

解 （1）直接展开法.

函数在整个复平面上除了$z = 0$外处处解析，因此在$0 < |z| < +\infty$内可展开成洛朗级数. 利用式(4.7)计算c_n，得

$$c_n = \frac{1}{2\pi i}\oint_C\frac{e^\xi}{\xi^{n+4}}\mathrm{d}\xi.$$

当$n + 4 \leqslant 0$时，$\dfrac{e^\xi}{\xi^{n+4}}$在整个复平面解析，因此

$$\oint_C\frac{e^\xi}{\xi^{n+4}}\mathrm{d}\xi = 0,$$

于是，当$n + 4 \leqslant 0$时，

$$c_n = 0;$$

当$n + 4 > 0$时，

$$\oint_C \frac{e^\xi}{\xi^{n+4}} d\xi = \frac{2\pi i}{(n+3)!}.$$

于是，当 $n+4 > 0$ 时，

$$c_n = \frac{1}{(n+3)!}.$$

故有

$$\frac{e^z}{z^3} = \sum_{n=-\infty}^{+\infty} c_n (z-z_0)^n = \frac{1}{z^3} + \frac{1}{z^2} + \frac{1}{2!} \frac{1}{z} + \frac{1}{3!} +$$

$$\frac{1}{4!} z + \frac{1}{5!} z^2 + \cdots.$$

（2）间接展开法.

由 4.3 节中的例 1 可知

$$e^z = 1 + z + \frac{z^2}{2!} + \cdots + \frac{z^n}{n!} + \cdots,$$

于是

$$\frac{e^z}{z^3} = \frac{1}{z^3} \left(1 + z + \frac{z^2}{2!} + \cdots + \frac{z^n}{n!} + \cdots \right) = \frac{1}{z^3} + \frac{1}{z^2} + \frac{1}{2!} \frac{1}{z} +$$

$$\frac{1}{3!} + \frac{1}{4!} z + \frac{1}{5!} z^2 + \cdots.$$

由于在给定圆环域内解析函数的洛朗展开形式是唯一的，所以常常采用间接展开法，即利用基本的展开公式，以及逐项求导、逐项积分、代换方法等将函数展开成洛朗级数，如上例的方法（2），两种方法相比较，繁简程度显而易见. 因此，在求函数的洛朗展开式时，通常不用式（4.7）直接去求系数 c_n，而是采用间接展开法.

例 3 函数 $f(z) = \dfrac{1}{(z-1)(z-2)}$ 在圆环域：

（1）$0 < |z| < 1$；

（2）$1 < |z| < 2$；

（3）$2 < |z| < +\infty$

内是处处解析的，试把它在这些区域内展开成洛朗级数.

解 本题要求把

$$f(z) = \frac{1}{(z-1)(z-2)}$$

在指定的不同圆环域内展开成洛朗级数，我们将利用下列公式

$$\frac{1}{1-z} = \sum_{n=0}^{+\infty} z^n = 1 + z + z^2 + \cdots + z^n + \cdots, \quad |z| < 1.$$

（1）首先，由于 $0 < |z| < 1$，所以 $\left|\dfrac{z}{2}\right| < 1$，因此 $f(z)$ 可化为

$$f(z) = \frac{1}{(z-1)(z-2)} = \frac{1}{1-z} - \frac{1}{2-z}$$

$$= \frac{1}{1-z} - \frac{\dfrac{1}{2}}{1-\dfrac{z}{2}}$$

$$= \sum_{n=0}^{+\infty} z^n - \frac{1}{2} \sum_{n=0}^{+\infty} \left(\frac{z}{2}\right)^n$$

$$= \sum_{n=0}^{+\infty} \left(1 - \frac{1}{2^{n+1}}\right) z^n.$$

（2）由于 $1 < |z| < 2$，所以

$$\left|\frac{z}{2}\right| < 1, \quad \frac{1}{2} < \left|\frac{1}{z}\right| < 1,$$

因此 $f(z)$ 可化为

$$f(z) = \frac{1}{(z-1)(z-2)} = \frac{1}{1-z} - \frac{1}{2-z} = \frac{\dfrac{1}{z}}{\dfrac{1}{z}-1} - \frac{\dfrac{1}{2}}{1-\dfrac{z}{2}}$$

$$= -\frac{1}{z} \sum_{n=0}^{+\infty} \left(\frac{1}{z}\right)^n - \frac{1}{2} \sum_{n=0}^{+\infty} \left(\frac{z}{2}\right)^n$$

$$= -\sum_{n=0}^{+\infty} \left(\frac{1}{z}\right)^{n+1} - \frac{1}{2} \sum_{n=0}^{+\infty} \left(\frac{z}{2}\right)^n.$$

（3）由于 $2 < |z| < +\infty$，即

$$0 < \left|\frac{1}{z}\right| < \frac{1}{2}, \quad 0 < \left|\frac{2}{z}\right| < 1,$$

因此 $f(z)$ 可化为

$$f(z) = \frac{1}{(z-1)(z-2)} = \frac{1}{1-z} - \frac{\frac{1}{z}}{\frac{2}{z}-1}$$

$$= \frac{\frac{1}{z}}{\frac{1}{z}-1} - \frac{\frac{1}{z}}{\frac{2}{z}-1}$$

$$= -\frac{1}{z}\sum_{n=0}^{+\infty}\left(\frac{1}{z}\right)^n + \frac{1}{z}\sum_{n=0}^{+\infty}\left(\frac{2}{z}\right)^n$$

$$= \sum_{n=0}^{+\infty}(2^n-1)z^{-(n+1)}.$$

例 4 求 $f(z) = \dfrac{1}{z(z-1)}$ 以 $z=0$ 及 $z=1$ 为中心的洛朗级数.

解 函数 $f(z) = \dfrac{1}{z(z-1)}$ 有两个奇点 $z=0$ 和 $z=1$, $f(z)$ 在以 $z=0$ 为中心的圆环域 $0 < |z| < 1$, $1 < |z| < +\infty$ 内解析, 因此 $f(z)$ 在这两个圆环域内可展开成洛朗级数,

当 $0 < |z| < 1$ 时, $f(z)$ 可化为

$$f(z) = \frac{1}{z(z-1)} = -\frac{1}{z} - \frac{1}{1-z}$$

$$= -\frac{1}{z} - \sum_{n=0}^{+\infty}z^n = -\sum_{n=-1}^{+\infty}z^n.$$

当 $1 < |z| < +\infty$ 时, 即 $0 < \left|\dfrac{1}{z}\right| < 1$, $f(z)$ 可化为

$$f(z) = \frac{1}{z(z-1)} = -\frac{1}{z} + \frac{\frac{1}{z}}{1-\frac{1}{z}}$$

$$= -\frac{1}{z} + \frac{1}{z}\sum_{n=0}^{+\infty}\left(\frac{1}{z}\right)^n$$

$$= \sum_{n=1}^{+\infty}\left(\frac{1}{z}\right)^{n+1}.$$

$f(z)$ 在另一个以奇点 $z=1$ 为中心的圆环域 $0 < |z-1| < 1$, $1 <$

$|z-1|<+\infty$ 内解析，因此，$f(z)$ 在这些圆环域内能展开成洛朗级数.

当 $0<|z-1|<1$ 时，$f(z)$ 可化为

$$f(z)=\frac{1}{z(z-1)}=\frac{1}{z-1}-\frac{1}{z}$$

$$=\frac{1}{z-1}-\frac{1}{z-1+1}$$

$$=\frac{1}{z-1}-\sum_{n=0}^{+\infty}(1-z)^{n}$$

$$=\sum_{n=-1}^{+\infty}(-1)^{n+1}(z-1)^{n},$$

当 $1<|z-1|<\infty$ 时，$f(z)$ 可化为

$$f(z)=\frac{1}{z(z-1)}=\frac{1}{z-1}-\frac{1}{z}$$

$$=\frac{1}{z-1}-\frac{\dfrac{1}{z-1}}{\dfrac{1}{z-1}+1}$$

$$=\frac{1}{z-1}-\frac{1}{z-1}\sum_{n=0}^{+\infty}(-1)^{n}\left(\frac{1}{z-1}\right)^{n}$$

$$=\frac{1}{z-1}-\sum_{n=0}^{+\infty}(-1)^{n}\left(\frac{1}{z-1}\right)^{n+1}$$

$$=\sum_{n=1}^{+\infty}(-1)^{n+1}\left(\frac{1}{z-1}\right)^{n+1}.$$

本 章 小 结

本章在复数范围内讨论级数，介绍了泰勒级数和洛朗级数，其中洛朗级数是研究解析函数在孤立奇点的邻域内的性质及计算留数的重要工具，我们应能熟练运用间接展开法将解析函数在不同圆环域内展开成洛朗级数.

本章学习目的及要求

(1) 了解复数项级数的敛散性及有关概念，主要性质及重要定

理;

(2) 理解幂级数收敛的阿贝尔定理以及幂级数的收敛圆、收敛半径等概念，掌握幂级数的收敛半径的求法以及幂级数在收敛圆内的性质;

(3) 记住几个主要的初等函数的泰勒展开式，能熟练地把一些比较简单的初等函数展开成泰勒级数或求得展开式的起始几项，并确定其收敛半径;

(4) 理解洛朗级数的作用，并能把一些简单函数在不同圆环域内展开成洛朗级数.

本章内容要点

1. 复数项级数与复变函数项级数

(1) 对于复数列 $z_n = a_n + \mathrm{i}b_n$, $z = a + \mathrm{i}b$, $\lim\limits_{n \to \infty} z_n = z \Leftrightarrow \lim\limits_{n \to \infty} a_n = a$, $\lim\limits_{n \to \infty} b_n = b$; 复级数 $\sum\limits_{n=1}^{+\infty} z_n$ 收敛，且和为 $s_1 + \mathrm{i}s_2 \Leftrightarrow \sum\limits_{n=1}^{+\infty} a_n$ 和 $\sum\limits_{n=1}^{+\infty} b_n$ 同时收敛，且和分别为 s_1, s_2.

(2) 复级数 $\sum\limits_{n=1}^{+\infty} z_n$ 收敛的必要条件是 $\lim\limits_{n \to \infty} z_n = 0$.

(3) 复级数 $\sum\limits_{n=1}^{+\infty} |z_n|$ 收敛 $\Leftrightarrow \sum\limits_{n=1}^{+\infty} |a_n|$ 和 $\sum\limits_{n=1}^{+\infty} |b_n|$ 同时收敛.

(4) 若复变函数 $f_n(z)$ $(n = 1, 2, \cdots)$ 均定义在集合 D 上，且有不等式

$$|f_n(z)| \leqslant M_n \quad (n = 1, 2, \cdots)$$

成立. 如果正项级数 $\sum\limits_{n=1}^{+\infty} M_n$ 收敛, 则复变函数项级数 $\sum\limits_{n=1}^{+\infty} f_n(z)$ 在集合 D 上一致收敛.

2. 幂级数

(1) 定理 4.6[阿贝尔(Abel)定理]: 若幂级数 $\sum\limits_{n=0}^{+\infty} c_n(z - z_0)^n$ 在点 z_1 $(z_1 \neq z_0)$ 处收敛，那么对满足 $|z - z_0| < |z_1 - z_0|$ 的任何点 z, 级数不仅收敛，而且绝对收敛.

若幂级数 $\sum\limits_{n=0}^{+\infty} c_n(z - z_0)^n$ 在点 z_1 处发散，那么对满足 $|z - z_0| > |z_1 - z_0|$ 的任何点 z, 级数发散.

(2) 幂级数的收敛半径的求法: 若

$$r = \lim_{n \to \infty} \left| \frac{c_{n+1}}{c_n} \right| \text{ 或者 } r = \lim_{n \to \infty} \sqrt[n]{|c_n|},$$

那么当 $0 < r < +\infty$ 时，级数

$$\sum_{n=0}^{+\infty} c_n (z - z_0)^n$$

的收敛半径 $R = \dfrac{1}{r}$；当 $r = 0$ 时，$R = +\infty$；当 $r = +\infty$ 时，$R = 0$.

（3）幂级数的性质：设幂级数 $\sum\limits_{n=0}^{+\infty} c_n (z - a)^n$ 的收敛半径为 R，C 为收敛圆盘 $|z - a| < R$ 内的任一条光滑曲线，那么

①它的和函数

$$f(z) = \sum_{n=0}^{+\infty} c_n (z - a)^n$$

在收敛圆：$|z - a| < R$ 内解析，且

$$f^{(n)}(z) = n! c_n + \frac{(n+1)!}{1!} c_{n+1}(z - a) + \cdots \quad (\text{其中 } n = 1, 2, 3, \cdots).$$

②和函数 $f(z)$ 在 C 上可积，且

$$\int_C f(z) \, \mathrm{d}z = \sum_{n=0}^{+\infty} c_n \int_C (z - a)^n \mathrm{d}z.$$

3. 泰勒级数

（1）定理 4.10（泰勒定理）：设函数 $f(z)$ 在 z_0 点解析，则 $f(z)$ 在 z_0 的某个邻域能展成幂级数：

$$f(z) = f(z_0) + \frac{f'(z_0)}{1!}(z - z_0) + \frac{f''(z_0)}{2!}(z - z_0)^2 + \cdots +$$

$$\frac{f^{(n)}(z_0)}{n!}(z - z_0)^n + \cdots.$$

（2）函数展开成泰勒级数的方法：直接法（直接用泰勒定理）与间接法. 所谓间接法就是根据函数的幂级数展开式的唯一性，利用一些已知函数的幂级数展开式，如 $\dfrac{1}{1-z}$，e^z，$\sin z$，$\cos z$，$\ln(1+z)$，$(1+z)^\alpha$ 等函数的幂级数展开式，通过对幂级数进行变量代换、逐项求导、逐项积分等，求出函数的幂级数展开式.

4. 洛朗级数

（1）幂级数的 $\sum\limits_{n=-\infty}^{+\infty} c_n(z-z_0)^n$ 的收敛域为圆环 $r < |z-z_0| < R$，其内、外半径可分别由 $\sum\limits_{n=0}^{+\infty} c_n(z-z_0)^n$ 和 $\sum\limits_{n=-\infty}^{-1} c_n(z-z_0)^n$ 的收敛半径来确定.

（2）定理 4.12（洛朗定理）：若 $f(z)$ 在圆环域

$$r < |z-z_0| < R, \ 0 \leqslant r \leqslant R < +\infty$$

内解析，则 $f(z)$ 在此圆环域内必可展开成洛朗级数

$$f(z) = \sum_{n=-\infty}^{+\infty} c_n(z-z_0)^n,$$

其中 $c_n = \dfrac{1}{2\pi i} \oint_C \dfrac{f(\xi)}{(\xi-z_0)^{n+1}} d\xi$ $(n=0, \pm1, \pm2, \cdots)$，当 $n \geqslant 0$ 时，C 为圆周 $|z-z_0|=R$；当 $n<0$ 时，C 为圆周 $|z-z_0|=r$.

综合练习题 4

1. 判断下列数列是否收敛？如果收敛，请求出它们的极限：

（1）$a_n = \dfrac{1+ni}{1-ni}$；　　　　（2）$a_n = \left(1+\dfrac{i}{3}\right)^{-n}$；

（3）$a_n = \dfrac{1+(-i)^{2n+1}}{n}$；　　（4）$a_n = e^{-\frac{n\pi i}{2}}$.

2. 判别下列级数的敛散性，如果收敛，请指出是绝对收敛还是条件收敛：

（1）$\sum\limits_{n=2}^{+\infty} \dfrac{i^n}{\ln n}$；　　　（2）$\sum\limits_{n=0}^{+\infty} \dfrac{(6+5i)^n}{8^n}$；

（3）$\sum\limits_{n=0}^{+\infty} \dfrac{\cos in}{2^n}$；　　　（4）$\sum\limits_{n=0}^{+\infty} \dfrac{n^2}{5^n}(1+2i)^n$.

3. 设复数 $z_1, z_2, \cdots, z_n, \cdots$ 全部满足 $\mathrm{Re}(z_i) \geqslant 0\,(i=1, 2, \cdots, n, \cdots)$，且 $\sum\limits_{n=1}^{+\infty} z_n$ 和 $\sum\limits_{n=1}^{+\infty} z_n^2$ 都收敛，证明：$\sum\limits_{n=1}^{+\infty} |z_n|^2$ 也收敛.

4. 求下列幂级数的收敛半径：

（1）$\sum\limits_{n=0}^{+\infty} \dfrac{z^n}{n^p}$；　　　（2）$\sum\limits_{n=0}^{+\infty} \dfrac{(n!)^2 z^n}{n^n}$；

（3）$\sum\limits_{n=0}^{+\infty} \dfrac{(-2)^n z^n}{n(n+1)}$；　　（4）$\sum\limits_{n=1}^{+\infty} \dfrac{\sin\frac{n}{2}\pi}{n!} z^n$.

5. 把下列函数在 $z=0$ 处展开成幂级数：

(1) e^{-z^2}；　　　(2) $\dfrac{1}{1+z^3}$；　　　(3) $\sin^2 z$；

(4) $\dfrac{z}{(1-z)^2}$；　　(5) $\displaystyle\int_0^z \dfrac{\cos z}{z}\mathrm{d}z$；　　(6) $e^z\cos\mathrm{i}z$.

6. 将下列函数在指定点展开成幂级数，并指出收敛域：

(1) $\dfrac{z-1}{z+1}$ 在 $z=1$ 处；　　　　(2) e^z 在 $z=1$ 处；

(3) $\dfrac{1}{z^2-2z+10}$ 在 $z=1$ 处；　　(4) $\sin z^2$ 在 $z=0$ 处；

(5) $\displaystyle\int_0^z e^{z^2}\mathrm{d}z$ 在 $z=0$ 处；　　(6) $\dfrac{z-1}{(1+z)^2}$ 在 $z=0$ 处.

7. 假设函数 $f(z)=e^{z^2}$，则 $f^{(2n)}(0)=\dfrac{(2n)!}{n!}$，试不用直接求导计算（提示：用泰勒展开式）.

8. 将下列函数在指定圆环域内展开成洛朗级数：

(1) $\dfrac{1}{z(1-z)^2}$，$0<|z|<1$，$0<|z-1|<1$；

(2) $\dfrac{1}{(z-1)(z-2)}$，$0<|z-1|<1$，$0<|z-2|<+\infty$；

(3) $\dfrac{1}{(z-2)(z-3)}$ 在 $2<|z|<3$ 内；

(4) $\dfrac{z-1}{z^2}$ 在 $|z-1|>1$ 内；

(5) $\sin\dfrac{z}{z+1}$ 在 $0<|z+1|<+\infty$ 内；

(6) $e^{-\frac{1}{z^2}}$ 在 $0<|z|<+\infty$ 内；

(7) $\dfrac{1}{z(z^2+1)}$ 分别在 $0<|z|<1$ 与 $1<|z|<+\infty$ 内；

(8) $\dfrac{1}{z(z+2)^3}$ 在 $0<|z+2|<2$ 内.

自 测 题 4

1. 判别正误，并说明理由：

(1) 每一个幂级数在它的收敛圆周上处处收敛；

(2) 每一个幂级数在它的收敛圆内的和函数都是解析函数；

(3) 若幂级数 $\sum\limits_{n=0}^{\infty} c_n(z-2)^n$ 在 $z=0$ 处收敛，则在 $z=3$ 处必发散；

(4) 在洛朗级数 $\sum\limits_{n=-\infty}^{+\infty} c_n(z-z_0)^n$ 中，由于 $c_n = \dfrac{1}{2\pi i}\oint_C \dfrac{f(z)}{(z-z_0)^{n+1}}\mathrm{d}z$ ，由解析

函数的高阶导数公式 $f^{(n)}(z_0) = \dfrac{n!}{2\pi i}\oint_C \dfrac{f(z)}{(z-z_0)^{n+1}}\mathrm{d}z$ 可知 $c_n = \dfrac{f^{(n)}(z_0)}{n!}$.

2. 判别下列级数的敛散性，若收敛，指出是否是绝对收敛：

(1) $\sum\limits_{n=1}^{+\infty}\left(\dfrac{1}{n} + \dfrac{i}{2^n}\right)$;　　　(2) $\sum\limits_{n=1}^{+\infty} \dfrac{(3+5i)^n}{n!}$.

3. 求下列幂级数的收敛半径：

(1) $\sum\limits_{n=1}^{+\infty} \dfrac{(z-1)^n}{n}$;　　　(2) $\sum\limits_{n=0}^{+\infty} \dfrac{z^n}{\mathrm{e}^n}$;　　　(3) $\sum\limits_{n=1}^{\infty}\left(1 - \dfrac{1}{n}\right)^n z^n$.

4. 将下列函数展开成幂级数，并指出收敛域：

(1) $\dfrac{1}{(z-2)^2}$ 在 $z=1$ 处；

(2) $\dfrac{1}{z^2 - 3z + 2}$ 在 $z=0$ 处；

(3) $\cos^2 z$ 在 $z=0$ 处.

5. 将下列函数在指定圆环域内展开成洛朗级数：

(1) $\dfrac{1}{(z^2+1)(z-2)}$ 在 $1 < |z| < 2$ 内；

(2) $\dfrac{1}{z(1-z)^2}$ 分别在 $0 < |z| < 1$ 与 $0 < |z-1| < 1$ 内；

(3) $\dfrac{\cos z}{z - \dfrac{\pi}{2}}$ 在 $0 < \left| z - \dfrac{\pi}{2} \right| < +\infty$ 内.

第 5 章 留数及其应用

留数是复变函数论中的重要概念之一，留数理论是复积分和复级数理论相结合的产物，在复积分、实广义积分以及积分变换中有广泛的应用. 本章以洛朗级数为工具，先对解析函数的孤立奇点进行分类，再引入留数概念，介绍留数的计算方法和留数定理，从而运用留数定理计算沿闭路的复积分，并运用留数计算一些定积分中的广义积分.

本章预习提示：柯西积分公式、高阶导公式、闭路变形原理、洛朗级数的展开法.

5.1 孤立奇点和零点

5.1.1 孤立奇点的定义及性质

定义 5.1 若 $f(z)$ 在 z_0 处不解析，但在 z_0 的某一去心邻域 $0 < |z - z_0| < \delta$ 内处处解析，则称 z_0 为 $f(z)$ 的孤立奇点.

例1 求 $f(z) = \dfrac{z}{z^2 - 1}$ 的孤立奇点.

解 $f(z)$ 在 $z = 1$ 和 $z = -1$ 处无定义，故不解析，而 $f(z)$ 在 $0 < |z - 1| < \dfrac{1}{2}$ 和 $0 < |z + 1| < \dfrac{1}{2}$ 内处处可导，即处处解析. 所以 $z = -1$ 和 $z = 1$ 是 $f(z)$ 的孤立奇点.

例2 求 $f(z) = \dfrac{1}{\sin \dfrac{1}{z}}$ 的孤立奇点.

解 显然，当 $z = 0$ 及 $z = \dfrac{1}{k\pi}$（$k \in \mathbf{Z}$，$k \neq 0$）时，$f(z)$ 均不解析.

当 $z = 0$ 时，对于任意的 $\delta > 0$，在 $0 < |z| < \delta$ 内，总有 $z = \dfrac{1}{k\pi}$，

使 $f(z)$ 不解析，故 $z=0$ 是 $f(z)$ 的奇点，但不是孤立奇点.

当 $z=\dfrac{1}{k\pi}(k\in\mathbf{Z},\ k\neq0)$ 时，可取 $\delta=\dfrac{1}{(k+1)^2}$，在 $0<\left|z-\dfrac{1}{k\pi}\right|<$

δ 内，$f(z)$ 无奇点，故 $z=\dfrac{1}{k\pi}$ 是 $f(z)$ 的孤立奇点.

由于在孤立奇点 $z=z_0$ 的去心邻域内 $f(z)$ 可展开成洛朗级数

$$f(z)=\sum_{n=-\infty}^{+\infty}c_n(z-z_0)^n,\quad 0<|z-z_0|<R,$$

则根据 $f(z)$ 的洛朗级数展开式，我们可将孤立奇点作如下分类：

（1）若对一切 $n<0$，$c_n=0$，则称 z_0 是 $f(z)$ 的**可去奇点**；

（2）若 $n<0$ 时，只有有限个（至少一个）$c_n\neq0$，则称 z_0 是 $f(z)$ 的**极点**. 若 $n<-m$ 时，$c_n=0$，而 $n=-m$ 时，$c_{-m}\neq0(m>0)$，则称 z_0 是 $f(z)$ 的 m **级极点**；

（3）若 $n<0$ 时，有无限多个 $c_n\neq0$，则称 z_0 是 $f(z)$ 的**本性奇点**.

实际上，根据孤立奇点分类的上述规定，用简单的语言叙述就是：

设 z_0 是 $f(z)$ 的孤立奇点，如果 $f(z)$ 在 z_0 的去心邻域内洛朗级数中不含 $(z-z_0)$ 的负幂项，则 z_0 就是 $f(z)$ 的可去奇点；如果 $f(z)$ 的洛朗级数中只含有有限个 $(z-z_0)$ 的负幂项，且 $(z-z_0)$ 的最低负幂项是

$$c_{-m}(z-z_0)^{-m}\quad(c_{-m}\neq0),$$

则 z_0 就是 $f(z)$ 的 m 级极点；如果 $f(z)$ 的洛朗级数中有无穷多个 $(z-z_0)$ 的负幂项，则 z_0 是 $f(z)$ 的本性奇点.

例3 讨论 $\dfrac{\sin z}{z}$，$\dfrac{1-\cos z}{z^3}$，$\mathrm{e}^{\frac{1}{z}}$ 的孤立奇点 $z=0$ 的类型.

解　因为

$$\frac{\sin z}{z}=1-\frac{z^2}{3!}+\frac{z^4}{5!}-\cdots+(-1)^{n+1}\frac{z^{2n-2}}{(2n-1)!}\cdots,\quad 0<|z|<+\infty;$$

$$\frac{1-\cos z}{z^3}=\frac{-1}{2!}\frac{1}{z}+\frac{z}{4!}-\frac{z^3}{6!}+\cdots+(-1)^n\frac{z^{2n-3}}{(2n)!}+\cdots,\quad 0<|z|<+\infty;$$

$$\mathrm{e}^{\frac{1}{z}}=1+\frac{1}{z}+\frac{1}{2!}\frac{1}{z^2}+\cdots+\frac{1}{n!}\frac{1}{z^n}+\cdots,\quad 0<|z|<+\infty,$$

所以，$z=0$ 分别是 $\dfrac{\sin z}{z}$ 的可去奇点、$\dfrac{1-\cos z}{z^3}$ 的一级极点（单级点）、$e^{\frac{1}{z}}$ 的本性奇点.

定理 5.1 设 $f(z)$ 在

$$0 < |z-z_0| < R \quad (R>0)$$

内解析，那么 z_0 是 $f(z)$ 的可去奇点的充要条件是 $\lim\limits_{z\to z_0} f(z)$ 存在，且

$$\lim_{z\to z_0} f(z) = c_0,$$

其中 c_0 为复常数，或 $f(z)$ 在 $0 < |z-z_0| < \delta < R$ 内有界.

证 先证必要性.

由 z_0 是 $f(z)$ 的可去奇点可得到

$$f(z) = c_0 + c_1(z-z_0) + \cdots + c_n(z-z_0)^n + \cdots, \quad 0 < |z-z_0| < R.$$

根据 $f(z)$ 的洛朗展开式可知

$$\lim_{z\to z_0} f(z) = c_0,$$

即存在 $M>0$，使得 $f(z)$ 在 z_0 某去心邻域内有

$$|f(z)| \leqslant M.$$

再证充分性.

若 $\lim\limits_{z\to z_0} f(z)$ 存在且为 c_0，即存在 $M>0$，使得 $f(z)$ 在 z_0 的某邻域内满足

$$|f(z)| \leqslant M.$$

根据 $f(z)$ 的洛朗展开式有

$$f(z) = \sum_{n=-\infty}^{+\infty} c_n(z-z_0)^n,$$

其中

$$c_n = \frac{1}{2\pi i}\oint_{|z-z_0|=\delta} \frac{f(z)\,\mathrm{d}z}{(z-z_0)^{n+1}} \quad (0 < \delta < R),$$

$$|c_n| \leqslant \frac{M}{2\pi\delta^{n+1}} \cdot 2\pi\delta = \frac{M}{\delta^n} \quad (n=0,\ \pm1,\ \pm2,\ \cdots).$$

当 $n<0$ 时，令 $\delta\to 0$，则

$$|c_n| < \frac{M}{\delta^n} \to 0,$$

所以，当 $n < 0$ 时，$c_n = 0$，z_0 是 $f(z)$ 的可去奇点.

由此，如果我们补充定义 $f(z_0) = c_0$，则 $f(z)$ 就在 z_0 处解析，可去奇点的奇异性可以去掉.

定理 5.2 设 z_0 是 $f(z)$ 的孤立奇点，那么 z_0 是 $f(z)$ 的 m 级极点的充要条件是

$$f(z) = \frac{1}{(z - z_0)^m} g(z),$$

其中，$g(z_0) \neq 0$，且 $g(z)$ 在 z_0 解析.

证 先证必要性.

若 z_0 是 $f(z)$ 的 m 级极点，那么 $f(z)$ 在 z_0 处的洛朗级数为

$$f(z) = c_{-m} \frac{1}{(z - z_0)^m} + c_{-m+1} \frac{1}{(z - z_0)^{m-1}} + \cdots + c_0 + c_1(z - z_0) + \cdots$$

其中，$0 < |z - z_0| < R$，$c_{-m} \neq 0$.

设 $g(z)$ 为 $\sum\limits_{n=-m}^{+\infty} c_n (z - z_0)^{n+m}$ 在收敛域内的和函数，则

$$f(z) = \frac{1}{(z - z_0)^m} \left[c_{-m} + c_{-m+1}(z - z_0) + \cdots + c_0(z - z_0)^m + \cdots \right]$$

$$= \frac{1}{(z - z_0)^m} g(z),$$

其中，$0 < |z - z_0| < R$.

显然，和函数 $g(z)$ 在 $|z - z_0| < R$ 内解析，且

$$g(z_0) = c_{-m} \neq 0,$$

再证充分性.

若

$$f(z) = \frac{1}{(z - z_0)^m} g(z)$$

其中，$g(z_0) \neq 0$，且 $g(z)$ 在 z_0 解析.

由泰勒定理可知，

$$g(z) = \sum_{n=0}^{+\infty} c_n (z - z_0)^n,$$

令 $z = z_0$，$g(z_0) = c_0 \neq 0$，$|z - z_0| < R$，则

所以

$$f(z) = \frac{c_0}{(z-z_0)^m} + \frac{c_1}{(z-z_0)^{m-1}} + \cdots + c_m +$$
$$c_{m+1}(z-z_0) + \cdots, \quad 0 < |z-z_0| < R.$$

从而，$z = z_0$ 是 $f(z)$ 的 m 级极点.

由定理 5.2 我们还可得到

推论 5.1 若 z_0 是 $f(z)$ 的孤立奇点，则 z_0 是 $f(z)$ 的 m 级极点的充要条件是

$$\lim_{z \to z_0} f(z) = \infty, \quad \text{且} \lim_{z \to z_0} (z-z_0)^m f(z) = c_{-m} \neq 0.$$

这里 m 是大于 0 的正整数，c_{-m} 为复常数.

定理 5.3 设 $f(z)$ 在 $0 < |z-z_0| < R(R > 0)$ 内解析，那么 z_0 是 $f(z)$ 的本性奇点的充要条件是当 $z \to z_0$ 时，$f(z)$ 的极限不存在且不为无穷大.

此结论由定理 5.1 和定理 5.2 很容易推出.

例 4 讨论 $f(z) = \dfrac{z-1}{(z^2-1)(2+z)^2}$ 的孤立奇点类型.

解 $z = \pm 1$，$z = -2$ 是 $f(z)$ 的孤立奇点.

由

$$\lim_{z \to 1} f(z) = \lim_{z \to 1} \frac{1}{(z+1)(z+2)^2} = \frac{1}{2 \cdot 3^2} = \frac{1}{18},$$

$$\lim_{z \to -1} (z+1) f(z) = \lim_{z \to -1} \frac{z-1}{(z-1)(z+2)^2} = \lim_{z \to -1} \frac{1}{(z+2)^2} = 1,$$

$$\lim_{z \to -2} (z+2)^2 f(z) = \lim_{z \to -2} \frac{z-1}{z^2-1} = \lim_{z \to -2} \frac{1}{z+1} = -1,$$

可知 $z = 1$ 是可去奇点，$z = -1$ 是一级极点，$z = -2$ 是二级极点.

5.1.2 零点

定义 5.2 若 $f(z)$ 在 z_0 处解析，且 $f(z_0) = 0$，则称 z_0 为 $f(z)$ 的零点.

我们可对零点进一步细分，有以下定义：

定义 5.3 若 $f(z) = (z-z_0)^m g(z)$，$g(z)$ 在 z_0 处解析，且 $g(z_0) \neq 0$，m 为某正整数，则称 z_0 为 $f(z)$ 的 m 阶零点.

根据定义 5.3，若 $g(z)$ 可以在 z_0 处展开成泰勒级数

$$g(z) = \sum_{n=0}^{+\infty} a_n (z - z_0)^n,$$

其中 $g(z_0) = a_0 \neq 0$，$|z - z_0| < R$.

那么

$$f(z) = (z - z_0)^m \cdot \sum_{n=0}^{+\infty} a_n (z - z_0)^n$$

$$= \sum_{n=0}^{+\infty} a_n (z - z_0)^{m+n}, \quad |z - z_0| < R.$$

比较 $f(z) = \sum_{n=0}^{+\infty} c_n (z - z_0)^n$ 的同次项系数可知，

$$c_0 = c_1 = \cdots = c_{m-1} = 0, \quad c_m = a_0 \neq 0,$$

由 $\dfrac{f^{(n)}(z_0)}{n!} = c_n$，得

$$f(z_0) = f'(z_0) = \cdots = f^{(m-1)}(z_0) = 0, \quad f^{(m)}(z_0) \neq 0.$$

反之，若

$$f(z_0) = f'(z_0) = \cdots = f^{(m-1)}(z_0) = 0, \quad f^{(m)}(z_0) \neq 0,$$

由 $\dfrac{f^{(n)}(z_0)}{n!} = c_n$，得

$$f(z) = \sum_{n=m}^{+\infty} c_n (z - z_0)^n$$

$$= (z - z_0)^m \sum_{n=m}^{+\infty} c_n (z - z_0)^{n-m}, \quad |z - z_0| < R.$$

令

$$\sum_{n=m}^{+\infty} c_n (z - z_0)^{n-m} = g(z), \quad g(z_0) = c_m \neq 0, \quad g(z) \text{ 在 } z_0 \text{ 处解析},$$

则

$$f(z) = (z - z_0)^m g(z).$$

这样我们又有如下定理.

定理 5.4 设 $f(z)$ 在 z_0 处解析，那么 z_0 为 $f(z)$ 的 m 级零点的充要条件为

$$f(z_0) = f'(z_0) = \cdots = f^{(m-1)}(z_0) = 0, \text{ 且 } f^{(m)}(z_0) \neq 0,$$

或 $f(z)$ 在 z_0 的泰勒展开式中

$$c_0 = c_1 = \cdots = c_{m-1} = 0 \text{ 且 } c_m \neq 0.$$

例5 分析 $f(z) = 0$ 的零点类型.

解 复平面上任一点 z_0 都是 $f(z)$ 的零点, 且 $f(z)$ 在 z_0 处解析. 但在 z_0 附近 $f(z)$ 也是 0, 而且

$$f(z_0) = f'(z_0) = \cdots = f^{(n)}(z_0) = 0 \quad (n \text{ 为任意正整数}).$$

即 $f(z_0)$ 的任意阶导数都是 0, 故 $z = z_0$ 不是 m 级零点.

例6 分析 $f(z) = \dfrac{(z-1)^2}{z^2+1}$ 的零点类型.

解 由 $f(z) = (z-1)^2 \cdot \dfrac{1}{z^2+1} = (z-1)^2 \cdot g(z)$,

这里, $g(z)$ 在 $z = 1$ 处解析, 且

$$g(1) = \frac{1}{1^2+1} = \frac{1}{2} \neq 0,$$

所以, $z = 1$ 是 $f(z)$ 的二级零点.

下面我们讨论函数的零点与极点之间的关系.

定理 5.5 z_0 是 $f(z)$ 的 m 级极点的充要条件是 z_0 为 $\dfrac{1}{f(z)}$ 的 m 级零点, m 为某正整数.

证 先证必要性.

由于 z_0 是 $f(z)$ 的 m 级极点, 则

$$f(z) = \frac{1}{(z-z_0)^m} g(z), \quad g(z) \text{ 在 } z_0 \text{ 解析, 且 } g(z_0) \neq 0.$$

当 $z \neq z_0$ 时,

$$\frac{1}{f(z)} = (z-z_0)^m \frac{1}{g(z)} = (z-z_0)^m h(z),$$

令 $h(z) = \dfrac{1}{g(z)}$ 在 z_0 处解析, 且

$$h(z_0) = \frac{1}{g(z_0)} \neq 0.$$

若 $\dfrac{1}{f(z_0)} = 0$, 则 z_0 是 $\dfrac{1}{f(z)}$ 的 m 级零点.

再证充分性.

若 z_0 是 $\dfrac{1}{f(z)}$ 的 m 阶零点, $\dfrac{1}{f(z)} = (z-z_0)^m g(z)$, $g(z)$ 在 z_0 处解

析，且 $g(z_0) \neq 0$，则

$$f(z) = \frac{1}{(z - z_0)^m g(z)} = \frac{h(z)}{(z - z_0)^m},$$

这里 $h(z) = \dfrac{1}{g(z)}$ 也在 z_0 处解析，且

$$h(z_0) = \frac{1}{g(z_0)} \neq 0,$$

则 z_0 是 $f(z)$ 的 m 级极点.

此定理为判别函数的极点提供了一种有效的方法.

例 7 讨论函数 $f(z) = \dfrac{1}{\sin z}$ 的奇点的类型.

解 显然，$z = k\pi (k \in \mathbf{Z})$ 是 $f(z)$ 的孤立奇点，又

$$\frac{1}{f(z)} = \sin z,$$

由

$$\sin k\pi = 0, \quad (\sin z)' = \cos z$$

得

$$\left[\frac{1}{f(k\pi)}\right]' = \pm 1 \neq 0,$$

于是，$z = 0$ 和 $z = k\pi$ 是 $\sin z$ 的一级零点. 所以，$z = k\pi (k \in \mathbf{Z})$ 是 $f(z) = \dfrac{1}{\sin z}$ 的一级（单）极点.

5.1.3 无穷远点为孤立奇点

在扩充复平面上，有时利用无穷远点作为孤立奇点，可以给函数性质的讨论以及运算带来方便.

定义 5.4 设函数 $f(z)$ 在无穷远点 ∞ 的邻域 $R < |z| < +\infty (R \geq 0)$ 内解析，则无穷远点 ∞ 就称为 $f(z)$ 的孤立奇点.

根据定义条件，$f(z)$ 在 $R < |z| < +\infty$ 内有洛朗展开式

$$f(z) = \sum_{n=-\infty}^{+\infty} c_n(z^n) = \sum_{n=-\infty}^{+\infty} c_n z^n,$$

其中，$c_n = \dfrac{1}{2\pi i} \oint_{|z| = \xi > R} \dfrac{f(\xi) \, d\xi}{\xi^{n+1}} \quad (n = 0, \pm 1, \pm 2, \cdots).$

判别无穷远点作为函数 $f(z)$ 的孤立奇点类型时，相当于判别 $z = 0$ 作为 $f(z)$ 的孤立奇点的类型.

当函数 $f(z)$ 在 $R<|z|<+\infty\ (R\geqslant0)$ 内可展开成 $f(z)=\sum\limits_{n=-\infty}^{+\infty}c_nz^n$ 时，无穷远点作为孤立奇点可进行如下分类：

(1) 若 $n>0$ 时，所有 $c_n=0$，即
$$\lim_{z\to\infty}f(z)=c_0,$$
则称无穷远点是 $f(z)$ 的可去奇点；

(2) 若 $n>0$ 时，只有有限个 $c_n\neq0$，即 $m>0$，$c_m\neq0$ 且 $n>m$ 时，$c_n=0$，则称无穷远点是 $f(z)$ 的 m 级极点；

(3) 若 $n>0$ 时，有无穷多个 $c_n\neq0$，则称无穷远点是 $f(z)$ 的本性奇点.

这种分类方式与有限点作为孤立奇点的分类方式是相反的. 类似于有限点的孤立奇点的相关定理，我们也有：

定理 5.6 设 $f(z)$ 在 $R<|z|<+\infty\ (R\geqslant0)$ 内解析，那么 $z=\infty$ 是 $f(z)$ 的可去奇点、极点和本性奇点的充要条件分别是极限 $\lim\limits_{z\to\infty}f(z)$ 存在，$\lim\limits_{z\to\infty}f(z)=\infty$，$\lim\limits_{z\to\infty}f(z)$ 不存在且 $\lim\limits_{z\to\infty}f(z)\neq\infty$.

证明略.

例8 讨论
$$f(z)=\frac{2z^2}{z^2+1},\qquad g(z)=\frac{3+2z-4z^4}{z^2},\qquad h(z)=\mathrm{e}^z$$
三个函数在 ∞ 处的奇点类型.

解 在函数 $f(z)=\dfrac{2z^2}{z^2+1}$ 中，因为 $f(z)$ 在 $1<|z|<+\infty$ 内解析，无穷远点是 $f(z)$ 的孤立奇点，而
$$\lim_{z\to\infty}f(z)=\lim_{z\to\infty}\frac{2z^2}{z^2+1}=2,$$
所以 ∞ 是 $f(z)$ 的可去奇点.

在函数 $g(z)=\dfrac{3+2z-4z^4}{z^2}$ 中，

因为
$$g(z)=\frac{3}{z^2}+\frac{2}{z}-4z^2$$
在 $0<|z|<+\infty$ 内解析，$z=\infty$ 是 $g(z)$ 的孤立奇点，而 z 的正指数

项只有一项 $-4z^2$，故 ∞ 是 $g(z)$ 的二级极点.

函数 $h(z) = e^z$ 在 $0 \leqslant |z| < +\infty$ 内解析，而

$$e^z = 1 + z + \frac{z^2}{2!} + \cdots + \frac{z^n}{n!} + \cdots, \quad |z| < +\infty$$

中有无穷多项 z 的正指数项，所以 $z = \infty$ 是 $h(z)$ 的本性奇点.

例 9　讨论 $\dfrac{1}{\sin z}$ 在 ∞ 处奇点的类型.

解　由例 7 可知，$z = k\pi \, (k \in \mathbf{Z})$ 是 $\dfrac{1}{\sin z}$ 的一级极点. 在 ∞ 的任一邻域 $R < |z| < +\infty$ 内都存在着上述极点 $z = k\pi$，$R < |k\pi|$，因此，∞ 不是孤立奇点.

5.2　留数

本节介绍留数概念、留数与解析函数在孤立奇点去心邻域内的洛朗级数以及柯西闭路积分定理之间的联系.

5.2.1　留数及其相关概念

考虑积分 $\oint_C f(z)\,\mathrm{d}z$.

当 $f(z)$ 在简单闭曲线 C 上及 C 所围的区域 D 内解析时，

$$\oint_C f(z)\,\mathrm{d}z = 0;$$

当 $f(z)$ 在简单闭曲线 C 上解析，在 C 所围的区域 D 内有唯一孤立奇点 z_0 时，$f(z)$ 在 z_0 的去心邻域内有洛朗展开式

$$f(z) = \sum_{n=-\infty}^{+\infty} c_n (z - z_0)^n, 0 < |z - z_0| < R,$$

其中，$c_n = \dfrac{1}{2\pi \mathrm{i}} \oint_C \dfrac{f(\xi)\,\mathrm{d}\xi}{(\xi - z_0)^{n+1}}$.

故有

$$c_{-1} = \frac{1}{2\pi \mathrm{i}} \oint_C f(z)\,\mathrm{d}z,$$

这样

$$\oint_C f(z)\,\mathrm{d}z = 2\pi \mathrm{i} c_{-1}$$

可见，这个 c_{-1} 是与 $f(z)$ 沿闭曲线 C 的积分相联系的.

定义 5.5　设 z_0 是 $f(z)$ 的孤立奇点，则 $f(z)$ 在 z_0 的洛朗展开式为

$$f(z) = \sum_{n=-\infty}^{+\infty} c_n(z-z_0)^n, 0 < |z-z_0| < R$$

式中，$c_{-1}(z-z_0)^{-1}$ 项的系数 c_{-1} 称为 $f(z)$ 在 z_0 处的留数，记作 $\mathrm{Res}[f(z), z_0]$，即

$$\mathrm{Res}[f(z), z_0] = c_{-1} = \frac{1}{2\pi i} \oint_{|z-z_0|=r<R} f(z)\,\mathrm{d}z.$$

例1　求 $z^2 \mathrm{e}^{\frac{1}{z}}$ 在孤立奇点 $z=0$ 处的留数.

解　在 $0 < |z| < +\infty$ 内，

$$z^2 \mathrm{e}^{\frac{1}{z}} = z^2 \left(\sum_{n=0}^{+\infty} \frac{1}{n!z^n} \right) = z^2 + z + \frac{1}{2!} + \frac{1}{3!z} + \frac{1}{4!z^2} + \cdots$$

那么含 $\dfrac{1}{z}$ 项的系数是 $\dfrac{1}{3!} = \dfrac{1}{6}$，故

$$\mathrm{Res}\left[z^2 \mathrm{e}^{\frac{1}{z}}, 0 \right] = \frac{1}{6}.$$

例2　求 $\dfrac{1-\cos z}{z^2}$ 在孤立奇点 $z=0$ 处的留数.

解　在 $0 < |z| < +\infty$ 内，

$$\frac{1-\cos z}{z^2} = \frac{1}{z^2}\left(\frac{z^2}{2!} - \frac{z^4}{4!} + \frac{z^6}{6!} - \cdots \right) = \frac{1}{2!} - \frac{z^2}{4!} + \frac{z^6}{6!} - \cdots$$

因为 $z=0$ 是可去奇点，展开式中不含 $\dfrac{1}{z}$ 项，故

$$\mathrm{Res}\left[\frac{1-\cos z}{z^2}, 0 \right] = 0.$$

计算孤立奇点处的留数，除了运用定义 5.5 外，还可以根据孤立奇点的分类，采用下面的方法计算.

法则 5.1　如果 z_0 是 $f(z)$ 的解析点或可去奇点，则

$$\mathrm{Res}[f(z), z_0] = 0.$$

法则 5.2　如果 z_0 是 $f(z)$ 的单极点（一级极点），则

$$\mathrm{Res}[f(z), z_0] = \lim_{z \to z_0}(z-z_0)f(z).$$

证 由 z_0 是 $f(z)$ 的单极点可知，$f(z)$ 在 z_0 的洛朗展开式为

$$f(z) = c_{-1}(z - z_0)^{-1} + c_0 + c_1(z - z_0) + \cdots, \quad 0 < |z - z_0| < R.$$

于是

$$(z - z_0)f(z) = c_{-1} + c_0(z - z_0) + c_1(z - z_0)^2 + \cdots$$

其中，$c_{-1} \neq 0$.

所以

$$\lim_{z \to z_0}(z - z_0)f(z) = c_{-1},$$

即

$$\mathrm{Res}[f(z), \ z_0] = \lim_{z \to z_0}(z - z_0)f(z).$$

法则 5.3 如果 z_0 是 $f(z)$ 的 m 级极点，且 $m > 1$，则

$$\mathrm{Res}[f(z), \ z_0] = \frac{1}{(m-1)!}\lim_{z \to z_0}\frac{\mathrm{d}^{m-1}}{\mathrm{d}z^{m-1}}[(z - z_0)^m f(z)].$$

证 由 z_0 是 $f(z)$ 的 m 级极点，其洛朗展开级数为

$$f(z) = c_{-m}(z - z_0)^{-m} + \cdots + c_{-1}(z - z_0)^{-1} + c_0 + c_1(z - z_0) + \cdots$$

其中，$c_{-m} \neq 0, \ 0 < |z - z_0| < R.$

于是

$$(z - z_0)^m f(z) = c_{-m} + c_{-m+1}(z - z_0) + \cdots + c_{-1}(z - z_0)^{m-1} + c_0(z - z_0)^m + \cdots,$$

两边连续求导 $m - 1$ 次可得

$$\frac{\mathrm{d}^{m-1}}{\mathrm{d}z^{m-1}}[(z - z_0)^m f(z)] = (m-1)! \ c_{-1} + m! \ c_0(z - z_0) + \cdots,$$

因此

$$\frac{1}{(m-1)!}\lim\frac{\mathrm{d}^{m-1}}{\mathrm{d}z^{m-1}}[(z - z_0)^m f(z)] = c_{-1} = \mathrm{Res}[f(z), \ z_0].$$

例 3 计算 $f(z) = \dfrac{z-1}{(z^2-1)(2-z)^2}$ 在各孤立奇点的留数.

解 $f(z) = \dfrac{z-1}{(z^2-1)(2-z)^2}$ 有 $z = \pm 1$，$z = 2$ 三个孤立奇点，其中 $z = 1$ 是可去奇点，$z = -1$ 是一级极点，$z = 2$ 是二级极点.

那么

$$\mathrm{Res}[f(z), \ 1] = 0;$$

$$\mathrm{Res}[f(z), \ -1] = \lim_{z \to -1}(z+1)f(z) = \lim_{z \to -1}\frac{(z+1)}{(z+1)(2-z)^2} = \frac{1}{9};$$

$$\mathrm{Res}[f(z),\,2] = \frac{1}{(2-1)\,!}\lim_{z\to 2}\big[\,(z-2)^2 f(z)\,\big]'$$

$$= \lim_{z\to 2}\Big(\frac{1}{z+1}\Big)' = \lim_{z\to 2}\frac{-1}{(z+1)^2} = -\frac{1}{9}.$$

5.2.2　无穷远点的留数

若无穷远点 ∞ 是函数 $f(z)$ 的孤立奇点，则我们也可以定义 $f(z)$ 在 ∞ 的留数.

定义 5.6　若 $f(z)$ 在 $R < |z| < +\infty$ 内解析，即 ∞ 是 $f(z)$ 的一个孤立奇点，则称

$$\frac{1}{2\pi\mathrm{i}}\oint_{C^-} f(z)\,\mathrm{d}z \quad (\text{其中},\,C: |z| = \zeta > R)$$

为 $f(z)$ 在 ∞ 的留数，记为 $\mathrm{Res}[f(z),\,\infty\,]$，$C^-$ 的方向为顺时针方向.

无穷远点作为 $f(z)$ 的孤立奇点，分别是可去奇点、极点和本性奇点. 但是，∞ 如果是 $f(z)$ 的可去奇点，那么 $\mathrm{Res}[f(z),\,\infty\,]$ 不一定为 0，这与 z_0 是 $f(z)$ 的可去奇点，$\mathrm{Res}[f(z),\,z_0] = 0$ 时是不一样的.

定理 5.7　若 ∞ 是 $f(z)$ 的孤立奇点，则

$$\mathrm{Res}[f(z),\,\infty\,] = -\mathrm{Res}\Big[f\Big(\frac{1}{z}\Big)\cdot\frac{1}{z^2},\,0\Big].$$

证　由定理条件可知

$$f(z) = \sum_{n=-\infty}^{+\infty} c_n z^n,\quad R < |z| < +\infty,\quad R \geqslant 0.$$

作变换 $w = \dfrac{1}{z}$，代入上式有

$$f\Big(\frac{1}{w}\Big) = \varPhi(w) = \sum_{n=-\infty}^{+\infty} c_n \frac{1}{w^n} = \sum_{n=-\infty}^{+\infty} b_n w^n,\quad 0 < |w| < \frac{1}{R}.$$

当 $R = 0$ 时，$0 < |w| < +\infty$，这里 $c_n = b_{-n}$（$n = 0,\ \pm 1,\ \pm 2,\ \cdots$）.

这样，$\varPhi(w)$ 以 $w = 0$ 为孤立奇点，$\dfrac{1}{z}$ 项或 w 项的系数为 $c_{-1} = b_1$.

又

$$f\left(\frac{1}{w}\right) \cdot \frac{1}{w^2} = \frac{1}{w^2} \sum_{n=-\infty}^{+\infty} b_n w^n = \sum_{n=-\infty}^{+\infty} b_n w^{n-2}, \quad 0 < |w| < \frac{1}{R}.$$

其中，w^{-1} 的项的系数也是 b_1，即 c_{-1}，可得：

$$\text{Res}[f(z), \infty] = -\text{Res}\left[f\left(\frac{1}{z}\right) \cdot \frac{1}{z^2}, 0\right],$$

且 $f(z)$ 在 ∞ 的留数是 $f(z)$ 在 $R < |z| < +\infty$ 的洛朗展开级数 $f(z) = \sum_{n=-\infty}^{+\infty} c_n(z)^n$ 中 c_{-1} 的相反数，即

$$\text{Res}[f(z), \infty] = -c_{-1}.$$

这种利用倒数变换将无穷远点变为原点作为孤立奇点进行处理的方法还有更多的应用.

例 4 求 $\text{Res}[f(z), \infty]$，其中 $f(z) = \dfrac{1}{z(2+z)}$.

解 $f(z)$ 在 $2 < |z| < +\infty$ 的洛朗展开式为

$$f(z) = \frac{1}{z(2+z)} = \frac{1}{z} \cdot \frac{1}{z\left(1 + \dfrac{2}{z}\right)} = \frac{1}{z^2} \sum_{n=0}^{+\infty} (-1)^n \left(\frac{2}{z}\right)^n$$

这里不含 z^{-1}，故 $c_{-1} = 0$，所以

$$\text{Res}[f(z), \infty] = 0.$$

例 5 已知 $f(z) = \dfrac{z^2}{(z^2+1)(2-z)}$，求 $\text{Res}[f(z), \infty]$.

解 由题意可得

$$f\left(\frac{1}{z}\right) \cdot \frac{1}{z^2} = \frac{z^{-2}}{\left(\dfrac{1}{z^2}+1\right)\left(2 - \dfrac{1}{z}\right) \cdot z^2} = \frac{1}{z(1+z^2)(2z-1)}.$$

则 $z = 0$ 是 $f\left(\dfrac{1}{z}\right) \cdot \dfrac{1}{z^2}$ 的一级极点，于是

$$\text{Res}\left[f\left(\frac{1}{z}\right) \cdot \frac{1}{z^2}, 0\right] = \lim_{z \to 0} \frac{z}{z(1+z^2)(2z-1)} = -1,$$

即

$$\text{Res}[f(z), \infty] = 1.$$

5.3 留数定理

前一节，我们主要考虑怎样计算留数，下面我们要介绍的是如何利用留数去计算闭曲线上的积分.

定理 5.8（留数定理） 设函数 $f(z)$ 在区域 D 内除有限个孤立奇点 z_1，z_2，$\cdots$，z_m 外处处解析，C 是 D 内包围各奇点的一条简单闭曲线，那么

$$\oint_C f(z)\mathrm{d}z = 2\pi\mathrm{i} \sum_{k=1}^{m} \mathrm{Res}[f(z),z_k].$$

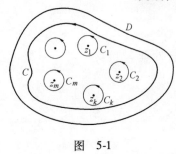

图　5-1

证 以每个孤立奇点 z_k 为中心，很小的正数 r 为半径作圆 C_k：$|z-z_k|=r$，使得这些小圆互不相交，也不与 C 相交. 如图 5-1 所示，

则 $f(z)$ 在边界 $C + C_1^- + C_2^- + \cdots + C_m^-$ 及其所围的多连通区域上解析. 由柯西积分定理得

$$\oint_C f(z)\mathrm{d}z = \sum_{k=1}^{m} \oint_{C_k} f(z)\mathrm{d}z = 2\pi\mathrm{i} \sum_{k=1}^{m} \frac{1}{2\pi\mathrm{i}} \oint_{C_k} f(z)\mathrm{d}z$$

$$= 2\pi\mathrm{i} \sum_{k=1}^{m} \mathrm{Res}[f(z),z_k].$$

如果区域 D 是整个复平面，则由

$$\mathrm{Res}[f(z),\infty] = \frac{1}{2\pi\mathrm{i}} \oint_{C^-} f(z)\mathrm{d}z = \frac{-1}{2\pi\mathrm{i}} \oint_C f(z)\mathrm{d}z,$$

又得到

推论 5.2 若函数 $f(z)$ 在扩充复平面上只有有限个孤立奇点 z_1，z_2，$\cdots$，z_m，∞，则各孤立奇点的留数之和为 0，即

$$\sum_{k=1}^{m} \mathrm{Res}[f(z),z_k] + \mathrm{Res}[f(z),\infty] = 0.$$

例 1 计算 $\oint_{|z|=3} \dfrac{1-2z}{z(z-1)(z-2)}\mathrm{d}z$.

解 被积函数

$$f(z) = \frac{1-2z}{z(z-1)(z-2)}$$

在区域 $|z|<3$ 内有 $z=0$，$z=1$，$z=2$ 三个单极点，在扩充复平面上

有 $z=0$，$z=1$，$z=2$，∞ 四个孤立奇点.

解法一 由定理 5.8（留数定理）得

$$\oint_{|z|=3} \frac{1-2z}{z(z-1)(z-2)}\mathrm{d}z = 2\pi\mathrm{i}\{\operatorname{Res}[f(z),0] +$$
$$\operatorname{Res}[f(z),1] + \operatorname{Res}[f(z),2]\},$$

而

$$\operatorname{Res}[f(z),\ 0] = \lim_{z\to 0} zf(z) = \lim_{z\to 0} \frac{1-2z}{(z-1)(z-2)} = \frac{1}{2},$$

$$\operatorname{Res}[f(z),\ 1] = \lim_{z\to 1}(z-1)f(z) = \lim_{z\to 1}\frac{1-2z}{z(z-2)} = 1,$$

$$\operatorname{Res}[f(z),\ 2] = \lim_{z\to 2}(z-2)f(z) = \lim_{z\to 2}\frac{1-2z}{z(z-1)} = -\frac{3}{2},$$

所以

$$\oint_{|z|=3} \frac{1-2z}{z(z-1)(z-2)}\mathrm{d}z = 2\pi\mathrm{i}\left(\frac{1}{2} + 1 - \frac{3}{2}\right) = 0.$$

解法二 由推论 5.2 得

$$\operatorname{Res}[f(z),0] + \operatorname{Res}[f(z),1] + \operatorname{Res}[f(z),2]$$

$$= -\operatorname{Res}[f(z),\infty] = \frac{1}{2\pi\mathrm{i}}\oint_{|z|=3} f(z)\mathrm{d}z.$$

因为

$$\operatorname{Res}[f(z),\ \infty] = -\operatorname{Res}\left[f\left(\frac{1}{z}\right)\cdot\frac{1}{z^2},\ 0\right],$$

$$f\left(\frac{1}{z}\right)\cdot\frac{1}{z^2} = \frac{1-2\dfrac{1}{z}}{z^2\cdot\dfrac{1}{z}\left(\dfrac{1}{z}-1\right)\left(\dfrac{1}{z}-2\right)} = \frac{z-2}{(1-z)(1-2z)},$$

又 $z=0$ 是 $f\left(\dfrac{1}{z}\right)\cdot\dfrac{1}{z^2}$ 的解析点. 故

$$-\operatorname{Res}[f(z),\ \infty] = \operatorname{Res}\left[f\left(\frac{1}{z}\right)\cdot\frac{1}{z^2},\ 0\right] = 0.$$

从而

$$\oint_{|z|=3} f(z)\mathrm{d}z = 0.$$

例2 求 $\oint_{|z|=3} \dfrac{z^{15}}{(z^2+1)^2(z^4+2)^3}\mathrm{d}z$.

解 在 $|z|<3$ 内被积函数有 6 个孤立奇点, 且都是二级或三级极点. 在扩充复平面上除上述 6 个孤立奇点外, 再加上 ∞ 作为孤立奇点. 用定理 5.8(留数定理)的方法求积分显然很麻烦.

实际上

$$f(z) = \frac{z^{15}}{(z^2+1)^2(z^4+2)^3},$$

$$\oint_{|z|=3} \frac{z^{15}}{(z^2+1)^2(z^4+2)^3}\mathrm{d}z = -2\pi\mathrm{i}\mathrm{Res}[f(z),\infty]$$

$$= 2\pi\mathrm{i}\mathrm{Res}\left[\frac{1}{z^2}f\left(\frac{1}{z}\right),\ 0\right],$$

$$\frac{1}{z^2}f\left(\frac{1}{z}\right) = \frac{z^4 z^{12}}{z^2 z^{15}(1+z^2)^2(1+2z^4)^3}$$

$$= \frac{1}{z(1+z^2)^2(1+2z^4)^3},$$

$z=0$ 是其一级极点.

故

$$\mathrm{Res}\left[\frac{1}{z^2}f\left(\frac{1}{z}\right),\ 0\right] = \lim_{z\to 0} z\cdot f\left(\frac{1}{z}\right)\cdot\frac{1}{z^2}$$

$$= \lim_{z\to 0}\frac{1}{(1+2z^2)^2(1+2z^4)^3} = 1.$$

所以

$$\oint_{|z|=3} \frac{z^{15}}{(z^2+1)^2(z^4+2)^3}\mathrm{d}z = 2\pi\mathrm{i}.$$

例3 计算 $\oint_C \dfrac{\mathrm{d}z}{(z+\mathrm{i})^{10}(z-1)(z-3)}$, 其中 $C:|z|=2$.

解 在扩充复平面上被积函数

$$f(z) = \frac{1}{(z+\mathrm{i})^{10}(z-1)(z-3)}$$

有 $z=-\mathrm{i},\ z=1,\ z=3,\ z=\infty$ 为孤立奇点, 在 $|z|<2$ 内只有 $z=-\mathrm{i}$ 和 $z=1$ 两个孤立奇点, $z=-\mathrm{i}$ 是 10 级极点, 其留数很难求.

由定理 5.8(留数定理)有

$$\oint_C \frac{\mathrm{d}z}{(z+\mathrm{i})^{10}(z-1)(z-3)} = 2\pi\mathrm{i}\{\operatorname{Res}[f(z),1] + \operatorname{Res}[f(z),-\mathrm{i}]\},$$

再由推论 5.2 有

$$2\pi\mathrm{i}\{\operatorname{Res}[f(z),\,1] + \operatorname{Res}[f(z),\,-\mathrm{i}]\}$$
$$= -2\pi\mathrm{i}\{\operatorname{Res}[f(z),\,3] + \operatorname{Res}[f(z),\,\infty]\},$$

$$\operatorname{Res}[f(z),\,3] = \lim_{z\to 3}(z-3)f(z) = \lim_{z\to 3}\frac{1}{(z+\mathrm{i})^{10}(z-1)} = \frac{1}{2(3+\mathrm{i})^{10}}.$$

由于

$$\frac{1}{z^2}f\!\left(\frac{1}{z}\right) = \frac{z^{10}\cdot z^2}{z^2(1+\mathrm{i}z)^{10}(1-z)(1-3z)}$$
$$= \frac{z^{10}}{(1+\mathrm{i}z)^{10}(1-z)(1-3z)},$$

$z = 0$ 是 $\dfrac{1}{z^2}f\!\left(\dfrac{1}{z}\right)$ 的可去奇点，又

$$\operatorname{Res}[f(z),\,\infty] = -\operatorname{Res}\left[\frac{1}{z^2}f\!\left(\frac{1}{z}\right),\,0\right] = 0,$$

故

$$\oint_C \frac{\mathrm{d}z}{(z+\mathrm{i})^{10}(z-1)(z-3)} = -2\pi\mathrm{i}\{\operatorname{Res}[f(z),3] + \operatorname{Res}[f(z),\infty]\}$$
$$= -2\pi\mathrm{i}\left[\frac{1}{2(3+\mathrm{i})^{10}} + 0\right] = \frac{-\pi\mathrm{i}}{(3+\mathrm{i})^{10}}.$$

5.4 留数在定积分计算中的应用

在定积分中，经常遇到有些积分计算相当麻烦，也有些积分用一般的方法无法计算的情况，本节介绍了将某些实积分转化成复函数沿简单闭曲线的积分，再用留数定理计算的方法，这样大大简化了计算过程，提供了另一种形式的求定积分的方法.

5.4.1 形如 $\int_0^{2\pi} R(\cos\theta,\sin\theta)\mathrm{d}\theta$ 的积分

一般对于积分 $\int_0^{2\pi} R(\cos\theta,\,\sin\theta)\mathrm{d}\theta$（其中，$R$ 是关于 $\cos\theta$ 和 $\sin\theta$ 的有理函数，且在 $\theta \in [0,\,2\pi]$ 上连续）. 令 $z = \mathrm{e}^{\mathrm{i}\theta}$，$\mathrm{d}z = \mathrm{i}\mathrm{e}^{\mathrm{i}\theta}\mathrm{d}\theta$，则

$$\sin\theta = \frac{e^{i\theta} - e^{-i\theta}}{2i} = \frac{z - z^{-1}}{2i},$$

$$\cos\theta = \frac{e^{i\theta} + e^{i\theta}}{2} = \frac{z + z^{-1}}{2},$$

$$d\theta = \frac{dz}{ie^{i\theta}} = \frac{1}{iz}dz.$$

当 θ 在 0 到 2π 之间变化时，对应的 z 沿单位圆 $|z| = 1$ 逆时针绕行一圈，又

$$f(z) = R\left(\frac{z + z^{-1}}{2}, \frac{z - z^{-1}}{2i}\right)\frac{1}{iz}$$

在 $|z| = 1$ 上也无奇点.

$$\int_0^{2\pi} R(\cos\theta, \sin\theta)d\theta = \oint_{|z|=1} R\left(\frac{z + z^{-1}}{2}, \frac{z - z^{-1}}{2i}\right)\frac{1}{iz}dz$$

$$= \oint_{|z|=1} f(z)dz = 2\pi i \sum_{k=1}^{m} \text{Res}[f(z), z_k]$$

所以，z_1，z_2，$\cdots$，z_m 是 $|z| < 1$ 内 $f(z)$ 的孤立奇点.

例1 计算 $I = \int_0^{2\pi} \frac{\cos 2\theta d\theta}{1 - 2p\cos\theta + p^2}$ （$0 < p < 1$）.

解 因为 $0 < p < 1$，$\frac{\cos 2\theta}{1 - 2p\cos\theta + p^2}$ 在 $\theta \in [0, 2\pi]$ 上连续且是关于 $\sin\theta$ 和 $\cos\theta$ 的有理函数，令

$$z = e^{i\theta},$$

$$dz = ie^{i\theta}d\theta,$$

$$\cos 2\theta = \frac{e^{i2\theta} + e^{-i2\theta}}{2} = \frac{z^2 + z^{-2}}{2},$$

于是

$$I = \oint_{|z|=1} \frac{\frac{z^2 + z^{-2}}{2}dz}{\left(1 - 2p \cdot \frac{z + z^{-1}}{2} + p^2\right)iz}$$

$$= \oint_{|z|=1} \frac{(1 + z^4)dz}{2iz^2(z - p + p^2z - pz^2)}$$

$$= \oint_{|z|=1} \frac{(1 + z^4)dz}{2iz^2(1 - pz)(z - p)}$$

$$= \oint_{|z|=1} f(z) \, \mathrm{d}z$$

$$= 2\pi\mathrm{i} \sum_{k=1}^{m} \mathrm{Res}[f(z), z_k].$$

在 $|z| < 1$ 内，$z = 0$ 是 $f(z)$ 的二级极点，$z = p$ 是单极点.
所以

$$\mathrm{Res}[f(z), \ p] = \lim_{z \to p}(z - p) f(z) = \frac{1 + p^4}{2\mathrm{i}p^2(1 - p^2)},$$

$$\mathrm{Res}[f(z), \ 0] = \frac{1}{(2-1)!} \lim_{z \to 0} [z^2 f(z)]'$$

$$= \lim_{z \to 0} \left[\frac{1 + z^4}{2\mathrm{i}(1 - pz)(z - p)} \right]'$$

$$= \lim_{z \to 0} \frac{(z - pz^2 - p + p^2 z)4z^3 - (1 + z^4)(1 - 2pz + p^2)}{2\mathrm{i}(z - pz^2 - p + p^2 z)^2}.$$

故

$$\mathrm{Res}[f(z), \ 0] = -\frac{1 + p^2}{2\mathrm{i}p^2}.$$

$$I = 2\pi\mathrm{i}\{\mathrm{Res}[f(z), \ p] + \mathrm{Res}[f(z), \ 0]\}$$

$$= 2\pi\mathrm{i}\left[\frac{1 + p^4}{2\mathrm{i}p^2(1 - p^2)} - \frac{1 + p^2}{2\mathrm{i}p^2} \right]$$

$$= \frac{\pi \cdot 2p^4}{p^2(1 - p^2)} = \frac{2\pi p^2}{1 - p^2}.$$

5.4.2 形如 $\int_{-\infty}^{+\infty} R(x) \, \mathrm{d}x$ 的积分

法则 5.4 若 $R(z) = \dfrac{P(z)}{Q(z)} = \dfrac{a_0 z^n + a_1 z^{n-1} + \cdots + a_n}{b_0 z^m + b_1 z^{m-1} + \cdots + b_m}$，且 $R(z)$ 满

足下列条件时：

（1）$m - n \geqslant 2$；

（2）分母 $Q(z)$ 在实轴上无零点；

（3）$R(z)$ 在上半平面内有有限个孤立奇点 $z_k(k = 1, \ 2, \ \cdots, \ l)$，

则

$$\int_{-\infty}^{+\infty} R(x) \, \mathrm{d}x = 2\pi\mathrm{i} \sum_{k=1}^{l} \mathrm{Res}[R(z), z_k].$$

证　由于 $R(z) = \dfrac{P(z)}{Q(z)}$ 在上半平面只有有限个孤立奇点 z_1，z_2，…，z_l，故可以以原点为中心作半径为 r 的充分大的上半圆 C_1，实轴上的线段 C_2 与上半圆 C_1 构成封闭曲线，从而使在上半平面内的所有孤立奇点均包含在封闭曲线内，如图 5-2 所示，根据留数定理，有

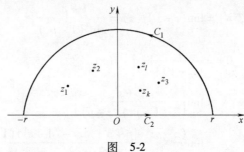

图　5-2

$$\oint_{C_1 + C_2} R(z)\,\mathrm{d}z = \oint_{C_1} R(z)\,\mathrm{d}z + \oint_{C_2} R(z)\,\mathrm{d}z$$
$$= 2\pi\mathrm{i} \sum_{k=1}^{l} \mathrm{Res}\left[R(z), z_k\right].$$

在 C_1 上令 $z = r\mathrm{e}^{\mathrm{i}\theta}$，则

$$\mathrm{d}z = r\mathrm{i}\mathrm{e}^{\mathrm{i}\theta}\mathrm{d}\theta,$$
$$\int_{C_1} R(z)\,\mathrm{d}z = \int_0^\pi \frac{P(r\mathrm{e}^{\mathrm{i}\theta})r\mathrm{i}\mathrm{e}^{\mathrm{i}\theta}}{Q(r\mathrm{e}^{\mathrm{i}\theta})}\mathrm{d}\theta.$$

而 $R(z) = \dfrac{P(z)}{Q(z)}$ 中 $Q(z)$ 的次数比 $P(z)$ 至少高 2 次，$\dfrac{zP(z)}{Q(z)}$ 中 $Q(z)$ 的次数比 $zP(x)$ 至少高 1 次，于是当 $r \to +\infty$ 时，

$$\frac{\mathrm{i}zP(z)}{Q(z)} = \frac{P(r\mathrm{e}^{\mathrm{i}\theta})r\mathrm{i}\mathrm{e}^{\mathrm{i}\theta}}{Q(r\mathrm{e}^{\mathrm{i}\theta})} \to 0,$$

从而

$$\int_{C_1} R(z)\,\mathrm{d}z = \lim_{r \to +\infty} \int_0^\pi \frac{P(r\mathrm{e}^{\mathrm{i}\theta})r\mathrm{i}\mathrm{e}^{\mathrm{i}\theta}\mathrm{d}\theta}{Q(r\mathrm{e}^{\mathrm{i}\theta})} = 0;$$

又由于

$$\int_{C_2} R(z)\,\mathrm{d}z = \int_{-r}^{r} R(x)\,\mathrm{d}x,$$

由

$$\lim_{r \to +\infty} \int_{-r}^{r} R(x) \, dx = \int_{-\infty}^{+\infty} R(x) \, dx,$$

所以，$\int_{-\infty}^{+\infty} R(x) \, dx = 2\pi i \sum_{k=1}^{l} \operatorname{Res}[R(z), z_k]$ 成立.

例 2　求 $\int_{-\infty}^{+\infty} \dfrac{dx}{x^4 + 16}$.

解　$f(z) = \dfrac{1}{x^4 + 16}$ 的分母次数高于分子次数 4 次，在上半平面 $f(z)$ 有一级极点

$$z_1 = 2e^{\frac{\pi}{4}i} = \sqrt{2} + \sqrt{2}i, \ z_2 = 2e^{\frac{3\pi}{4}i} = -\sqrt{2} + \sqrt{2}i,$$

在下半平面内有极点

$$z_3 = 2e^{\frac{5\pi}{4}i} = -\sqrt{2} - \sqrt{2}i, \ z_4 = 2e^{\frac{7\pi}{4}i} = \sqrt{2} - \sqrt{2}i.$$

于是

$$\operatorname{Res}[f(z), \ z_1]$$

$$= \lim_{z \to z_1}(z - z_1)f(z) = \lim_{z \to z_1} \frac{1}{(z - z_2)(z - z_3)(z - z_4)}$$

$$= \frac{1}{(\sqrt{2} + \sqrt{2}i + \sqrt{2} - \sqrt{2}i)(\sqrt{2} + \sqrt{2}i + \sqrt{2} + \sqrt{2}i)(\sqrt{2} + \sqrt{2}i - \sqrt{2} + \sqrt{2}i)}$$

$$= \frac{1}{2\sqrt{2} \cdot 2(\sqrt{2} + \sqrt{2}i) \cdot 2\sqrt{2}i} = -\frac{i}{16(1 + i)\sqrt{2}}.$$

同理

$$\operatorname{Res}[f(z), \ z_2] = \lim_{z \to z_1}(z - z_2)f(z)$$

$$= \lim_{z \to z_1} \frac{1}{(z - z_1)(z - z_3)(z - z_4)}$$

$$= \frac{i}{16(-1 + i)\sqrt{2}}.$$

$$\int_{-\infty}^{+\infty} \frac{dx}{x^4 + 16} = 2\pi i\{\operatorname{Res}[f(z), z_1] + \operatorname{Res}[f(z), z_2]\}$$

$$= 2\pi i\left[\frac{-i}{16\sqrt{2}(1 + i)} + \frac{i}{16\sqrt{2}(-1 + i)}\right]$$

$$= \frac{\pi}{16}\sqrt{2}.$$

5.4.3 形如 $\int_{-\infty}^{+\infty} R(x) e^{iax} dx (a > 0)$ 的积分

法则 5.5 若 $R(z) = \dfrac{P(z)}{Q(z)} = \dfrac{a_0 z^n + a_1 z^{n-1} + \cdots + a_n}{b_0 z^m + b_1 z^{m-1} + \cdots + b_m} (m, n \in$

$\mathbf{Z}_+)$，且 $R(z)$ 满足下列条件：

(1) $R(z)$ 在实轴上无奇点；

(2) $m - n \geq 1$；

(3) $R(z)$ 在上半平面有有限个孤立奇点 $z_k (k = 1, 2, \cdots, l)$，
则

$$\int_{-\infty}^{+\infty} f(x) dx = \int_{-\infty}^{+\infty} R(x) e^{iax} dx = 2\pi i \sum_{k=1}^{l} \text{Res}[f(z), z_k]$$

法则 5.6 若 $R(z) = \dfrac{P(z)}{Q(z)} = \dfrac{a_0 z^n + a_1 z^{n-1} + \cdots + a_n}{b_0 z^m + b_1 z^{m-1} + \cdots + b_m}$，且 $R(z)$ 满

足下列条件：

(1) $R(z)$ 在实轴上有有限个单极点 $x_1, x_2, \cdots, x_s$；

(2) $m - n \geq 1$；

(3) 在上半平面有有限个孤立奇点 $z_k (k = 1, 2, \cdots, l)$，如图
5-3 所示，则

$$\int_{-\infty}^{+\infty} R(x) e^{iax} dx = 2\pi i \sum_{k=1}^{l} \text{Res}[R(z) e^{iaz}, z_k] +$$

$$\pi i \sum_{k=1}^{s} \text{Res}[R(z) e^{iaz}, x_k].$$

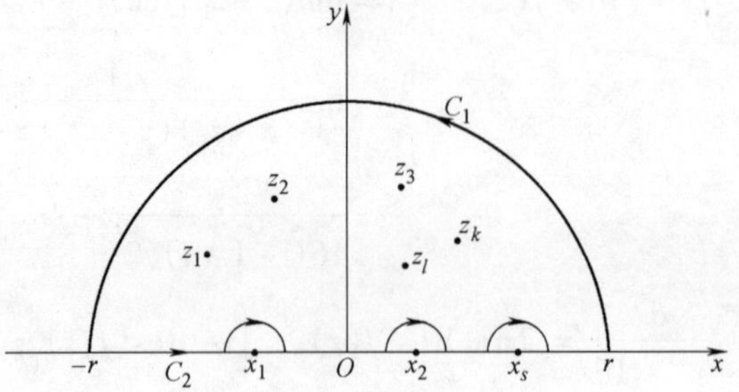

图 5-3

在这里

$$\int_{-\infty}^{+\infty} f(x) dx = \int_{-\infty}^{+\infty} R(x) e^{iax} dx$$

还可以化为

$$\int_{-\infty}^{+\infty} R(x)\cos ax\,dx + i\int_{-\infty}^{+\infty} R(x)\sin ax\,dx,$$

再分别求出其实部和虚部进行处理.

法则 5.5 和法则 5.6 在此不作详细证明, 其原理与法则 5.4 基本相似, 法则 5.6 中运用了平均值原理. 现只给出几个运用这些法则计算积分的实例供读者参考.

例 3 对于 $a > 0$, 计算 $\int_{-\infty}^{+\infty} \dfrac{\cos x}{a^2 + x^2}\,dx$.

解 注意到 $\dfrac{\cos x}{a^2 + x^2}$ 是 $\dfrac{e^{ix}}{a^2 + x^2}$ 的实部, 而 $\dfrac{e^{iz}}{a^2 + z^2}$ 在上半平面只有一个单极点 $z = ai$, 则

$$\operatorname{Res}\left[\frac{e^{iz}}{a^2 + z^2},\ ai\right] = \frac{e^{-a}}{2ai}.$$

由法则 5.5 知

$$\int_{-\infty}^{+\infty} \frac{e^{ix}}{a^2 + x^2}\,dx = 2\pi i\operatorname{Res}\left[\frac{e^{iz}}{a^2 + z^2}, ai\right] = \frac{\pi e^{-a}}{a}.$$

而

$$\int_{-\infty}^{+\infty} \frac{e^{ix}}{a^2 + x^2}\,dx = \int_{-\infty}^{+\infty} \frac{\cos x}{a^2 + x^2}\,dx + i\int_{-\infty}^{+\infty} \frac{\sin x}{a^2 + x^2}\,dx,$$

比较两个等式中的实部, 得

$$\int_{-\infty}^{+\infty} \frac{\cos x}{a^2 + x^2}\,dx = \frac{\pi e^{-a}}{a}.$$

例 4 计算 $I = \int_0^{\infty} \dfrac{\sin x}{x}\,dx$.

解 偶函数 $\dfrac{\sin x}{x}$ 是 $\dfrac{e^{ix}}{x}$ 的虚部, 而 $\dfrac{e^{iz}}{z}$ 在上半平面无孤立奇点, $x = 0$ 是实轴上的一级极点.

$$I = \int_0^{+\infty} \frac{\sin x}{x}\,dx = \frac{1}{2}\int_{-\infty}^{+\infty} \frac{\sin x}{x}\,dx,$$

而

$$\int_{-\infty}^{+\infty} \frac{\cos x}{x}\,dx = 0.$$

$$i \int_{-\infty}^{+\infty} \frac{\sin x}{x} dx = \int_{-\infty}^{+\infty} \frac{e^{ix}}{x} dx,$$

由法则 5.6

$$\int_{-\infty}^{+\infty} \frac{e^{ix}}{x} dx = \pi i \mathrm{Res}\left[\frac{e^{iz}}{z}, 0\right] = \pi i,$$

所以 $I = \dfrac{\pi}{2}$.

本 章 小 结

本章讨论了函数的孤立奇点及在孤立奇点处的留数. 其中, 留数是复变函数的一个重要概念, 它与解析函数在孤立奇点处的洛朗展开式有着密切的关系. 留数概念及留数定理在一些理论问题和实际问题中有着十分重要和广泛的应用.

本章学习目的及要求

(1) 理解孤立奇点的概念、孤立奇点的分类以及判别其类型的方法;

(2) 深刻理解函数在孤立奇点处留数的概念;

(3) 掌握并能熟练运用留数定理;

(4) 掌握留数的计算, 尤其是要熟悉较低阶级点处留数的计算;

(5) 会用留数来计算三种标准类型的定积分.

本章内容要点

1. 孤立奇点、零点、留数的概念

(1) 孤立奇点的定义: 若 $f(z)$ 在 z_0 处不解析, 但在 z_0 的某去心邻域 $0 < |z - z_0| < \delta$ 内处处解析, 则 z_0 是 $f(z)$ 的孤立奇点; 若 $f(z)$ 在 $R < |z| < +\infty$ 内解析, 则 ∞ 是 $f(z)$ 的孤立奇点.

(2) 孤立奇点的分类: 可去奇点: 若 $f(z)$ 在 z_0 的去心邻域内的洛朗展开式中没有 $(z - z_0)$ 的负幂项, z_0 就是 $f(z)$ 的可去奇点; 若 $f(z)$ 在 ∞ 邻域的洛朗展开式中没有 z 的正幂项, 则 ∞ 就是 $f(z)$ 的可去奇点.

极点: 若 $f(z)$ 在 z_0 的去心邻域的洛朗展开式中只有有限个 $(z - z_0)$ 的负幂项, 且不为 0 的负幂项的最低次数为 $-m(m>0)$, 那么 z_0 就是 $f(z)$ 的 m 级极点; 若 $f(z)$ 在 ∞ 邻域的洛朗展开式中只有有

限个 z 的正指数项，且 z 的正指数项的最高次数为 $m > 0$，则 ∞ 就是 $f(z)$ 的 m 级极点.

本性奇点：若 $f(z)$ 在 z_0 的去心邻域的洛朗展开式中有无穷多个 $(z - z_0)$ 的非零负指数项，则 z_0 就是 $f(z)$ 的本性奇点；若 $f(z)$ 在 ∞ 邻域的洛朗展开式中有无穷多个 z 的非零正指数项，则 ∞ 就是 $f(z)$ 的本性奇点.

（3）零点的定义：若 $f(z)$ 在 z_0 处解析且 $f(z_0) = 0$，则称 z_0 为 $f(z)$ 的零点. 当 $f(z)$ 在 z_0 的泰勒展开式中 $(z - z_0)$ 正幂项最低次数为 $m > 0$，则 z_0 是 $f(z)$ 的 m 级零点.

（4）留数的定义：若 z_0 是 $f(z)$ 的孤立奇点，$f(z)$ 在 z_0 洛朗展开式中 $c_{-1}(z - z_0)^{-1}$ 项的系数 $c_{-1} = \dfrac{1}{2\pi i} \oint_{|z - z_0| = r < R} f(z)\,\mathrm{d}z$ 称为 $f(z)$ 在 z_0 的留数，记作 $\operatorname{Res}[f(z),\ z_0]$.

若 ∞ 是 $f(z)$ 的孤立奇点，则

$$\operatorname{Res}[f(z),\ \infty] = -\operatorname{Res}\left[f\left(\frac{1}{z}\right) \cdot \frac{1}{z^2},\ 0\right].$$

若 $f(z)$ 在 ∞ 的邻域内可展为级数 $\displaystyle\sum_{n = -\infty}^{+\infty} c_n z^n$，则 $\operatorname{Res}[f(z),\ \infty] = -c_{-1}$.

2. 孤立奇点与零点之间的关系

（1）z_0 是 $f(z)$ 的可去奇点 $\Leftrightarrow f(z)$ 在 z_0 不解析，且 $\lim\limits_{z \to z_0} f(z)$ 存在 $\Leftrightarrow$ 若 $\lim\limits_{z \to z_0} f(z)$ 存在为 a_0，$f(z)$ 在 $0 < |z - z_0| < R$ 内解析.

（2）z_0 是 $f(z)$ 的 m 级极点 $\Leftrightarrow f(z) = \dfrac{g(z)}{(z - z_0)^m}$，其中 $g(z_0) \neq 0$；$g(z)$ 在 z_0 解析 $\Leftrightarrow f(z)$ 在 z_0 的去心邻域内解析，且 $\lim\limits_{z \to z_0}(z - z_0)^m f(z) = c_{-m} \neq 0 \Leftrightarrow z_0$ 是 $\dfrac{1}{f(z)}$ 的 m 级零点 $\Leftrightarrow \lim\limits_{z \to z_0} f(z) = \infty$，且 f 在 z_0 的去心邻域内解析.

（3）z_0 是 $f(z)$ 的本性奇点 $\Leftrightarrow \lim\limits_{z \to z_0} f(z)$ 不存在有限或无限大的极限，且 f 在 z_0 的去心邻域内解析.

（4）设 f 在 ∞ 的邻域内解析，则 ∞ 是 $f(z)$ 的可去奇点、极点、本性奇点 $\Leftrightarrow \lim\limits_{z \to \infty} f(z)$ 存在、$\lim\limits_{z \to \infty} f(z) = \infty$、$\lim\limits_{z \to \infty} f(z)$ 不存在且 $\lim\limits_{z \to \infty} f(z) \neq$

∞.

（5）z_0 是 $f(z)$ 的 m 级零点 $\Leftrightarrow f(z)$ 在 z_0 解析，$f(z_0) = f'(z_0) = \cdots = f^{(m-1)}(z_0) = 0$，且 $f^{(m)}(z_0) \neq 0$.

3. 留数的计算

（1）若 z_0 是 $f(z)$ 的解析点或可去奇点，则
$$\text{Res}[f(z),\ z_0] = 0.$$

（2）若 z_0 是 $f(z)$ 的单极点（一级极点），则
$$\text{Res}[f(z),\ z_0] = \lim_{z \to z_0}(z - z_0)f(z).$$

（3）若 z_0 是 $f(z)$ 的 m 级极点，$m > 1$，则
$$\text{Res}[f(z),\ z_0] = \frac{1}{(m-1)!}\lim_{z \to z_0}\frac{\mathrm{d}^{m-1}}{\mathrm{d}z^{m-1}}[(z - z_0)^m f(z)].$$

（4）若 $f(z)$ 在 z_0 展开成洛朗级数，则 $f(z)$ 在 ∞ 处的留数为
$$\text{Res}[f(z),\ \infty] = -\text{Res}\left[f\left(\frac{1}{z}\right) \cdot \frac{1}{z^2},\ 0\right].$$

4. 留数定理及推论

（1）$f(z)$ 在区域 D 内除有限个孤立奇点 z_1，z_2，$\cdots$，z_m 外处处解析，C 是 D 内包围所有孤立奇点的简单闭曲线，则
$$\oint_C f(z)\mathrm{d}z = 2\pi\mathrm{i}\sum_{k=1}^{m}\text{Res}[f(z),z_k].$$

（2）$f(z)$ 在扩充复平面上有有限个孤立奇点 z_1，z_2，$\cdots$，z_m，∞，则
$$\sum_{k=1}^{m}\text{Res}[f(z),z_k] + \text{Res}[f(z),\infty] = 0.$$

5. 留数在定积分中的应用

（1）$\int_0^{2\pi} R(\cos\theta,\ \sin\theta)\mathrm{d}\theta$（其中，$R$ 是关于 $\sin\theta$ 和 $\cos\theta$ 的有理函数），令 $z = \mathrm{e}^{\mathrm{i}\theta}$，$\mathrm{d}z = \mathrm{i}\mathrm{e}^{\mathrm{i}\theta}\mathrm{d}\theta$，则
$$\sin\theta = \frac{z^2 - 1}{2\mathrm{i}z},\quad \cos\theta = \frac{z^2 + 1}{2z},$$

$$\int_0^{2\pi} R(\cos\theta,\sin\theta)\mathrm{d}\theta = 2\pi\mathrm{i}\sum_{k=1}^{m}\text{Res}\left[R\left(\frac{z^2 + 1}{2z},\frac{z^2 - 1}{2\mathrm{i}z}\right) \cdot \frac{1}{\mathrm{i}z},z_k\right].$$

其中，z_k 为 $R\left(\dfrac{z^2 + 1}{2z},\dfrac{z^2 - 1}{2\mathrm{i}z}\right) \cdot \dfrac{1}{\mathrm{i}z}$ 在单位圆 $|z| = 1$ 所围区域内的所

有孤立奇点.

(2) $\int_{-\infty}^{+\infty} R(x)\,\mathrm{d}x$，其中

$$R(z) = \frac{P(z)}{Q(z)} = \frac{a_0 z^n + a_1 z^{n-1} + \cdots + a_n}{b_0 z^m + b_1 z^{m-1} + \cdots + b_m}, \quad m - n \geqslant 2,$$

且 $Q(z)$ 在实轴上无零点，$R(z)$ 在上半平面只有有限个极点 z_1，z_2，$\cdots$，z_l，则

$$\int_{-\infty}^{+\infty} R(x)\,\mathrm{d}x = 2\pi\mathrm{i} \sum_{k=1}^{l} \mathrm{Res}[R(z), z_k].$$

(3) $\int_{-\infty}^{+\infty} R(x)\mathrm{e}^{\mathrm{i}ax}\,\mathrm{d}x\,(a>0)$，其中 $R(x)$ 是真分式，分母的次数至少比分子高 1 次，$R(z)$ 在上半平面有有限个孤立奇点 z_1，z_2，$\cdots$，z_m.

当 $R(x)$ 在实轴上无奇点时，有

$$\int_{-\infty}^{+\infty} R(x)\mathrm{e}^{\mathrm{i}ax}\,\mathrm{d}x = 2\pi\mathrm{i}\sum_{k=1}^{m} \mathrm{Res}[R(z)z^{\mathrm{i}az}, z_k];$$

当 $R(z)$ 在实轴上有单极点 x_1，x_2，$\cdots$，x_n 时，有

$$\int_{-\infty}^{+\infty} R(x)\mathrm{e}^{\mathrm{i}ax}\,\mathrm{d}x = 2\pi\mathrm{i}\sum_{k=1}^{m} \mathrm{Res}[R(z)\mathrm{e}^{\mathrm{i}az}, z_k] +$$
$$\pi\mathrm{i}\sum_{k=1}^{n} \mathrm{Res}[R(z)\mathrm{e}^{\mathrm{i}az}, x_k].$$

综合练习题 5

1. 指出下列函数的孤立奇点类型，若为极点，请判别为几级极点：

(1) $\dfrac{1}{z(z^2+1)^2}$；　　(2) $\dfrac{1}{z^4-1}$；　　(3) $\dfrac{1}{\sin z}$；

(4) $z\cos\dfrac{1}{z}$；　　(5) $\dfrac{1}{\mathrm{e}^{z-1}}$；　　(6) $\dfrac{\mathrm{e}^z-1}{z^3}$；

(7) $\dfrac{1}{z^2(\mathrm{e}^z-1)}$；　　(8) $\dfrac{\ln(1+z)}{z}$；　　(9) $\dfrac{1}{z^3-z^2-z+1}$.

2. 判定 $z=\infty$ 是否为下列函数的孤立奇点，如果是请判别奇点类型：

(1) $\dfrac{z^4}{1-z^4}$；　　(2) $1-\mathrm{e}^{\frac{1}{z}}$；

(3) $\cos z - \sin z$；　　(4) $\dfrac{2z}{3+z^2}$.

3. 指出下列函数的零点，并判断它们的阶数：

(1) $z^2(z-1)^4$； (2) $z\sin z$；

(3) $z-\sin z$； (4) $z^3(1-\cos z)$；

(5) $\sin z^4$.

4. 求下列函数在复平面内孤立奇点处的留数：

(1) $f(z)=\dfrac{1}{z^2+z^4}$； (2) $f(z)=\dfrac{z-\sin z}{z^3}$；

(3) $f(z)=\dfrac{1-\mathrm{e}^{2z}}{z^4}$； (4) $f(z)=\dfrac{1}{\sin z}$；

(5) $f(z)=\dfrac{1}{z^2\sin z}$； (6) $f(z)=\dfrac{z^{2n}}{1+z^n}$；

(7) $f(z)=\dfrac{z^2+z-1}{z^2(z-1)}$； (8) $z^2\sin\dfrac{1}{z}$；

(9) $z^2\mathrm{e}^{\frac{1}{z-1}}$； (10) $\dfrac{\mathrm{e}^{z^2}-1}{z^2}$.

5. 利用留数计算下列积分：

(1) $\displaystyle\oint_{|z+1|=2}\dfrac{\mathrm{e}^z}{z^2(2z+1)}\mathrm{d}z$； (2) $\displaystyle\oint_{|z-1|=1}\dfrac{\sin\pi z}{(z^2-1)^2}\mathrm{d}z$；

(3) $\displaystyle\oint_{|z|=3\pi}\dfrac{z}{\mathrm{e}^z-1}\mathrm{d}z$； (4) $\displaystyle\oint_{|z|=2}\dfrac{z}{\dfrac{1}{2}-\cos z}\mathrm{d}z$；

(5) $\displaystyle\oint_{|z|=4}\dfrac{1}{(z+\mathrm{i})^8(z-\mathrm{i})(z-3)}\mathrm{d}z$； (6) $\displaystyle\oint_{|z|=2}\dfrac{z}{z^3-1}\mathrm{d}z$.

*6. 求下列函数在 ∞ 处的留数：

(1) $\mathrm{e}^{\frac{1}{z^2}}$； (2) $\cos z-\sin z$；

(3) $\dfrac{2z}{z^2+3}$； (4) $\dfrac{1}{z(z+1)^4(z-4)}$；

(5) $\mathrm{e}^{\frac{1}{z-1}}$； (6) $\dfrac{(z-1)^3}{z^4}$.

*7. 求下列积分：

(1) $\displaystyle\oint_{|z|=3}\dfrac{(z-1)^3}{z(z+2)^3}\mathrm{d}z$； (2) $\displaystyle\oint_{|z|=5}\dfrac{z^{15}}{(z^2+1)^2(z^4+2)^3}\mathrm{d}z$；

(3) $\displaystyle\oint_{|z|=r>1}\dfrac{z^{2n}}{1+z^n}\mathrm{d}z$.

8. 求下列积分：

(1) $\displaystyle\int_0^{2\pi}\dfrac{1}{5+3\sin\theta}\mathrm{d}\theta$； (2) $\displaystyle\int_0^{2\pi}\dfrac{\sin^2\theta}{a+b\cos\theta}\mathrm{d}\theta$（$a>b>0$）；

(3) $\int_{-\infty}^{+\infty} \dfrac{1}{(1+x^2)^2} dx$; (4) $\int_0^{+\infty} \dfrac{x^2}{1+x^4} dx$;

(5) $\int_{-\infty}^{+\infty} \dfrac{\cos x}{x^2+4x+5} dx$; (6) $\int_{-\infty}^{+\infty} \dfrac{x\sin x}{1+x^2} dx$.

9. 计算积分 $\int_{-\infty}^{+\infty} \dfrac{1}{(x^2+1)(x^2+4)} dx$.

自 测 题 5

1. 求下列函数的孤立奇点，并指出类型：

(1) $\dfrac{e^{z^2}-1}{z^2}$；(2) $\cos \dfrac{1}{1-z}$；(3) $\dfrac{\sin z}{z^3}$.

2. 求下列函数在孤立奇点处的留数：

(1) $\dfrac{z+1}{z^2-2z}$；(2) $\dfrac{\ln(1+z)}{z}$；(3) $\sin \dfrac{z}{z+1}$.

3. 利用留数计算下列积分：

(1) $\oint_C \dfrac{1}{z^3(z-i)} dz, C: |z|=2$；

(2) $\oint_C \dfrac{1-\cos z}{z^2} dz, C: |z|=1$；

(3) $\oint_C \dfrac{z}{z^2-1} dz, C: |z|=2$.

4. 利用留数计算下列实变量积分：

(1) $\int_0^{2\pi} \dfrac{\cos\theta}{3-2\cos\theta} d\theta$；

(2) $\int_0^{+\infty} \dfrac{x^3 \sin x}{1+x^4} dx$.

第6章 保形映射

保形映射(共形映射)是复变函数论的重要概念之一,它是从物理学中产生出来的,并在物理学的很多领域中都有广泛应用. 如保形映射成功地解决了流体力学与空气动力学、弹性理论、电场、磁场与热场理论等方面的许多实际问题. 本章主要讨论由解析函数构成的保形映射及其重要特征,重点讨论由分式线性函数构成的保形映射.

本章预习提示:复变函数及其导数的基本概念.

6.1 保形映射的概念及其性质

6.1.1 保形映射的概念

我们知道,单值函数 $w = f(z)(z \in E)$ 就是将 z 平面上的点集 E 单值映射成 w 平面上的点集 G. 另外,如果对任意的 $w \in G$, $w = f(z)$ 只有唯一的 $z \in E$ 与 w 相对应,此时 $w = f(z)$ 是从 E 到 G 的一个双方单值映射(一一对应).

定义 6.1 设函数 $w = f(z)$ 在区域 D 内解析,且 $f(z)$ 在 D 又是双方单值映射,那么称 $f(z)$ 为区域 D 上的保形映射.

注意 单值解析函数不一定是保形映射.

例 1 讨论 $w = z + a$(a 是复常数)和 $w = bz$(b 是非零的复常数)的映射性质.

解 由于 $w = z + a$ 和 $w = bz$ 都是复平面上的双方单值解析函数,故它们都是从 z 平面到 w 平面的保形映射.

例 2 讨论 $w = e^z$ 的映射性质.

解 由指数函数的性质,在 z 平面上,$w = e^z$ 是单值解析函数,同时也是以 $2\pi i$ 为周期的周期函数,因此在 z 平面上,$w = e^z$ 不是双方单值函数,即不是保形映射. 可是在每一带型区域 $y_0 < \mathrm{Im} z < y_0 + 2\pi$ 内,$w = e^z = e^x e^{yi}$ 是双方单值映射,因此,在这个区域,它是保

形映射，且映射区域为

$$y_0 < \varphi < y_0 + 2\pi.$$

如图 6-1 所示.

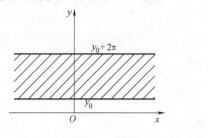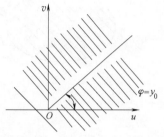

图　6-1

关于双方单值解析函数 $f(z)$，我们有如下结论：

结论 6.1　若函数 $w = f(z)$ 是区域 D 内的保形映射，那么在 D 内任一点 z_0，有 $f'(z_0) \neq 0$.

结论 6.2（局部保形映射）　若函数 $w = f(z)$ 在 z_0 解析，且 $f'(z_0) \neq 0$，那么 $f(z)$ 在 z_0 的某邻域内是双方单值的解析函数.

结论 6.2 不是结论 6.1 的逆命题，如例 2 中 $w = e^z$ 的情形，$(e^z)' = e^z \neq 0$，但 $w = e^z$ 在复平面上却不是双方单值的.

结论 6.3（保域原理）　若函数 $w = f(z)$ 在区域 D 内解析，且不恒为常数，则对应映射域 $G = f(D)$ 也是区域.

显然可以推出：若 $w = f(z)$ 是区域 D 上的保形映射，则 $f(D) = G$ 也是区域.

结论 6.4（边界对应原理）　若函数 $w = f(z)$ 在区域 D 及边界 C 上是双方单值解析函数（保形映射），则 $\Gamma = f(C)$ 是 $f(z)$ 在 D 内的映射区域 G 的边界，其中 Γ 的方向规定为：z 沿 C 方向绕行时 Γ 的对应方向.

结论 6.5（反函数原理）　若函数 $w = f(z)$ 在区域 D 内到区域 G 双方单值解析（保形映射），则在 G 内存在双方单值解析函数 $z = \varphi(w)$，使

$$\varphi'(w) = \frac{1}{f'(z)}.$$

结论 6.4 和结论 6.5 如图 6-2 所示.

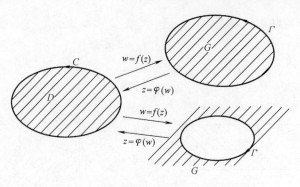

图 6-2

以上结论的证明读者可以参看其他的相关书籍，此处从略.

6.1.2 几何特性

若 $f(z)$ 是保形映射，且 $f'(z) \neq 0$，那么 $f'(z)$ 的几何意义是什么呢?

1. 伸缩率与旋转角

设 $w = f(z)$ 是区域 D 内的解析函数，$z_0 \in D$，且 $f'(z_0) \neq 0$，即 $f(z)$ 是局部保形映射，C 是 D 内过 z_0 的简单光滑曲线，Γ 是 C 的映射曲线且经过 $w_0 = f(z_0)$.

先在 C 上取一点 z_1，令 $\Delta z = z_1 - z_0$，那么在 Γ 上对应地有

$$w_1 = f(z_1), \quad \Delta w = w_1 - w_0, \quad \arg \Delta z = \theta, \quad \arg \Delta w = \varphi,$$

设 C 在 z_0 处的切线为 L，Γ 在 w_0 处的切线为 M，L 的倾角是 θ_0，M 的倾角是 φ_0，如图 6-3 所示.

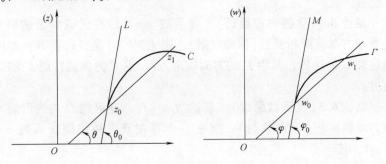

图 6-3

沿着 C 使 $z_1 \to z_0$，则

$$f'(z_0) = \lim_{\Delta z \to 0} \frac{\Delta w}{\Delta z} = \lim_{\Delta z \to 0} \frac{|\Delta w| e^{i\varphi}}{|\Delta z| e^{i\theta}} = \lim_{\Delta z \to 0} \left| \frac{\Delta w}{\Delta z} \right| e^{i(\varphi - \theta)}, \qquad (6.1)$$

此时有

$$|f'(z_0)| = \lim_{\Delta z \to 0} \frac{|\Delta w|}{|\Delta z|}, \qquad (6.2)$$

$$\arg f'(z_0) = \lim_{\Delta z \to 0} (\varphi - \theta) = \varphi_0 - \theta_0. \qquad (6.3)$$

由于在 z_0 的附近，$\left| \dfrac{\Delta w}{\Delta z} \right|$ 近似地反映了映射曲线 Δw 的弧长与 z_1

到 z_0 的长的伸缩比例，因此，我们称 $|f'(z_0)| = \lim\limits_{\Delta z \to 0} \dfrac{|\Delta w|}{|\Delta z|}$ 为 $f(z)$ 在

z_0 的**伸缩率**，称 $\varphi_0 - \theta_0$ 是 $f(z)$ 沿 C 曲线在 z_0 的**旋转角**.

2. 伸缩率不变性与保角性

我们再取过 z_0 的另一条曲线 C'，Γ' 是 C' 的映射曲线且过 $w_0 = f(z_0)$，在 C' 上另取一点 z_2，$\Delta z' = z_2 - z_0$，则对应 Γ' 上有

$$w_2 = f(z_2), \quad \Delta w' = w_2 - w_0,$$

有

$$\arg \Delta z' = \theta', \quad \arg \Delta w' = \varphi',$$

C' 在 z_0 的切线 L' 倾角是 θ_0'，Γ' 在 w_0 的切线 M' 倾角是 φ_0'，如图 6-4 所示.

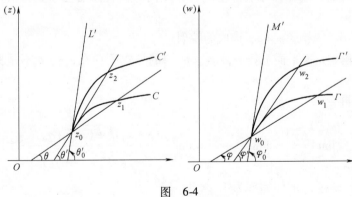

图 6-4

沿着 C'，$z_2 \to z_0$，

$$f'(z_0) = \lim_{\Delta z' \to 0} \frac{\Delta w'}{\Delta z'} = \lim_{\Delta z' \to 0} \frac{|\Delta w'|}{|\Delta z'|} e^{i(\varphi' - \theta')},$$

得

$$|f'(z_0)| = \lim_{\Delta z' \to 0} \left| \frac{\Delta w'}{\Delta z'} \right|, \tag{6.4}$$

$$\arg f'(z_0) = \lim_{\Delta z' \to 0} (\varphi' - \theta') = \varphi_0' - \theta_0'. \tag{6.5}$$

结合式(6.2)和式(6.4)，有

$$|f'(z_0)| = \lim_{\Delta z \to 0} \frac{|\Delta w|}{|\Delta z|} = \lim_{\Delta z' \to 0} \frac{|\Delta w'|}{|\Delta z'|}.$$

这个式子说明，$f(z)$在z_0的伸缩率$|f'(z_0)|$与过z_0所选择的曲线形状和方向无关，即**局部保形映射在z_0处的伸缩率存在不变性**.

再比较式(6.3)和式(6.5)，有

$$\arg f'(z_0) = \varphi_0 - \theta_0 = \varphi_0' - \theta_0',$$

得

$$\varphi_0' - \varphi_0 = \theta_0' - \theta_0. \tag{6.6}$$

于是我们知道，局部保形映射$f(z)$在z_0处的旋转角也与过z_0的曲线选择无关，这时称$f(z)$在z_0处具有旋转角不变性.

而式(6.6)意味着，z平面上过z_0的两条曲线的交角大小和方向，经过$f(z)$局部保形映射后，与在w平面上，过w_0处两条像曲线的夹角的大小和方向不变. 因此，也称做$f(z)$在z_0具有**保角性**.

因此，**局部保形映射就是在一点同时具有伸缩性不变和保角性的映射**.

例3 考察$w = \bar{z}$所构成的映射.

解 对z平面上任一点z_0，$w = \bar{z}$的导数不存在，故w不是保形映射.

再看

$$\lim_{\Delta z \to 0} \left| \frac{\Delta w}{\Delta z} \right| = \lim_{\Delta z \to 0} \left| \frac{\bar{z} - \bar{z}_0}{z - z_0} \right| = \lim_{\Delta z \to 0} \frac{\sqrt{(x - x_0)^2 + (-y + y_0)^2}}{\sqrt{(x - x_0)^2 + (y - y_0)^2}} = 1,$$

即w在z_0的伸缩率为1.

而$w = \bar{z}$是关于实轴对称的映射，使得映射曲线在w_0处的交角大小与原曲线在z_0处的交角大小相同，但方向相反，故无保角性，如图6-5所示.

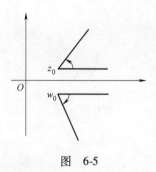

图 6-5

例4 考察$w = z^2$和$w = z^{\frac{1}{2}}$所构成的映射.

解 先看 $w = z^2$，在 z 平面上它不是双方单值函数，即不是保形映射.

但是在上半平面 $\operatorname{Im} z > 0$ 内，$w' = 2z \neq 0$.

令

$$z = r\mathrm{e}^{\mathrm{i}\theta}, \qquad w = \rho\mathrm{e}^{\mathrm{i}\varphi}, \qquad \rho\mathrm{e}^{\mathrm{i}\varphi} = r^2\mathrm{e}^{2\theta\mathrm{i}},$$

取

$$\varphi = 2\theta = 2\arg z \quad (0 < \theta < \pi,\ 0 < \varphi < 2\pi).$$

则 $w = z^2$ 将 $\operatorname{Im} z > 0$ 映射成 w 平面上除去原点和正实轴的区域，并且在这两个区域成双方单值映射，如图 6-6 所示.

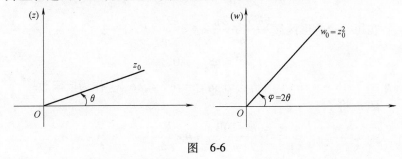

图 6-6

所以 $w = z^2$ 将三角区域

$$0 < \theta = \arg z < \theta_0 \leqslant \pi$$

保形映射成角形区域

$$0 < \varphi < 2\theta_0 \leqslant 2\pi.$$

同理，$w = z^2$ 将下半平面

$$\pi < \theta < 2\pi$$

也保形映射成除去原点和正实轴的区域

$$2\pi < \varphi < 4\pi.$$

再看 $w = z^{\frac{1}{2}}$，这是一个多值函数，取其单值解析分支，由于

$$w = \rho\mathrm{e}^{\mathrm{i}\varphi} = \sqrt{r}\mathrm{e}^{\frac{\theta + 2k\pi}{2}\mathrm{i}}\,(k \in \mathbf{Z}_+), \qquad w_0 = \sqrt{r}\mathrm{e}^{\frac{\theta}{2}\mathrm{i}},$$

$$w_1 = \sqrt{r}\mathrm{e}^{\frac{\theta + 2\pi}{2}\mathrm{i}}, \qquad \theta = \arg z.$$

所以 w_0，w_1 分别与 $z_0 = w_0^2$，$z_1 = w_1^2$ 是反函数.

故 w_0 和 w_1 可将 $0 < \theta < 2\pi$ 分别保形映射成上半平面 $0 < \varphi < \pi$ 或下半平面 $\pi < \varphi < 2\pi$.

6.1.3 几个重要的保形映射

1. 幂函数

乘方函数：$\qquad w = z^n (n \geq 2,\ n\text{ 为整数}).$

根式函数：$\qquad z = w^{\frac{1}{n}} (n \geq 2,\ n\text{ 为整数}).$

令 $\qquad w = \rho e^{i\varphi},\qquad z = re^{i\theta},\qquad w = \rho e^{i\varphi} = r^n e^{in\theta},$

对 z 平面做 n 等分，得

$$0 < \theta < \frac{2\pi}{n},\qquad \frac{2\pi}{n} < \theta < \frac{4\pi}{n},\qquad \cdots,\qquad \frac{(n-1)2\pi}{n} < \theta < 2\pi.$$

在每一个角形区域 $\dfrac{(k-1)2\pi}{n} < \theta < \dfrac{k2\pi}{n}(k = 1,\ 2,\ \cdots,\ n)$ 上，

$$w' = nz^{n-1} \neq 0,$$

且 $w = z^n$ 有 $z = w^{\frac{1}{n}}$ 的单值解析分支 $z_k = re^{i\theta} = \sqrt[n]{\rho} e^{\frac{\varphi + 2k\pi}{n} i}$ 作为反函数.

即 w 将

$$\frac{(k-1)2\pi}{n} < \theta < \frac{k2\pi}{n}$$

保形映射成 $0 < \varphi < 2\pi$. 反之，z_k 将 $0 < \varphi < 2\pi$ 保形映射成

$$\frac{(k-1)2\pi}{n} < \theta < \frac{k2\pi}{n}.$$

如图 6-7 所示.

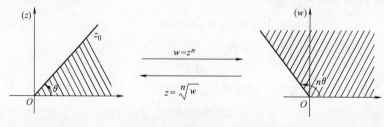

图 6-7

乘方函数 $w = z^n$ 是扩大角形区域，根式函数 $z = w^{\frac{1}{n}}$ 则是缩小角形区域.

2. 指数函数 $w = e^z$ 与对数函数 $w = \ln z$.

令 $\qquad w = \rho e^{i\varphi},\qquad z = x + yi.$

由本节例 4 和 $w = e^z$ 将带型区域

$$0 < \operatorname{Im} z < y_0 \leqslant 2\pi$$

保形映射成角形区域

$$0 < \varphi < y_0 \leqslant 2\pi.$$

取对数函数 $w = \ln z$ 的一个单值解析分支：$k = 0$ 时，$w = \ln z$，则 $z = \ln w$ 与 $w = e^z$ 在上述两区域互为反函数，所以 $z = \ln w$ 将角形域

$$0 < \varphi < y_0 \leqslant 2\pi$$

保形映射成带型区域

$$0 < \operatorname{Im} z < y_0 \leqslant 2\pi,$$

如图 6-8 所示.

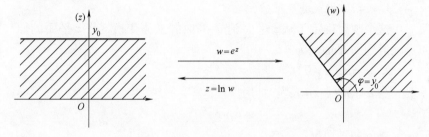

图 6-8

6.2 分式线性映射

分式线性映射也是重要的保形映射之一，它还具有自身固有的特性.

6.2.1 分式线性映射的定义

定义 6.2 函数 $w = \dfrac{az + b}{cz + d}$（$a$，$b$，$c$，$d$ 是复常数，$ad - bc \neq 0$）称为分式线性映射.

$ad - bc \neq 0$ 保证 w 不恒为常数，由于 w 是单值解析函数 $\left(\text{除了 } z = -\dfrac{d}{c} \text{ 外}\right)$，

$$w' = \frac{ad - bc}{(cz + d)^2} \neq 0,$$

又当 $z_1 \neq z_2$ 时，

$$w_2 - w_1 = \frac{az_2 + b}{cz_2 + d} - \frac{az_1 + b}{cz_1 + d} = \frac{(z_2 - z_1)(ad - bc)}{(cz_2 + d)(cz_1 + d)} \neq 0,$$

这样，$w = \dfrac{az + b}{cz + d}$ 在 $ad - bc \neq 0$ 时是双方单值映射，即保形映射.

由于

$$w = \frac{az + b}{cz + d} = \frac{cb - ad}{c^2} \cdot \frac{1}{z + \dfrac{d}{c}} + \frac{a}{c}$$

所以，一般分式线性映射总是由下面几种特殊的分式线性映射复合而成.

1. $w = z + b$（b 是复常数）

这个映射确定了从 z 平面到 w 平面的平移变换，将 z 平面的原点映射到 w 平面的 $w = b$.

2. $w = az$（$a \neq 0$）

令 $a = \rho e^{i\varphi}$，$z = r e^{i\theta}$，此时

$$w = \rho r e^{i(\theta + \varphi)}.$$

再分两种情况：

（1）$a = e^{i\varphi}$，$w = r e^{i(\theta + \varphi)}$.

该映射使得模不变，辐角增加了 φ，故确定了旋转 φ 角的变换，因此叫**旋转映射**，如图 6-9a 所示.

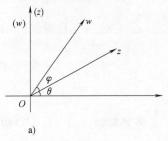 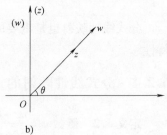

图　6-9

（2）$w = \rho z = r\rho e^{i\theta}$（$\rho > 0$）.

该映射使得辐角不变，而模放大（缩小）了 ρ 倍，因此，它确定了以原点为相似中心的相似变换，也叫**相似映射**，如图 6-9b 所示.

这样，$w = az$ 结合了旋转映射和相似变换的映射，可以先进行旋转映射再进行相似映射变换，也可以先进行相似映射，再进行旋转映射变换.

3. $w = \dfrac{1}{z}$

我们将 $w = \dfrac{1}{z}$ 称做**反演映射**.

令 $z = r\mathrm{e}^{\mathrm{i}\theta}$，则 $w = \dfrac{1}{r}\mathrm{e}^{\mathrm{i}(-\theta)}$，这个映射将 z 的模变成 $\dfrac{1}{r}$，辐角 θ 变成 $-\theta$.

该映射由两个映射复合而成，设 $w_1 = \dfrac{1}{\bar{z}} = \dfrac{z}{r^2}$，$w = \overline{w_1}$，先作变换 $w_1 = \dfrac{1}{\bar{z}}$，得

$$|w_1| \cdot |z| = 1, \qquad \text{且 } \arg w_1 = \arg z.$$

由平面几何中两点关于圆对称的定义，我们有

定义 6.3 在复平面上，半径有限的圆 C 是 $|z - z_0| = R$，如果有两点 z_1，z_2 在过圆心 z_0 的同一射线上，并且

$$|z_1 - z_0| \cdot |z_2 - z_0| = R^2,$$

那么 z_1，z_2 就是关于圆 C 的对称点.

同时，还规定 z_0 与 ∞ 是关于圆 C 的对称点. 显然，单位圆 $|z| = 1$ 内一点 z_0 与圆外一点 $\dfrac{1}{\bar{z_0}}$ 关于单位圆对称.

故变换 $w_1 = \dfrac{1}{\bar{z}}$，即寻求 z 关于单位圆的对称点 w_1.

再作关于实轴的对称变换 $w = \overline{w_1}$，如图 6-10 所示.

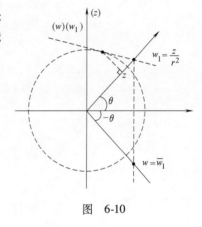

图 6-10

例1 求一保形映射，将带型区域 $D = \left\{ z \;\middle|\; \dfrac{\pi}{2} < \operatorname{Im} z < \pi \right\}$ 映射成上半平面.

解 先作平移变换 $w_1 = z - \dfrac{\pi}{2}\mathrm{i}$，将带型区域 D 保形映射成带形

$$D_1 = \left\{ w_1 \;\middle|\; 0 < \operatorname{Im} w_1 < \dfrac{\pi}{2} \right\};$$

再作相似变换 $w_2 = 2w_1$，将带型域 D_1 保形映射成带型区域

$$D_2 = \left\{ w_2 \;\middle|\; 0 < \operatorname{Im} w_2 < \pi \right\};$$

最后作指数变换 $w = \mathrm{e}^{w_2}$ 将带型区域 D_2 保形映射成上半平面

$$D_3 = \{ w \mid 0 < \arg w < \pi \},$$

所以，所求保形映射是 $w = e^{2\left(z - \frac{\pi}{2}i\right)}$.

6.2.2 分式线性映射的特性

性质 6.1（分式线性映射的保圆性） 在扩充复平面上，分式线性映射将圆映射成圆.

证 分式线性映射是保形映射，所以，只须证明分式线性映射将圆的边界映射成圆曲线.

显然，平移、旋转和相似映射将圆映射成圆曲线.

考虑反演映射 $w = \dfrac{1}{z}$，在 z 平面上的圆的方程为

$$a(x^2 + y^2) + bx + cy + d = 0, \quad (a, b, c, d \text{ 为实数}).$$

若 $a = 0$，则方程表示直线（特殊圆）.

因为

$$z \cdot \bar{z} = x^2 + y^2, \quad x = \frac{z + \bar{z}}{2}, \quad y = \frac{z - \bar{z}}{2i},$$

所以，圆的复方程为

$$az \cdot \bar{z} + \bar{\alpha} \cdot z + \alpha \cdot \bar{z} + d = 0, \quad \alpha = \frac{b + ic}{2}.$$

将 $w = \dfrac{1}{z}$ 代入后得

$$d\omega \cdot \bar{\omega} + \alpha \cdot \omega + \bar{\alpha} \cdot \bar{\omega} + a = 0.$$

这就是 w 平面上圆的方程，当 $d = 0$ 时它是一直线（特殊圆），证毕.

由此性质可知，z 平面上的圆 C 将 z 平面分成圆内和圆外两个部分，经分式线性映射到 w 平面上的圆 Γ 也将 w 平面分成圆内和圆外两个部分. 至于圆 C 的内部是被映射到圆内还是圆外，只要用圆 C 内一点代入分式线性函数，判断其位于 Γ 的内部还是外部就可以得出结论.

性质 6.2（保对称原理） 设 z_1，z_2 关于圆 C：$|z - z_0| = R$ 对称，则在分式线性映射下，它们的映射点 w_1，w_2 关于 C 的映射圆 Γ 也是对称的.

证明思路：首先证明扩充复平面上两点 z_1 和 z_2 关于圆 C 对称的

充要条件是通过 z_1，z_2 的任意圆 Γ 都与 C 正交[注]，再证过 z_1 和 z_2 的分式线性映射像点 w_1，w_2 的任意圆 Γ' 都与 w_1，w_2 的对称圆 C' 正交即可.

当 C 是直线或者 C 是半径有限的圆，而 z_1 和 z_2 中有一个是无穷远点时，结论显然成立. 现考察 C：$|z-z_0|=R$，z_1 和 z_2 为有限点的情况.

先证必要性.

若 z_1，z_2 关于 C 对称，则过 z_1，z_2 的直线 L 过 z_0，Γ 是过 z_1，z_2 的一个圆，z_3 是 Γ 与 C 的交点，如图 6-11 所示.

又

$$|z_1 - z_0| \cdot |z_2 - z_0| = R^2 = |z_3 - z_0|^2$$

根据割线定理，$z_3 z_0$ 与 Γ 相切，即 Γ 与 C 正交.

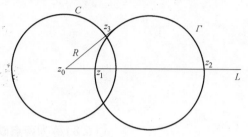

图 6-11

再证充分性.

若过 z_1，z_2 的圆 Γ 与 C 正交，那么 z_1，z_2 在 z_0 的同一边，过 z_1，z_2 的直线 L 过点 z_0. 设 C 与 Γ 的交点为 z_3，则 $z_3 z_0$ 是 Γ 的切线，从而

$$|z_3 - z_0|^2 = R^2 = |z_1 - z_0| \cdot |z_2 - z_0|,$$

因此 z_1，z_2 关于 C 对称.

又因为圆 C 经分式线性映射的像 C' 还是一个圆，Γ 的像 Γ' 也是过 w_1，w_2 的圆，w_1，w_2 分别是 z_1，z_2 的像. 由于 z_1，z_2 关于 C 对称，Γ 与 C 正交，由分式线性映射的保角性可知，Γ' 与 C' 正交，故 w_1，w_2 关于 C' 正交.

性质 6.3 对扩充 z 平面上任意三个不同的点 z_1，z_2，z_3 以及扩充 w 平面上的三个不同的点 w_1，w_2，w_3，存在唯一的分式线性映射将 z_1，z_2，z_3 分别映射成 w_1，w_2，w_3.

证 设 $w = \dfrac{az+b}{cz+d}$，a，b，c，d 是待定的复数，则

$$w_1 = \frac{az_1+b}{cz_1+d}, \qquad w_2 = \frac{az_2+b}{cz_2+d}, \qquad w_3 = \frac{az_3+b}{cz_3+d},$$

[注] 正过两圆的交点作两圆的切线，两切线所成的角称两圆的交角. 若交角为直角，则称两圆正交.

分别解出

$$w - w_1, \qquad w - w_2, \qquad w_3 - w_1, \qquad w_3 - w_2,$$

得

$$\frac{w - w_1}{w - w_2} : \frac{w_3 - w_1}{w_3 - w_2} = \frac{z - z_1}{z - z_2} : \frac{z_3 - z_1}{z_3 - z_2}. \tag{6.7}$$

式(6.7)称为**对应点公式**.

令

$$\frac{w_3 - w_1}{w_3 - w_2} : \frac{z_3 - z_1}{z_3 - z_2} = k,$$

得

$$\frac{w - w_1}{w - w_2} = k \cdot \frac{z - z_1}{z - z_2}. \tag{6.8}$$

式(6.8)称为**两点映射公式**.

整理后，得

$$w = \frac{(w_1 - kw_2)z + (kw_2 z_1 - w_1 z_2)}{(1 - k)z + (kz_1 - z_2)},$$

令

$$a = w_1 - kw_2, \quad b = kw_2 z_1 - w_1 z_2, \quad c = 1 - k, \quad d = kz_1 - z_2,$$

于是，存在分式线性映射

$$w = \frac{az + b}{cz + d}$$

将 z_1，z_2，z_3 分别映射成 w_1，w_2，w_3.

唯一性在此不作证明.

在对应点公式，即式(6.7)中，特别地，当 $w_1 = 0$，$w_2 = \infty$ 时，

$$w \frac{w_3 - w_2}{(w - w_2)w_3} = \frac{z - z_1}{z - z_2} : \frac{z_3 - z_1}{z_3 - z_2},$$

有

$$w = k \cdot \frac{z - z_1}{z - z_2}. \tag{6.9}$$

其中，$k = w_3 : \dfrac{z_3 - z_1}{z_3 - z_2}$，这个映射将过 z_1，z_2 的圆弧线映射成过原点的直线.

注意 映射点的次序不同时，所得到的分式线性映射也不一定相同.

例2 求上半平面 $\operatorname{Im} z > 0$ 在映射 $w = \dfrac{2i}{z+i}$ 下的区域.

解 在实轴上取三个点 $z_1 = 0$，$z_2 = 1$，$z_3 = \infty$，则映射 w 的对应点为

$$w_1 = 2, \quad w_2 = 1 + i, \quad w_3 = 0.$$

这是圆 $(u-1)^2 + v^2 = 1$ 上的三个点，故实轴被映射成圆.

再取上半平面内一点 $z = i$，得映射点 $w = 1$ 正好位于圆 $(u-1)^2 + v^2 = 1$ 内部，所以映射区域为 $|w-1| < 1$，如图 6-12 所示.

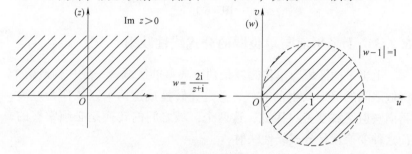

图 6-12

例3 求保形映射 w 将保形映射区域 $D = \{z \mid |z| < 1,\ \operatorname{Im} z > 0\}$ 映射为第一象限.

解 构造分式线性映射 w，使 D 的边界上 $z_1 = -1$ 变成 $w_1 = 0$，且使 $z_2 = 1$ 变成 $w_2 = \infty$.

设

$$w = k \cdot \frac{z+1}{z-1},$$

要使 D 的边界 C_1 和 C_2 分别映射成从原点出发的两条相互垂直的射线，特别将实轴上部分 C_1 变成实半轴 Γ_1，当 $z_3 = 0$ 时，

$$w_3 = 1,$$

因此

$$k = -1, \qquad w = \frac{1+z}{1-z},$$

还可验证，当 $z_4 = i$ 时，

$$w_4 = i,$$

因此 w 将 C_2 变成虚半轴 Γ_2. 在半圆 D 外找一点 $z = 2$，得 $w = -3$ 落在第一象限外.

所以 $w = \dfrac{1+z}{1-z}$ 即为所求映射，如图 6-13 所示.

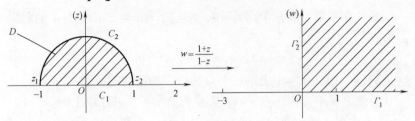

图 6-13

6.2.3 上半平面与单位圆的分式线性映射

上半平面区域与单位圆域是两个典型的区域，一般在构造两个区域之间的保形映射的时候，总是先转换成这两个区域作为过渡，再向映射区域变换，因此，这两个区域之间的转换是必须掌握的，而这种变换就是分式线性映射.

下面通过实例来介绍这两个区域之间的转换.

例 4 求一分式线性映射，把上半平面 $\operatorname{Im} z > 0$ 映射成单位圆内部 $|w| < 1$.

解法一 上半平面 $\operatorname{Im} z > 0$ 的边界是实轴，$|w| < 1$ 的边界是单位圆 $|w| = 1$. 根据性质 6.3，先在实轴上取三点 $z_1 = 0$，$z_2 = 1$，$z_3 = \infty$，则对应单位圆上三点 $w_1 = -1$，$w_2 = -i$，$w_3 = 1$，由对应点公式，即式(6.7)可知

$$\frac{w+1}{w+i} : \frac{1+1}{1+i} = \frac{z-0}{z-1} : \frac{\infty-0}{\infty-1},$$

得

$$w = \frac{z-i}{z+i}.$$

规定依次沿着 w_1，w_2，w_3 的方向为 $|w| = 1$ 的正向，则对应区域在运行方向左边，那么 $|w| < 1$ 正好是 $\operatorname{Im} z > 0$ 的映射区域.

故所求映射为

$$w = \frac{z-i}{z+i}.$$

解法二 在上半平面取一点 $z = 2i$ 使之映射到 w 平面的原点 $w =$

0，由于 $z = 2i$ 和 $z = -2i$ 关于实轴对称，$w = 0$，$w = \infty$ 关于单位圆 $|w| = 1$ 对称，由性质6.2及式(6.9)，可令

$$w = k \cdot \frac{z - 2i}{z + 2i},$$

当取实轴上一点 $z = 2$ 时，对应 $w = k \cdot \dfrac{2 - 2i}{2 + 2i}$ 应在单位圆 $|w| = 1$ 上，即

$$\left| k \cdot \frac{1 - i}{1 + i} \right| = |k| \cdot |-i| = 1,$$

所以 $|k| = 1$.

令 $k = e^{i\theta}$（θ 是任意实数），则

$$w = e^{i\theta} \frac{z - 2i}{z + 2i}$$

即为所求映射，特别地，当 $\theta = 0$ 时，

$$w = \frac{z - 2i}{z + 2i}.$$

例5 求一分式线性映射 w，将单位圆内部 $|z| < 1$，$z_0 \in |z| < 1$，映射成单位圆内部 $|w| < 1$，且对于单位圆内部 $|z| < 1$ 的点 z_0，有 $w(z_0) = 0$.

解 由条件可知，w 将 z_0 映射成 $w = 0$，且将 z_0 关于单位圆的对称点 $\dfrac{1}{\bar{z}_0} = \dfrac{z_0}{|z_0|^2}$ 映射成 $w = 0$ 的对称点 $w = \infty$.

因为

$$w = k_1 \cdot \frac{z - z_0}{z - \dfrac{1}{\bar{z}_0}} = -k_1 \, \bar{z}_0 \cdot \frac{z - z_0}{1 - z \cdot \bar{z}_0},$$

于是，可设

$$w = k \frac{z - z_0}{1 - z \cdot \bar{z}_0} \quad （其中，\ k = -k_1 \, \bar{z}_0）.$$

由于 $|z| = 1$ 上的点对应 $|w| = 1$ 上的点. 当 $z = 1$ 时，

$$|w| = 1 = |k| \cdot \left| \frac{1 - z_0}{1 - \bar{z}_0} \right|,$$

而

$$\left| \frac{1 - z_0}{1 - \bar{z}_0} \right| = 1,$$

因此 $|k| = 1$.

取 $k = e^{i\theta}$，所以

$$w = e^{i\theta}\frac{z - z_0}{1 - z \cdot \bar{z}_0} \qquad (6.10)$$

为单位圆到单位圆映射的一般形式.

例6 求一保形映射，将角形域 $0 < \arg z < \dfrac{4}{5}\pi$ 映射成单位圆内部 $|w| < 1$.

解 先构造映射将角形域 $0 < \arg z < \dfrac{4}{5}\pi$ 变成上半平面，再将上半平面变成单位圆的内部.

取 $w = z^{\frac{5}{4}}$ 的单值解析分支

$$z = re^{i\theta}, \qquad w_0 = r^{\frac{5}{4}}e^{\frac{5\theta}{4}i},$$

将角形区域 $0 < \arg z < \dfrac{4}{5}\pi$ 保形映射成上半平面 $\mathrm{Im}\, w_0 > 0$.

$$w = \frac{w_0 - i}{w_0 + i},$$

见本节例4，则 w 将 $\mathrm{Im}\, w_0 > 0$ 保形映射成单位圆内 $|w| < 1$，如图6-14 所示.

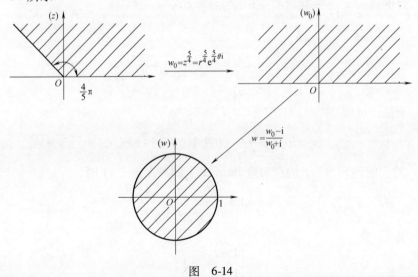

图 6-14

故所求保形映射为

$$w = \frac{z^{\frac{5}{4}} - \mathrm{i}}{z^{\frac{5}{4}} + \mathrm{i}},$$

这里 $z^{\frac{5}{4}}$ 是 $k = 0$ 时的单值解析分支.

例 7 求一保形映射, 将区域 $D = \{z \mid |z| < 1,\ \mathrm{Im}\, z > 0,\ \mathrm{Re}\, z > 0\}$ 映射成上半平面.

解 如图 6-15 所示. 首先, $w_1 = z^2$ 将 D 变为上半单位圆域; 接着按本节例 3 的做法, $w_2 = \dfrac{1 + w_1}{1 - w_1}$ 将上半单位圆域: $|w_1| < 1,\ \mathrm{Im}\, w_1 > 0$ 变成第一象限: $0 < \arg w_2 < \dfrac{\pi}{2}$; 最后, 用 $w = w_2^2$ 将第一象限变成上半平面 $\mathrm{Im}\, w > 0$.

故所求保形映射为 $w = \left(\dfrac{1 + z^2}{1 - z^2}\right)^2$.

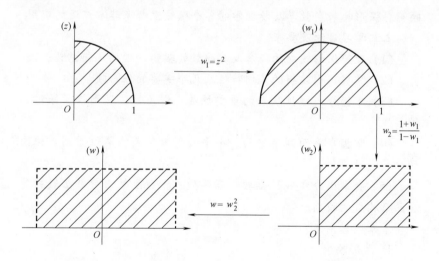

图 6-15

对于此题, 以下做法和结论是错误的.

先作映射 $w_1 = z^2$ 将扇形 $D = \{z \mid |z| < 1,\ \mathrm{Im}\, z > 0,\ \mathrm{Re}\, z > 0\}$ 映射成单位圆 $|w_1| < 1$，再用 $w = \dfrac{\mathrm{i}(1 + w_1)}{1 - w_1}$ 将单位圆内部映射成上半平面，因此，$w = \dfrac{\mathrm{i}(1 + z^2)}{1 - z^2}$ 为 D 到上半平面的保形映射.

分析：$w_1 = z^2$ 是不能将 D 保形映射成单位圆内部的. 因为 D 的边界点 $z = \dfrac{1}{2}$ 经 z^2 映射成了单位圆 $|w_1| < 1$ 内的点 $w_1 = \dfrac{1}{4}$，违背了边界对应原理，所以 $w_1 = z^2$ 不是上述两个区域的保形映射.

故 $w = \dfrac{\mathrm{i}(1 + z^2)}{1 - z^2}$ 也不是 D 到上半平面的保形映射.

本 章 小 结

解析函数所实现的映射能把区域映射成区域，且在其导数不为零的点的邻域上，具有伸缩率及旋转角不变的特性，因此称为保形映射. 保形映射在数学及物理学的各个领域里都有非常广泛的应用.

本章学习目的及要求

（1）理解保形映射的概念及其导数的辐角、模的几何意义；

（2）掌握保形映射的几何特性及几个重要的保形映射；

（3）掌握分式线性映射的重要性质：保角性、保圆性、保对称性；

（4）掌握半平面到半平面、半平面到单位圆、单位圆到单位圆的分式线性映射；

（5）会求由分式线性函数、幂函数、指数函数、对数函数或复合函数构成的映射.

本章内容要点

1. 保形映射

（1）定义：在区域 D 内的双方单值解析函数是 D 内的保形映射.

（2）几何特性：若 $f(z)$ 是区域 D 的保形映射，且 $f'(z_0) \neq 0$，则局部保形映射在点 z_0 的伸缩率 $|f'(z_0)|$ 不变，且在 z_0 处也具有保

角性，即旋转角 $\arg f'(z_0) = \varphi_0 - \theta_0$ 不变，或映射曲线交角不变，即 $\varphi_1 - \varphi_0 = \theta_1 - \theta_0$.

（3）几种特殊的保形映射：幂函数 $w = z^n$ 将角形域 $0 < \theta < \dfrac{\theta_0}{n}$ 保形映射成 $0 < \varphi < \theta_0$.

解析单支 $w = z^{\frac{1}{n}}$（根式函数）将 $0 < \theta < \theta_0$ 保形映射为 $0 < \theta < \dfrac{\theta_0}{n}$，$0 < \theta_0 \leqslant 2\pi$.

指数函数 $w = e^z$ 将带形域 $0 < \mathrm{Im}\, z < 2\pi$ 保形映射成去掉原点和正实轴的部分平面.

对数函数 $w = \ln z$ 是指数函数的反函数，将去掉原点和正实轴的部分平面保形映射成带形域 $0 < \mathrm{Im}\, z < 2\pi$.

2. 分式线性映射

（1）分式线性映射的定义：形如 $w = \dfrac{az + b}{cz + d}$（$a$，$b$，$c$，$d$ 是复常数，且 $ad - bc \neq 0$）的式子叫分式线性映射.

这也是一种保形映射.

（2）几种特殊的分式线性映射：

①平移映射 $w = z + b$（b 是复常数）；

②旋转映射 $w = az$（$a \neq 0$）；

③相似变换 $w = \rho z = r\rho e^{i\theta}$（$\rho > 0$）；

④反演变换 $w = \dfrac{1}{z}$.

（3）分式线性映射的特性：

①保圆性：分式线性映射将圆映射成圆；

②保对称性：分式线性映射将圆的对称点映射成像圆的对称点；

③唯一性：三个不同的原像点与三个不同的像点之间依固定次序存在唯一的分式线性映射.

（4）上半平面与单位圆的分式线性映射：

①从上半平面到单位圆：$w = e^{i\theta} \dfrac{z - z_0}{z - \bar{z}_0}$，$z_0$ 在上半平面；

②从单位圆到单位圆：$w = e^{i\theta} \dfrac{z - z_0}{1 - z \cdot \bar{z}_0}$，$z_0$ 是 $|z| < 1$ 内任一点.

综合练习题 6

1. 求映射 $w = (z+1)^2$ 在 $z = i$ 处的旋转角及伸缩率.

2. 在映射 $w = iz$ 下，下列区域映射成什么图形？

(1) 以 $z_1 = i$，$z_2 = -1$，$z_3 = 1$ 为顶点的三角形；

(2) $\text{Im}(z) > 0$.

3. 求函数 $w = 3z^2$ 在 $z = i$ 处的伸缩率和旋转角. 如果有一条曲线 C，其经过点 $z = i$ 处的切线与实轴正向平行，那么在映射 $w = 3z^2$ 下，该切向量被映射成 w 平面上的哪个方向？

4. 证明：映射 $w = z + \dfrac{1}{z}$ 把圆周 $|z| = r (r \neq 1)$ 映射成椭圆

$$\begin{cases} u = \left(r + \dfrac{1}{r}\right)\cos\theta, \\ v = \left(r - \dfrac{1}{r}\right)\sin\theta. \end{cases}$$

5. 求下列区域在指定映射下映射成的区域：

(1) 以 $z_1 = i$，$z_2 = -1$，$z_3 = 1$ 为顶点的三角形，$w = iz$；

(2) $\text{Re}\, z > 0$，$w = iz + i$；

(3) $\text{Im}\, z > 0$，$w = (1+i)z$；

(4) $0 < \text{Im}\, z < \dfrac{1}{2}$，$w = \dfrac{1}{z}$；

(5) $\text{Re}\, z > 0$，$0 < \text{Im}\, z < 1$，$w = \dfrac{i}{z}$.

6. 求分式线性映射，它将 z_1，z_2，z_3 分别映射成 w_1，w_2，w_3：

(1) $z_1 = -1$，$z_2 = i$，$z_3 = 1 + i$；$w_1 = 0$，$w_2 = 2i$，$w_3 = 1 - i$；

(2) $z_1 = -1$，$z_2 = \infty$，$z_3 = i$；$w_1 = i$，$w_2 = 1$，$w_3 = 1 + i$.

7. 如果分式线性映射 $w = \dfrac{az+b}{cz+d}$ 将上半平面 $\text{Im}(z) > 0$ 映射成下半平面 $\text{Im}(w) < 0$，那么 a，b，c，d 应满足什么条件？

8. 求将左半面 $\text{Re}(z) < 0$ 映射成单位圆域 $|w| < 1$ 的分式线性映射.

9. 求将 $|z| < 1$ 映射成 $|w - 1| < 1$ 的分式线性映射.

10. 求将 $|z| < R (R \neq 1)$ 映射成 $|w| < 1$ 的分式线性映射.

11. 求把上半平面 $\text{Im}(z) > 0$ 映射成上半平面 $\text{Im}(w) > 0$ 且分别满足下列条件的分式线性映射：

(1) $w(0) = 1$，$w(1) = 2$，$w(3) = \infty$；

(2) $w(0) = 1$，$w(i) = 2i$.

12. 求下列把上半平面 $\text{Im}\, z > 0$ 映射成单位圆 $|w| < 1$ 的分式线性映射：

(1) 把实轴上的点 -1，0，1 分别映射成圆周 $|w|=1$ 上的点 1，i，-1；

(2) $f(i)=0$，$f(-1)=1$；

(3) $f(i)=0$，$\arg f'(i)=0$；

(4) $f(2i)=0$，$f'(2i)>0$.

13. 求满足下面所给条件，且把单位圆 $|z|<1$ 映射成单位圆 $|w|<1$ 的分式线性变换 $w=f(z)$：

(1) $f\left(\dfrac{1}{2}\right)=0$，$f(1)=-1$；

(2) $f\left(\dfrac{1}{2}\right)=0$，$\arg f'\left(\dfrac{1}{2}\right)=\dfrac{\pi}{2}$；

(3) $f(0)=0$，$\arg f'(0)=-\dfrac{\pi}{2}$.

14. 求将角形区域 $0<\arg z<\dfrac{\pi}{3}$ 映射成单位圆 $|w|<1$ 的一个保形映射.

15. 求将 $x<0$，$y<0$ 变为单位圆域 $|w|<1$ 的映射.

16. 求将上半圆域 $|z|<1$，$\operatorname{Im}(z)>0$ 变为上半平面 $\operatorname{Im}(w)>0$ 的映射.

自 测 题 6

1. 填空题

(1) 保形映射具有_____性、_____性、_____性.

(2) 唯一确定分式线性映射的条件是_____.

(3) 三类典型的分式线性映射是：

1) $w=$_____，它把_____映射成_____；

2) $w=$_____，它把_____映射成_____；

3) $w=$_____，它把_____映射成_____.

(4) 幂函数所构成的映射的主要特点是把_____映射成_____.

(5) 指数函数所构成的映射的主要特点是把_____映射成_____.

2. 求映射 $w=z^2$ 在 $z=i$ 处的旋转角和伸缩率.

3. 下列区域在指定映射下映射成什么图形？

(1) $|z-1|\leqslant 1$，$w=iz$；

(2) $x>0$，$y>0$，$w=\dfrac{z-i}{z+i}$.

4. 求将 $z_1=-1$，$z_2=0$，$z_3=1$ 分别映射成 $w_1=1$，$w_2=i$，$w_3=-1$ 的分式线性映射，并说明该映射能将上半平面映射成什么图形.

5. 求将右半平面 $\operatorname{Re} z>0$ 映射成单位圆域 $|w|<1$ 的分式线性映射.

6. 求将上半平面 $\operatorname{Im} z>0$ 映射成单位圆域 $|w|<1$ 且满足 $w(i)=0$，

$\arg w'(\mathrm{i}) = 0$ 的分式线性映射.

7. 求将单位圆域 $|z| < 1$ 映射成单位圆域 $|w| < 1$ 且满足 $w\left(\dfrac{1}{2}\right) = 0$, $w(-1) = 1$ 的分式线性映射.

8. 求将区域 $|z+\mathrm{i}| > \sqrt{2}$, $|z-\mathrm{i}| < \sqrt{2}$ 映射成上半平面 $\mathrm{Im}\, w > 0$ 的保形映射.

9. 求将带形域 $-\dfrac{\pi}{4} < \mathrm{Re}\, z < \dfrac{\pi}{4}$ 映射成单位圆域 $|w| < 1$ 且满足 $w\left(\pm\dfrac{\pi}{4}\right) = \pm 1$, $w(\mathrm{i}a) = \mathrm{i}$ 的保形映射.

第 7 章　傅里叶变换

在数学理论中，常常采用各种各样的变换来达到将复杂的运算化为简单的运算的目的. 例如，在初等数学中，对数变换可以将乘法或除法运算转化为加法或减法运算. 而在工程数学中，积分变换能够将分析运算（微分、积分等）转化为代数运算. 由于这一特性，积分变换成为求解各种微积分方程最为主要的数学工具之一. 不仅如此，积分变换在自然科学的许多领域也有着广泛的应用.

本章将要讨论的**傅里叶（Fourier）变换**，是一种对连续函数作用的积分变换，通过该变换，可以把一个函数转换为另一个函数. 此外，傅里叶变换还有某种对称形式的逆变换. 此变换不仅能简化运算，而且在图像处理、信号分析等领域也有重要的应用.

本章预习提示：傅里叶级数的概念及其物理意义，将周期函数展开成傅里叶级数的条件及展开法.

7.1　傅里叶变换的概念

7.1.1　傅里叶级数与傅里叶积分公式

在高等数学中，对于一个以 $2l$ 为周期的函数 $f(t)$，如果该函数在 $[-l, l]$ 上满足狄利克雷（Dirichlet）充分条件，即在 $[-l, l]$ 上满足：

（1）连续或只有有限个第一类间断点；

（2）至多只有有限个极值点.

则 $f(t)$ 的傅里叶级数收敛，并且若 t 为 $f(t)$ 的连续点，则该级数收敛于 $f(t)$，即

$$f(t) = \frac{a_0}{2} + \sum_{n=1}^{+\infty} (a_n \cos n\omega t + b_n \sin n\omega t), \qquad (7.1)$$

其中，$\omega = \dfrac{\pi}{l}$；

$$a_n = \frac{1}{l}\int_{-l}^{l} f(t)\cos\frac{n\pi t}{l}\mathrm{d}t \quad (n = 0,1,2,3,\cdots);$$

$$b_n = \frac{1}{l}\int_{-l}^{l} f(t)\sin\frac{n\pi t}{l}\mathrm{d}t \quad (n = 1,2,3,\cdots).$$

若 t 为 $f(t)$ 的间断点，则式 (7.1) 右端收敛于 $\frac{1}{2}[f(t-0) + f(t+0)]$.

下面我们将傅里叶级数转换成复数形式.

应用欧拉公式

$$\cos t = \frac{\mathrm{e}^{\mathrm{i}t} + \mathrm{e}^{-\mathrm{i}t}}{2},$$

$$\sin t = \frac{\mathrm{e}^{\mathrm{i}t} - \mathrm{e}^{-\mathrm{i}t}}{2\mathrm{i}},$$

则式 (7.1) 可以写成

$$f(t) = \frac{a_0}{2} + \sum_{n=1}^{+\infty}\left[\frac{a_n}{2}(\mathrm{e}^{\mathrm{i}n\omega t} + \mathrm{e}^{-\mathrm{i}n\omega t}) + \frac{b_n}{2\mathrm{i}}(\mathrm{e}^{\mathrm{i}n\omega t} - \mathrm{e}^{-\mathrm{i}n\omega t})\right]$$

$$= \frac{a_0}{2} + \sum_{n=1}^{+\infty}\left(\frac{a_n - \mathrm{i}b_n}{2}\mathrm{e}^{\mathrm{i}n\omega t} + \frac{a_n + \mathrm{i}b_n}{2}\mathrm{e}^{-\mathrm{i}n\omega t}\right).$$

若令

$$c_0 = \frac{a_0}{2}, \quad c_n = \frac{a_n - \mathrm{i}b_n}{2}, \quad c_{-n} = \frac{a_n + \mathrm{i}b_n}{2} \quad (n = 1, 2, 3, \cdots),$$

则可以得到式 (7.1) 的复数形式

$$f(t) = \sum_{n=-\infty}^{+\infty} c_n\mathrm{e}^{\mathrm{i}n\omega t}. \tag{7.2}$$

将式 (7.2) 中的系数 $c_n(n \in \mathbf{Z})$ 写成复数形式，有

$$c_0 = \frac{a_0}{2} = \frac{1}{2l}\int_{-l}^{l} f(t)\,\mathrm{d}t,$$

$$c_n = \frac{a_n - \mathrm{i}b_n}{2} = \frac{1}{2l}\left[\int_{-l}^{l} f(t)\cos n\omega t\mathrm{d}t - \mathrm{i}\int_{-l}^{l} f(t)\sin n\omega t\mathrm{d}t\right]$$

$$= \frac{1}{2l}\int_{-l}^{l} f(t)(\cos n\omega t - \mathrm{i}\sin n\omega t)\,\mathrm{d}t$$

$$= \frac{1}{2l}\int_{-l}^{l} f(t)\mathrm{e}^{-\mathrm{i}n\omega t}\mathrm{d}t(n = 1,2,3,\cdots),$$

$$c_{-n} = \frac{a_n + ib_n}{2} = \frac{1}{2l}\int_{-l}^{l} f(t)\,\mathrm{e}^{in\omega t}\mathrm{d}t\,(n = 1,2,3,\cdots).$$

上述计算公式可合并写成

$$c_n = \frac{1}{2l}\int_{-l}^{l} f(t)\,\mathrm{e}^{-in\omega t}\mathrm{d}t \quad (n \in \mathbf{Z}).$$

则式(7.2)又可以写成

$$f(t) = \frac{1}{2l}\sum_{n=-\infty}^{+\infty}\left[\int_{-l}^{l} f(t)\,\mathrm{e}^{-in\omega t}\mathrm{d}t\right]\mathrm{e}^{in\omega t}. \tag{7.3}$$

下面讨论非周期函数展开成傅里叶级数的问题.

先给出一个结论：任何一个非周期函数 $f(t)$ 都可以看做是由某个周期为 $2l$ 的周期函数 $f_{2l}(t)$ 当 $l\to\infty$ 时转换而来的.

事实上，可以构造周期为 $2l$ 的周期函数 $f_{2l}(t)$，使其在 $[-l,\,l]$ 内等于 $f(t)$，而在 $[-l,\,l)$ 外可按照周期 $2l$ 延拓至整个数轴.

显然，当 $2l$ 越大时，$f_{2l}(t)$ 与 $f(t)$ 相等的范围也就越大，因此，直观上就有

$$f(t) = \lim_{l\to+\infty} f_{2l}(t) = \lim_{l\to+\infty}\frac{1}{2l}\sum_{n=-\infty}^{+\infty}\left[\int_{-l}^{l} f_{2l}(t)\,\mathrm{e}^{-in\omega t}\mathrm{d}t\right]\mathrm{e}^{in\omega t},$$

令

$$\omega_n = n\omega = \frac{n\pi}{l},\ \Delta\omega_n = \omega_n - \omega_{n-1} = \frac{\pi}{l},$$

则 $l\to+\infty$ 等价于 $\Delta\omega_n\to0$，则上式又可以写成

$$f(t) = \lim_{\Delta\omega_n\to0}\frac{1}{2\pi}\sum_{n=-\infty}^{+\infty}\left[\int_{-l}^{l} f_{2l}(t)\,\mathrm{e}^{-i\omega_n t}\mathrm{d}t\right]\Delta\omega_n\mathrm{e}^{i\omega_n t}, \tag{7.4}$$

其中

$$\frac{1}{2\pi}\left[\int_{-l}^{l} f_{2l}(t)\,\mathrm{e}^{-i\omega_n t}\mathrm{d}t\right]\mathrm{e}^{i\omega_n t}$$

是参数 ω_n 的函数，记作 $\varphi_{2l}(\omega_n)$，即

$$\varphi_{2l}(\omega_n) = \frac{1}{2\pi}\left[\int_{-l}^{l} f_{2l}(t)\,\mathrm{e}^{-i\omega_n t}\mathrm{d}t\right]\mathrm{e}^{i\omega_n t},$$

于是，式(7.4)又可以写成

$$f(t) = \lim_{\Delta\omega_n\to0}\sum_{n=-\infty}^{+\infty}\varphi_{2l}(\omega_n)\Delta\omega_n,$$

显然，当 $\Delta\omega_n\to0$(即 $l\to+\infty$)时，$\varphi_{2l}(\omega_n)\to\varphi(\omega_n)$，其中

$$\varphi(\omega_n) = \frac{1}{2\pi}\Big[\int_{-\infty}^{\infty} f(t)\,\mathrm{e}^{-\mathrm{i}\omega_n t}\mathrm{d}t\Big]\mathrm{e}^{\mathrm{i}\omega_n t}.$$

由积分的定义可得

$$f(t) = \int_{-\infty}^{+\infty}\varphi(\omega_n)\,\mathrm{d}\omega_n = \int_{-\infty}^{+\infty}\varphi(\omega)\,\mathrm{d}\omega$$

$$= \frac{1}{2\pi}\int_{-\infty}^{+\infty}\Big[\int_{-\infty}^{+\infty} f(t)\,\mathrm{e}^{-\mathrm{i}\omega t}\mathrm{d}t\Big]\mathrm{e}^{\mathrm{i}\omega t}\mathrm{d}\omega.$$

以上展开式称为 $f(t)$ 的**傅里叶积分公式**.

需要指出的是，为了回避使用复杂的数学工具，上述推导过程只是形式上的，是不严格的. 现在面临的问题是，对于一个非周期函数 $f(t)$，当它满足什么条件时可以由其傅里叶积分公式表示. 于是，有以下定理：

定理 7.1(傅里叶积分定理) 若函数 $f(t)$ 在 $(-\infty, +\infty)$ 上满足：

（1）在任一有限区间上满足狄利克雷条件；

（2）广义积分 $\int_{-\infty}^{+\infty}|f(t)|\,\mathrm{d}t$ **收敛**，

则在 $f(t)$ 的连续点处，有

$$f(t) = \frac{1}{2\pi}\int_{-\infty}^{+\infty}\Big[\int_{-\infty}^{+\infty} f(t)\,\mathrm{e}^{-\mathrm{i}\omega t}\mathrm{d}t\Big]\mathrm{e}^{\mathrm{i}\omega t}\mathrm{d}\omega, \qquad (7.5)$$

而在 $f(t)$ 的间断点处，傅里叶积分则收敛于 $\frac{1}{2}[f(t-0)+f(t+0)]$.

证明从略.

7.1.2　傅里叶变换

由前面的讨论可知，若函数 $f(x)$ 满足定理 7.1 中的条件，则在 $f(t)$ 的连续点处有

$$f(t) = \frac{1}{2\pi}\int_{-\infty}^{+\infty} F(\omega)\,\mathrm{e}^{\mathrm{i}\omega t}\mathrm{d}\omega, \qquad (7.6)$$

其中

$$F(\omega) = \int_{-\infty}^{+\infty} f(t)\,\mathrm{e}^{-\mathrm{i}\omega t}\mathrm{d}t. \qquad (7.7)$$

从式(7.6)和式(7.7)可以看出，函数 $f(t)$ 和 $F(\omega)$ 通过指定的积分运算可以互相转化. 其中式(7.7)称为 $f(t)$ 的**傅里叶变换**，简

记为

$$F(\omega) = \mathscr{F}[f(t)],$$

$F(\omega)$叫做$f(t)$的**像函数**，式(7.6)称为$F(\omega)$的**傅里叶逆变换**，简记为

$$f(t) = \mathscr{F}^{-1}[F(\omega)],$$

$f(t)$叫做$F(\omega)$的**像原函数**. 在工程技术领域，$F(\omega)$称为**频谱密度函数**，$|F(\omega)|$称为**振幅谱**.

例1 求指数衰减函数

$$f(t) = \begin{cases} 0, & t < 0, \\ e^{-bt}, & t \geqslant 0 \end{cases}$$

的傅里叶变换及其积分表达式，其中$b > 0$.

解 根据式(7.7)，有

$$F(\omega) = \mathscr{F}[f(t)] = \int_{-\infty}^{+\infty} f(t) e^{-i\omega t} dt = \int_{0}^{+\infty} e^{-bt} e^{-i\omega t} dt$$

$$= \int_{0}^{+\infty} e^{-(b+i\omega)t} dt = \frac{1}{b + i\omega}$$

$$= \frac{b - i\omega}{b^2 + \omega^2}.$$

根据式(7.6)，有

$$f(t) = \mathscr{F}^{-1}[F(\omega)] = \frac{1}{2\pi} \int_{-\infty}^{+\infty} F(\omega) e^{i\omega t} d\omega$$

$$= \frac{1}{2\pi} \int_{-\infty}^{+\infty} \frac{b - i\omega}{b^2 + \omega^2} e^{i\omega t} d\omega \ (\text{利用函数的奇偶性})$$

$$= \frac{1}{2\pi} \int_{-\infty}^{+\infty} \frac{b\cos\omega t + \omega\sin\omega t}{b^2 + \omega^2} d\omega$$

$$= \frac{1}{\pi} \int_{0}^{+\infty} \frac{b\cos\omega t + \omega\sin\omega t}{b^2 + \omega^2} d\omega.$$

利用上式，可得到一个广义积分的公式

$$\int_{0}^{+\infty} \frac{b\cos\omega t + \omega\sin\omega t}{b^2 + \omega^2} d\omega = \begin{cases} 0, & t < 0; \\ \dfrac{\pi}{2}, & t = 0; \\ \pi e^{-bt}, & t > 0. \end{cases}$$

例 2 求矩形单脉冲函数

$$f(t) = \begin{cases} 1, & -a \leqslant t \leqslant a, \ a > 0; \\ 0, & 其他 \end{cases}$$

的傅里叶变换及其积分表达式.

解 根据式(7.7)，有

$$F(\omega) = \mathscr{F}[f(t)] = \int_{-\infty}^{+\infty} e^{-i\omega t} dt$$

$$= \int_{-a}^{a} e^{-i\omega t} dt = \frac{1}{-i\omega} e^{-i\omega t} \Big|_{-a}^{a}$$

$$= \frac{1}{-i\omega}(e^{-i\omega a} - e^{i\omega a})$$

$$= \frac{2}{\omega}\sin a\omega.$$

根据式(7.6)，有

$$f(t) = \mathscr{F}^{-1}[F(\omega)] = \frac{1}{2\pi}\int_{-\infty}^{+\infty} \frac{2\sin a\omega}{\omega} e^{i\omega t} d\omega$$

$$= \frac{1}{2\pi}\int_{-\infty}^{+\infty} \frac{2\sin a\omega}{\omega}\cos\omega t d\omega + \frac{i}{2\pi}\int_{-\infty}^{+\infty} \frac{2\sin a\omega}{\omega}\sin\omega t d\omega$$

$$= \frac{2}{\pi}\int_{0}^{+\infty} \frac{\sin a\omega}{\omega}\cos\omega t d\omega$$

$$= \begin{cases} 1, & |t| < a; \\ \dfrac{1}{2}, & |t| = a; \\ 0, & |t| > a. \end{cases}$$

在上式中令 $t = 0$，得到重要积分公式

$$\int_{0}^{+\infty} \frac{\sin t}{t} dt = \frac{\pi}{2}.$$

例 3 求钟形脉冲函数 $f(t) = ae^{-bt^2}$ 的傅里叶变换及其积分表达式，其中 $a, b > 0$.

解 根据式(7.7)，有

$$F(\omega) = \int_{-\infty}^{+\infty} f(t) e^{-i\omega t} dt$$

$$= a\int_{-\infty}^{+\infty} e^{-b\left(t^2 + \frac{i\omega}{b}t\right)} dt$$

$$= ae^{-\frac{\omega^2}{4b}}\int_{-\infty}^{+\infty} e^{-b\left(t + \frac{i\omega}{2b}\right)^2} dt,$$

令 $t + \dfrac{\mathrm{i}\omega}{2b} = s$，则上式为一复变函数的积分，其中

$$\int_{-\infty}^{+\infty} \mathrm{e}^{-b\left(t+\frac{\mathrm{i}\omega}{2b}\right)^2} \mathrm{d}t = \int_{-\infty+\frac{\mathrm{i}\omega}{2b}}^{+\infty+\frac{\mathrm{i}\omega}{2b}} \mathrm{e}^{-bs^2} \mathrm{d}s.$$

易知 e^{-bs^2} 是复平面上的解析函数，取如图 7-1 中的闭曲线 l：矩形 $ABCDA$. 利用柯西积分公式有

$$\oint_l \mathrm{e}^{-bs^2} \mathrm{d}s = \int_{\overrightarrow{AB}} \mathrm{e}^{-bs^2} \mathrm{d}s + \int_{\overrightarrow{BC}} \mathrm{e}^{-bs^2} \mathrm{d}s + \int_{\overrightarrow{CD}} \mathrm{e}^{-bs^2} \mathrm{d}s + \int_{\overrightarrow{DA}} \mathrm{e}^{-bs^2} \mathrm{d}s = 0.$$

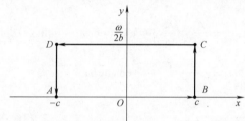

图 7-1

如图 7-1 所示，可知当 $c \to +\infty$ 时，有

$$\int_{\overrightarrow{AB}} \mathrm{e}^{-bs^2} \mathrm{d}s = \int_{-c}^{c} \mathrm{e}^{-bx^2} \mathrm{d}x \to \int_{-\infty}^{+\infty} \mathrm{e}^{-bx^2} \mathrm{d}x = \sqrt{\dfrac{\pi}{b}},$$

$$\left| \int_{\overrightarrow{BC}} \mathrm{e}^{-bs^2} \mathrm{d}s \right| = \left| \int_{c}^{c+\frac{\mathrm{i}\omega}{2b}} \mathrm{e}^{-bs^2} \mathrm{d}s \right| = \left| \int_{0}^{\frac{\omega}{2b}} \mathrm{e}^{-b(c+\mathrm{i}u)^2} \mathrm{d}(c+\mathrm{i}u) \right|$$

$$\leqslant \mathrm{e}^{-bc^2} \int_{0}^{\frac{\omega}{2b}} \left| \mathrm{e}^{bu^2 - 2cbu\,\mathrm{i}} \right| \mathrm{d}u = \mathrm{e}^{-bc^2} \int_{0}^{\frac{\omega}{2b}} \mathrm{e}^{bu^2} \mathrm{d}u \to 0.$$

同理可得，当 $c \to +\infty$ 时，有

$$\left| \int_{\overrightarrow{DA}} \mathrm{e}^{-bs^2} \mathrm{d}s \right| \to 0,$$

从而当 $c \to +\infty$ 时，有

$$\int_{\overrightarrow{BC}} \mathrm{e}^{-bs^2} \mathrm{d}s \to 0,$$

$$\int_{\overrightarrow{DA}} \mathrm{e}^{-bs^2} \mathrm{d}s \to 0.$$

由此可得

$$\lim_{c \to +\infty} \int_{\overrightarrow{CD}} \mathrm{e}^{-bs^2} \mathrm{d}s + \sqrt{\dfrac{\pi}{b}} = -\lim_{c \to +\infty} \int_{\overrightarrow{DC}} \mathrm{e}^{-bs^2} \mathrm{d}s + \sqrt{\dfrac{\pi}{b}} = 0,$$

上式等价于

$$\int_{-\infty + \frac{\mathrm{i}\omega}{2b}}^{+\infty + \frac{\mathrm{i}\omega}{2b}} \mathrm{e}^{-bs^2} \mathrm{d}s = \lim_{c \to +\infty} \int_{\overrightarrow{DC}} \mathrm{e}^{-bs^2} \mathrm{d}s = \sqrt{\frac{\pi}{b}}.$$

所以钟形脉冲函数的傅里叶变换为

$$F(\omega) = a\mathrm{e}^{-\frac{\omega^2}{4b}} \sqrt{\frac{\pi}{b}}.$$

接下来求该函数的积分表达式，利用式(7.6)，可得

$$f(t) = \mathscr{F}^{-1}[F(\omega)] = \frac{1}{2\pi} \int_{-\infty}^{+\infty} F(\omega) \mathrm{e}^{\mathrm{i}\omega t} \mathrm{d}\omega$$

$$= \frac{a}{2\pi} \sqrt{\frac{\pi}{b}} \int_{-\infty}^{+\infty} \mathrm{e}^{-\frac{\omega^2}{4b}} (\cos\omega t + \mathrm{i}\sin\omega t) \mathrm{d}\omega$$

$$= \frac{a}{\sqrt{\pi b}} \int_{0}^{+\infty} \mathrm{e}^{-\frac{\omega^2}{4b}} \cos\omega t \mathrm{d}\omega.$$

7.2　单位脉冲函数

7.2.1　单位脉冲函数的概念及其性质

在物理和工程技术中，许多物理量具有脉冲性质. 所谓脉冲性质就是指这些量集中于某一点或某一瞬时，例如脉冲电压、点电荷、质点的质量等物理量，这些物理量与具有连续分布的量有明显的区别. 本节将要介绍的**单位脉冲函数**，又称为**狄拉克(Dirac)函数**，简记为 **δ 函数**，就适合用来描述此类现象.

下面通过一个具体的例子，来说明引入 δ 函数的必要性.

设一个电流为零的电路在某一瞬时(不妨设 $t=0$)进入一单位电荷的脉冲，用 $Q(t)$ 表示上述电路中的电荷量函数，则

$$Q(t) = \begin{cases} 0, & t \neq 0, \\ 1, & t = 0. \end{cases}$$

由于电流 $I(t)$ 为电荷量函数 $Q(t)$ 对时间 t 的变化率，因此

$$I(t) = \lim_{\Delta t \to 0} \frac{Q(t + \Delta t) - Q(t)}{\Delta t},$$

当 $t \neq 0$ 时，$I(t) = 0$；而当 $t = 0$ 时，此极限在高等数学的讨论范围内是不存在的. 若形式上地计算该极限，可得 $I(0) = \infty$，但是，这并不符合实际现象. 很多集中于某一点或某一瞬时的物理量

都具有与脉冲电荷相似的性质，如果引入 δ 函数，则此类物理量与那些具有连续分布的量就能够以统一的方式加以研究.

下面给出单位脉冲函数（δ 函数）的定义.

定义 7.1 如果函数 $\delta(t)$ 满足

(1) 当 $t \neq 0$ 时，$\delta(t) = 0$；

(2) $\int_{-\infty}^{+\infty} \delta(t) \mathrm{d}t = 1$，或者 $\int_I \delta(t) \mathrm{d}t = 1$，其中 I 为任一包含 0 的区间，则称 $\delta(t)$ 为单位脉冲函数.

下面不加证明地给出关于 δ 函数的一个重要结论：

设 $f(t)$ 是无穷可微的函数，含参变量函数

$$\delta_\varepsilon(t) = \begin{cases} 0, & t < 0, \\ \dfrac{1}{\varepsilon}, & 0 \leqslant t \leqslant \varepsilon, \\ 0, & t > \varepsilon. \end{cases}$$

则

$$\int_{-\infty}^{+\infty} f(t) \delta(t) \mathrm{d}t = \lim_{\varepsilon \to 0^+} \int_{-\infty}^{+\infty} f(t) \delta_\varepsilon(t) \mathrm{d}t.$$

利用上述结论，可以得到 δ 函数的一个重要性质——**筛选性质**：

若 $f(t)$ 是无穷可微的函数，则

$$\int_{-\infty}^{+\infty} \delta(t) f(t) \mathrm{d}t = f(0). \tag{7.8}$$

事实上

$$\begin{aligned}
\int_{-\infty}^{+\infty} f(t) \delta(t) \mathrm{d}t &= \lim_{\varepsilon \to 0^+} \int_{-\infty}^{+\infty} f(t) \delta_\varepsilon(t) \mathrm{d}t \\
&= \lim_{\varepsilon \to 0^+} \int_0^\varepsilon \frac{1}{\varepsilon} f(t) \mathrm{d}t \\
&= \lim_{\varepsilon \to 0^+} \frac{1}{\varepsilon} \int_0^\varepsilon f(t) \mathrm{d}t,
\end{aligned}$$

对函数 $f(t)$ 使用积分中值定理，有

$$\int_{-\infty}^{+\infty} f(t) \delta(t) \mathrm{d}t = \lim_{\varepsilon \to 0^+} \frac{1}{\varepsilon} \int_0^\varepsilon f(t) \mathrm{d}t = \lim_{\varepsilon \to 0^+} f(\theta \varepsilon) = f(0), 0 < \theta < 1.$$

更一般地，有

$$\int_{-\infty}^{+\infty} f(t) \delta(t - t_0) \mathrm{d}t = f(t_0). \tag{7.9}$$

由筛选性质可知，任一无穷可微函数通过单位脉冲函数都明确

地对应着一个确定的数 $f(0)$ 或 $f(t_0)$. 这一性质使得 δ 函数在物理和工程技术领域有着广泛的应用.

7.2.2 单位脉冲函数的傅里叶变换

利用 δ 函数的筛选性质, 可以得到 δ 函数的傅里叶变换

$$F(\omega) = \mathscr{F}[\delta(t)] = \int_{-\infty}^{+\infty} \delta(t) e^{-i\omega t} dt = e^{-i\omega t}\Big|_{t=0} = 1.$$

可见, 单位脉冲函数 $\delta(t)$ 与常数 1 构成了一个傅里叶变换对. 同理, $\delta(t-t_0)$ 和 $e^{-i\omega t_0}$ 也构成了一个傅里叶变换对.

利用 δ 函数的筛选性质还可以得到

$$\frac{1}{2\pi} \int_{-\infty}^{+\infty} 2\pi\delta(\omega) e^{i\omega t} d\omega = \frac{1}{2\pi} \cdot 2\pi e^{i\omega t}\Big|_{\omega=0} = 1,$$

因此, 1 和 $2\pi\delta(\omega)$ 也构成了一个傅里叶变换对.

同理, $e^{i\omega_0 t}$ 与 $2\pi\delta(\omega - \omega_0)$ 也构成了一个傅里叶变换对, 由此可得

$$\int_{-\infty}^{+\infty} e^{-i\omega t} dt = 2\pi\delta(\omega),$$

$$\int_{-\infty}^{+\infty} e^{-i(\omega-\omega_0)t} dt = 2\pi\delta(\omega - \omega_0).$$

显然, 这两个积分在普通意义下都是不存在的, 但在借助 δ 函数这一数学工具后却都可得到了具体的值.

例 1 试证单位阶跃函数 $u(t) = \begin{cases} 1, & t > 0, \\ 0, & t < 0, \end{cases}$ 的傅里叶变换为 $\frac{1}{i\omega} + \pi\delta(\omega)$.

证 设 $F(\omega) = \frac{1}{i\omega} + \pi\delta(\omega)$, 则

$$\mathscr{F}^{-1}[F(\omega)] = \frac{1}{2\pi} \int_{-\infty}^{+\infty} \left[\frac{1}{i\omega} + \pi\delta(\omega)\right] e^{i\omega t} d\omega$$

$$= \frac{1}{2} \int_{-\infty}^{+\infty} \delta(\omega) e^{i\omega t} d\omega + \frac{1}{2\pi} \int_{-\infty}^{+\infty} \frac{1}{i\omega} e^{i\omega t} d\omega$$

$$= \frac{1}{2} + \frac{1}{\pi} \int_{0}^{+\infty} \frac{\sin\omega t}{\omega} d\omega$$

$$= \frac{1}{2} + \frac{1}{\pi} \int_{0}^{+\infty} \frac{\sin t\omega}{t\omega} dt\omega$$

$$= \begin{cases} 1, & t > 0, \\ 0, & t < 0 \end{cases}$$

$$= u(t).$$

所以根据式(7.6)和式(7.7)可得

$$\mathscr{F}[u(t)] = \frac{1}{\mathrm{i}\omega} + \pi\delta(\omega).$$

例 2 求正弦函数 $f(t) = \sin\omega_0 t$ 的傅里叶变换.

解 根据式(7.7)，可得

$$\mathscr{F}[f(t)] = \int_{-\infty}^{+\infty} \mathrm{e}^{-\mathrm{i}\omega t} \sin\omega_0 t \mathrm{d}t = \int_{-\infty}^{+\infty} \frac{\mathrm{e}^{\mathrm{i}\omega_0 t} - \mathrm{e}^{-\mathrm{i}\omega_0 t}}{2\mathrm{i}} \mathrm{e}^{-\mathrm{i}\omega t} \mathrm{d}t$$

$$= \frac{1}{2\mathrm{i}} \int_{-\infty}^{+\infty} \left[\mathrm{e}^{-\mathrm{i}(\omega-\omega_0)t} - \mathrm{e}^{-\mathrm{i}(\omega+\omega_0)t} \right] \mathrm{d}t$$

$$= \frac{1}{2\mathrm{i}} \left[2\pi\delta(\omega - \omega_0) - 2\pi\delta(\omega + \omega_0) \right]$$

$$= \mathrm{i}\pi \left[\delta(\omega + \omega_0) - \delta(\omega - \omega_0) \right].$$

通过本节的讨论，可以发现引入 δ 函数的作用在于：使得在普通意义下一些不存在的积分有了确定的数值；同时利用 δ 函数及其傅里叶变换可以很简便地得到许多函数的傅里叶变换.

本书中 δ 函数主要还是作为一个很有用的数学工具而存在的，在此我们不去深究 δ 函数在数学上的严格叙述和证明.

7.3 傅里叶变换的性质

本节我们讨论傅里叶变换的几个重要性质. 为了后面叙述的方便，假定各性质中凡是需要求傅里叶变换的函数都满足傅里叶积分定理的条件.

7.3.1 基本性质

性质 7.1（线性性质） 设 $F_1(\omega) = \mathscr{F}[f_1(t)]$，$F_2(\omega) = \mathscr{F}[f_2(t)]$，$\alpha, \beta$ 是常数，则

$$\mathscr{F}[\alpha f_1(t) + \beta f_2(t)] = \alpha F_1(\omega) + \beta F_2(\omega). \tag{7.10}$$

线性性质表明：函数线性组合的傅里叶变换等于各函数傅里叶变换的线性组合，其本质就是积分的线性性质.

同理，傅里叶逆变换也具有线性性质，即

$$\mathscr{F}^{-1}\left[\alpha F_1(\omega) + \beta F_2(\omega)\right] = \alpha f_1(t) + \beta f_2(t). \tag{7.11}$$

性质 7.2（位移性质）

$$\mathscr{F}\left[f(t \pm t_0)\right] = \mathrm{e}^{\pm \mathrm{i}\omega t_0}\mathscr{F}\left[f(t)\right]. \tag{7.12}$$

位移性质表明：函数 $f(t)$ 向左或向右平移 t_0 个单位之后的傅里叶变换等于 $f(t)$ 的傅里叶变换乘以因子 $\mathrm{e}^{\mathrm{i}\omega t_0}$ 或 $\mathrm{e}^{-\mathrm{i}\omega t_0}$，即频谱函数的谱及频率均没发生改变，仅仅是初像位发生了改变.

证　根据傅里叶变换的定义，可得

$$\mathscr{F}\left[f(t \pm t_0)\right] = \int_{-\infty}^{+\infty}f(t \pm t_0)\mathrm{e}^{-\mathrm{i}\omega t}\mathrm{d}t = \int_{-\infty}^{+\infty}f(t)\mathrm{e}^{-\mathrm{i}\omega(t \mp t_0)}\mathrm{d}t$$

$$= \mathrm{e}^{\pm \mathrm{i}\omega t_0}\int_{-\infty}^{+\infty}f(t)\mathrm{e}^{-\mathrm{i}\omega t}\mathrm{d}t = \mathrm{e}^{\pm \mathrm{i}\omega t_0}\mathscr{F}\left[f(t)\right].$$

同理，傅里叶逆变换也具有类似的傅里叶性质，即

$$\mathscr{F}^{-1}\left[F(\omega \mp \omega_0)\right] = f(t)\mathrm{e}^{\pm \mathrm{i}\omega_0 t}. \tag{7.13}$$

此性质表明：像函数 $F(\omega)$ 沿 ω 轴向右或左平移 ω_0 个单位后的傅里叶逆变换等于其像原函数 $f(t)$ 乘以因子 $\mathrm{e}^{\mathrm{i}\omega_0 t}$ 或 $\mathrm{e}^{-\mathrm{i}\omega_0 t}$.

性质 7.3（相似性质）　设 $F(\omega) = \mathscr{F}\left[f(t)\right]$，$\alpha$ 是非零常数，则有

$$\mathscr{F}\left[f(\alpha t)\right] = \frac{1}{|\alpha|}F\left(\frac{\omega}{\alpha}\right). \tag{7.14}$$

性质 7.4（微分性质）　若 $f(t)$ 在 $(-\infty, +\infty)$ 上至多有有限个可去间断点，并且当 $t \to \infty$ 时 $f(t) \to 0$，则有

$$\mathscr{F}\left[f'(t)\right] = \mathrm{i}\omega\mathscr{F}\left[f(t)\right]. \tag{7.15}$$

证　根据傅里叶变换的定义，并利用分部积分公式，可得

$$\mathscr{F}\left[f'(t)\right] = \int_{-\infty}^{+\infty}f'(t)\mathrm{e}^{-\mathrm{i}\omega t}\mathrm{d}t$$

$$= f(t)\mathrm{e}^{-\mathrm{i}\omega t}\bigg|_{-\infty}^{+\infty} + \mathrm{i}\omega\int_{-\infty}^{+\infty}f(t)\mathrm{e}^{-\mathrm{i}\omega t}\mathrm{d}t$$

$$= \mathrm{i}\omega\mathscr{F}\left[f(t)\right].$$

微分性质表明：函数的导数的傅里叶变换等于这个函数的傅里叶变换乘以因子 $\mathrm{i}\omega$.

推论 7.1　若 $f^{(k)}(t)(k = 0, 1, 2, \cdots, n-1)$ 在 $(-\infty, +\infty)$ 上至多只有有限个可去间断点，并且当 $t \to \infty$ 时，$f^{(k)}(t) \to 0(k = 0, 1, 2, \cdots, n-1)$，则有

$$\mathscr{F}[f^{(n)}(t)] = (\mathrm{i}\omega)^n \mathscr{F}[f(t)]. \tag{7.16}$$

同理，可以得到像函数的导数公式. 设 $F(\omega) = \mathscr{F}[f(t)]$，则

$$\frac{\mathrm{d}F(\omega)}{\mathrm{d}\omega} = \mathscr{F}[-\mathrm{i}tf(t)].$$

即

$$\mathscr{F}[tf(t)] = \mathrm{i}F'(\omega).$$

一般情况下，有

$$\frac{\mathrm{d}^n F(\omega)}{\mathrm{d}\omega^n} = (-\mathrm{i})^n \mathscr{F}[t^n f(t)].$$

即

$$\mathscr{F}[t^n f(t)] = \mathrm{i}^n F^{(n)}(\omega).$$

性质 7.5（积分性质）　若当 $t \to +\infty$ 时, $g(t) = \int_{-\infty}^{t} f(\tau)\mathrm{d}\tau \to 0$，
则

$$\mathscr{F}\left[\int_{-\infty}^{t} f(\tau)\mathrm{d}\tau\right] = \frac{1}{\mathrm{i}\omega} \mathscr{F}[f(t)]. \tag{7.17}$$

证　因为 $\mathscr{F}\left[\int_{-\infty}^{t} f(\tau)\mathrm{d}\tau\right] = \int_{-\infty}^{+\infty} \int_{-\infty}^{t} f(\tau)\mathrm{d}\tau \mathrm{e}^{-\mathrm{i}\omega t}\mathrm{d}t$

$$= -\frac{1}{\mathrm{i}\omega}\mathrm{e}^{-\mathrm{i}\omega t}\int_{-\infty}^{t} f(\tau)\mathrm{d}\tau \Big|_{-\infty}^{+\infty} +$$

$$\frac{1}{\mathrm{i}\omega}\int_{-\infty}^{+\infty} f(t)\mathrm{e}^{-\mathrm{i}\omega t}\mathrm{d}t$$

$$= \frac{1}{\mathrm{i}\omega}\mathscr{F}[f(t)].$$

所以

$$\mathscr{F}\left[\int_{-\infty}^{t} f(\tau)\mathrm{d}\tau\right] = \frac{1}{\mathrm{i}\omega}\mathscr{F}[f(t)].$$

积分性质表明：**函数积分后的傅里叶变换等于该函数的傅里叶变换乘以因子** $(\mathrm{i}\omega)^{-1}$.

例 1　利用傅里叶变换的性质，求 $\delta(t - t_0)$ 和 $\mathrm{e}^{\mathrm{i}\omega_0 t}$ 的傅里叶变换.

解　已知 $\mathscr{F}[\delta(t)] = 1$，$\mathscr{F}[1] = 2\pi\delta(\omega)$，利用位移性质可得

$$\mathscr{F}[\delta(t - t_0)] = \mathrm{e}^{-\mathrm{i}\omega t_0} \cdot \mathscr{F}[\delta(t)] = \mathrm{e}^{-\mathrm{i}\omega t_0}.$$

利用像函数的位移性质可得

$$\mathscr{F}^{-1}[2\pi\delta(\omega - \omega_0)] = \mathscr{F}^{-1}[2\pi\delta(\omega)] \cdot \mathrm{e}^{\mathrm{i}\omega_0 t}$$

$$= 1 \cdot \mathrm{e}^{\mathrm{i}\omega_0 t} = \mathrm{e}^{\mathrm{i}\omega_0 t}.$$

所以 $e^{i\omega_0 t}$ 的傅里叶变换为 $2\pi\delta(\omega - \omega_0)$.

例 2 求矩形单脉冲 $f(t) = \begin{cases} 1, & 0 \leq t \leq 2a, \\ 0, & \text{其他} \end{cases}$ 的傅里叶变换.

解 本题利用傅里叶变换的性质来求解. 令

$$g(t) = \begin{cases} 1, & -a \leq t \leq a, \\ 0, & \text{其他}. \end{cases}$$

函数 $g(x)$ 的傅里叶变换为

$$G(\omega) = \frac{2}{\omega}\sin a\omega,$$

因为 $f(t)$ 是由 $g(t)$ 沿坐标轴向右平移 a 个单位后得到的, 利用位移性质, 可得 $f(t)$ 的傅里叶变换为

$$F(\omega) = \mathscr{F}[f(t)] = \mathscr{F}[g(t-a)]$$

$$= e^{-i\omega a}G(\omega) = \frac{2}{\omega}e^{-ia\omega}\sin a\omega.$$

例 3 求方程

$$ax'(t) + bx(t) + c\int_{-\infty}^{t} x(t)\mathrm{d}t = f(t)$$

的解, 其中 $t \in (-\infty, +\infty)$, a, b, c 均为常数.

解 设

$$\mathscr{F}[x(t)] = X(\omega), \quad \mathscr{F}[f(t)] = F(\omega),$$

由傅里叶变换的微分性质和积分性质, 可得

$$\mathscr{F}[x'(t)] = i\omega X(\omega), \quad \mathscr{F}\left[\int_{-\infty}^{t} x(t)\mathrm{d}t\right] = \frac{1}{i\omega}X(\omega).$$

在方程两边同时取傅里叶变换, 可得

$$ai\omega X(\omega) + bX(\omega) + \frac{c}{i\omega}X(\omega) = F(\omega),$$

$$X(\omega) = \frac{F(\omega)}{b + i\left(a\omega - \dfrac{c}{\omega}\right)}.$$

所以

$$x(t) = \mathscr{F}^{-1}[X(\omega)] = \frac{1}{2\pi}\int_{-\infty}^{+\infty} X(\omega)e^{i\omega t}\mathrm{d}\omega.$$

通过以上例子可以发现, 应用傅里叶变换的线性性质、微分性质和积分性质, 可以把线性微积分方程转化为代数方程, 通过求该

代数方程的解的傅里叶逆变换，就可以得到原方程的解．此外，傅里叶变换也是求解数学物理方程的主要工具之一，感兴趣的读者可以参考相关文献．

7.3.2　卷积与卷积定理

定义 7.2　设函数 $f_1(t)$ 和 $f_2(t)$ 在 $(-\infty, +\infty)$ 内有定义，若对任意实数 t，广义积分 $\int_{-\infty}^{+\infty} f_1(\tau)f_2(t-\tau)\,\mathrm{d}\tau$ 都收敛，则此积分可以看成是 t 的函数，并称此函数为 $f_1(t)$ 与 $f_2(t)$ 的卷积，记为 $f_1(t) * f_2(t)$，即

$$f_1(t) * f_2(t) = \int_{-\infty}^{+\infty} f_1(\tau)f_2(t-\tau)\,\mathrm{d}\tau. \tag{7.18}$$

根据以上定义，易知

$$f_1(t) * f_2(t) = f_2(t) * f_1(t),$$

即卷积运算满足交换律．

证　令 $t - \tau = T$，则

$$f_1(t) * f_2(t) = \int_{-\infty}^{+\infty} f_1(\tau)f_2(t-\tau)\,\mathrm{d}\tau = -\int_{+\infty}^{-\infty} f_1(t-T)f_2(T)\,\mathrm{d}T$$

$$= \int_{-\infty}^{+\infty} f_2(T)f_1(t-T)\,\mathrm{d}T = f_2(t) * f_1(t).$$

可以证明，不等式

$$|f_1(t) * f_2(t)| \leqslant |f_1(t)| * |f_2(t)|$$

成立，即**函数卷积的绝对值小于函数绝对值的卷积**．

性质 7.6

$$f_1(t) * [f_2(t) + f_3(t)] = f_1(t) * f_2(t) + f_1(t) * f_3(t). \tag{7.19}$$

证　根据卷积的定义以及积分的线性性质可得

$$f_1(t) * [f_2(t) + f_3(t)] = \int_{-\infty}^{+\infty} f_1(\tau)[f_2(t-\tau) + f_3(t-\tau)]\,\mathrm{d}\tau$$

$$= \int_{-\infty}^{+\infty} f_1(\tau)f_2(t-\tau)\,\mathrm{d}\tau +$$

$$\int_{-\infty}^{+\infty} f_1(\tau)f_3(t-\tau)\,\mathrm{d}\tau$$

$$= f_1(t) * f_2(t) + f_1(t) * f_3(t).$$

此性质表明，**卷积对加法运算满足分配律**．

例 4 已知

$$f_1(t) = \begin{cases} 0, & t < 0, \\ 1, & t \geq 0. \end{cases} \quad f_2(t) = \begin{cases} 0, & t < 0, \\ e^{-t}, & t \geq 0. \end{cases}$$

求 $f_1(t)$ 与 $f_2(t)$ 的卷积.

解 易知当且仅当 $\begin{cases} \tau \geq 0, \\ t - \tau \geq 0, \end{cases}$ 即 $\begin{cases} \tau \geq 0, \\ \tau \leq t, \end{cases}$ 时,

$$f_1(\tau)f_2(t - \tau) \neq 0.$$

故当 $t < 0$ 时,

$$f_1(\tau)f_2(t - \tau) = 0,$$

从而

$$f_1(t) * f_2(t) = 0.$$

而当 $t \geq 0$ 时, 固定 t, 只有当 $0 \leq \tau \leq t$ 时,

$$f_1(\tau)f_2(t - \tau) \neq 0,$$

此时

$$f_1(t) * f_2(t) = \int_{-\infty}^{+\infty} f_1(\tau)f_2(t - \tau)\mathrm{d}\tau = \int_0^t 1 \cdot e^{-(t-\tau)}\mathrm{d}\tau = 1 - e^{-t}.$$

下面介绍卷积定理, 该定理对于傅里叶变换的应用起着十分重要的作用.

定理 7.2(**卷积定理**) 设函数 $f_1(t)$ 和 $f_2(t)$ 都满足傅里叶积分定理的条件, 且

$$F_1(\omega) = \mathscr{F}[f_1(t)], \quad F_2(\omega) = \mathscr{F}[f_2(t)],$$

则有

$$\begin{cases} \mathscr{F}[f_1(t) * f_2(t)] = F_1(\omega) \cdot F_2(\omega); \\ \mathscr{F}^{-1}[F_1(\omega) \cdot F_2(\omega)] = f_1(t) * f_2(t). \end{cases} \tag{7.20}$$

证 利用傅里叶变换的定义和卷积的定义进行验证,

$$\mathscr{F}[f_1(t) * f_2(t)] = \int_{-\infty}^{+\infty} [f_1(t) * f_2(t)]e^{-i\omega t}\mathrm{d}t$$

$$= \int_{-\infty}^{+\infty} \left[\int_{-\infty}^{+\infty} f_1(\tau)f_2(t - \tau)\mathrm{d}\tau \right] e^{-i\omega t}\mathrm{d}t$$

$$= \int_{-\infty}^{+\infty} \int_{-\infty}^{+\infty} f_1(\tau)e^{-i\omega\tau}f_2(t - \tau)e^{-i\omega(t-\tau)}\mathrm{d}\tau\mathrm{d}t$$

$$= \int_{-\infty}^{+\infty} f_1(\tau)e^{-i\omega\tau}\mathrm{d}\tau \left[\int_{-\infty}^{+\infty} f_2(t - \tau)e^{-i\omega(t-\tau)}\mathrm{d}t \right]$$

$$= F_1(\omega) \cdot F_2(\omega)$$

该定理表明：**两个函数卷积的傅里叶变换等于这两个函数傅里叶变换的乘积.**

利用傅里叶逆变换的定义和卷积的定义，可得

$$\mathscr{F}^{-1}\Big[\frac{1}{2\pi}F_1(\omega)*F_2(\omega)\Big]=\frac{1}{4\pi^2}\int_{-\infty}^{+\infty}[F_1(\omega)*F_2(\omega)]\mathrm{e}^{\mathrm{i}\omega t}\mathrm{d}\omega$$

$$=\frac{1}{4\pi^2}\int_{-\infty}^{+\infty}\Big[\int_{-\infty}^{+\infty}F_1(s)F_2(\omega-s)\mathrm{d}s\Big]\mathrm{e}^{\mathrm{i}\omega t}\mathrm{d}\omega$$

$$=\frac{1}{4\pi^2}\int_{-\infty}^{+\infty}\int_{-\infty}^{+\infty}F_1(s)\mathrm{e}^{\mathrm{i}st}F_2(\omega-s)\mathrm{e}^{\mathrm{i}(\omega-s)t}\mathrm{d}s\mathrm{d}\omega$$

$$=\frac{1}{2\pi}\int_{-\infty}^{+\infty}F_1(s)\mathrm{e}^{\mathrm{i}st}\mathrm{d}s\Big[\frac{1}{2\pi}\int_{-\infty}^{+\infty}F_2(\omega-s)\mathrm{e}^{\mathrm{i}(\omega-s)t}\mathrm{d}\omega\Big]$$

$$=f_1(t)\cdot f_2(t),$$

所以

$$\mathscr{F}[f_1(t)\cdot f_2(t)]=\frac{1}{2\pi}F_1(\omega)*F_2(\omega).\qquad(7.21)$$

式(7.21)表明：**两个函数乘积的傅里叶变换等于这两个函数傅里叶变换的卷积除以 2π.**

式(7.21)可以推广到 n 个函数的情形，即为

$$\mathscr{F}[f_1(t)\cdot f_2(t)\cdot\cdots\cdot f_n(t)]=\frac{1}{(2\pi)^{n-1}}F_1(\omega)*F_2(\omega)*\cdots*F_n(\omega).$$

$$(7.22)$$

不难发现，很多情况下利用卷积的定义来计算卷积是很麻烦的，而卷积定理却可以将卷积运算转化为乘积运算，从而为卷积的计算提供了一种简便的方法.

例5 已知 $f(t)=u(t)\cdot\cos\omega_0 t$，其中 $u(t)$ 为单位阶跃函数，求 $\mathscr{F}[f(t)]$.

解 根据式(7.21)，可得

$$\mathscr{F}[f(t)]=\mathscr{F}[u(t)\cdot\cos\omega_0 t]=\frac{1}{2\pi}\mathscr{F}[u(t)]*\mathscr{F}[\cos\omega_0 t],$$

而

$$\mathscr{F}[\cos\omega_0 t]=\pi[\delta(\omega-\omega_0)+\delta(\omega+\omega_0)],$$

$$\mathscr{F}[u(t)]=\frac{1}{\mathrm{i}\omega}+\pi\delta(\omega).$$

故 $\mathscr{F}[f(t)] = \dfrac{1}{2}[\delta(\omega - \omega_0) + \delta(\omega + \omega_0)] * \left[\dfrac{1}{\mathrm{i}\omega} + \pi\delta(\omega)\right]$

$= \dfrac{1}{2}\left\{\delta(\omega - \omega_0) * \dfrac{1}{\mathrm{i}\omega} + \delta(\omega + \omega_0) * \dfrac{1}{\mathrm{i}\omega} + \right.$

$\left. \pi[\delta(\omega - \omega_0) + \delta(\omega + \omega_0)] * \delta(\omega)\right\}$

$= \dfrac{1}{2}\left[\dfrac{1}{\mathrm{i}(\omega - \omega_0)} + \dfrac{1}{\mathrm{i}(\omega + \omega_0)}\right] = \dfrac{-\mathrm{i}\omega}{\omega^2 - \omega_0^2}$

例 6　已知 $F(\omega) = \mathscr{F}[f(t)]$，证明：

$$\mathscr{F}\left[\int_{-\infty}^{t} f(\tau)\,\mathrm{d}\tau\right] = \dfrac{F(\omega)}{\mathrm{i}\omega} + \pi F(0)\delta(\omega).$$

证　当 $g(t) = \displaystyle\int_{-\infty}^{t} f(\tau)\,\mathrm{d}\tau$ 满足傅里叶积分定理的条件时，由积分性质可得

$$\mathscr{F}\left[\int_{-\infty}^{t} f(\tau)\,\mathrm{d}\tau\right] = \dfrac{F(\omega)}{\mathrm{i}\omega},$$

对于一般情形，有

$$g(t) = \int_{-\infty}^{t} f(\tau)\,\mathrm{d}\tau = \int_{-\infty}^{+\infty} f(\tau)u(t - \tau)\,\mathrm{d}\tau = f(t) * u(t),$$

利用式(7.20)可得

$$\mathscr{F}\left[\int_{-\infty}^{t} f(\tau)\,\mathrm{d}\tau\right] = \mathscr{F}[f(t) * u(t)] = \mathscr{F}[f(t)] \cdot \mathscr{F}[u(t)]$$

$$= F(\omega) \cdot \left[\dfrac{1}{\mathrm{i}\omega} + \pi\delta(\omega)\right] = \dfrac{F(\omega)}{\mathrm{i}\omega} + \pi F(\omega)\delta(\omega)$$

$$= \dfrac{F(\omega)}{\mathrm{i}\omega} + \pi F(0)\delta(\omega).$$

本 章 小 结

本章通过周期函数的傅里叶展开式导出了非周期函数的傅里叶积分公式，接下来讨论了傅里叶变换的基本性质及其应用．傅里叶变换从频域的角度描述了信号的特征，因此具有明确的物理含义．由于傅里叶变换能够将分析运算转化为代数运算，因此成为解决各种数学问题的一种重要工具．傅里叶变换一般要求函数绝对可积，

但是在引入了单位脉冲函数 $\delta(t)$ 后，某些不满足上述条件的函数的傅里叶变换通过 δ 函数也有了确定的表达式，从而放宽了对函数的要求.

傅里叶变换在理论物理、流体力学、空气动力学、电磁学、振动力学、地质学及自动控制学中都有着广泛的应用.

本章学习目的及要求

(1) 掌握傅里叶积分公式，理解傅里叶积分的物理意义；

(2) 理解傅里叶变换及其逆变换的定义，掌握某些函数的傅里叶变换及其逆变换的求法；

(3) 了解 δ 函数(单位脉冲函数)的概念和性质；

(4) 熟练掌握 δ 函数、$u(t)$(单位阶跃函数)、指数衰减函数的傅里叶变换；

(5) 掌握傅里叶变换的性质：线性性质、平移性质、微分性质、积分性质、对称性、相似性以及卷积定理，并能用傅里叶变换解某些积分方程和计算某些积分.

本章内容要点

1. 傅里叶变换的概念

(1) 傅里叶积分定理:若函数 $f(t)$ 在任一有限区间上满足狄利克雷条件,且 $\int_{-\infty}^{+\infty} |f(t)| \mathrm{d}t$ 收敛,则在 $f(t)$ 的连续点处,有

$$f(t) = \frac{1}{2\pi} \int_{-\infty}^{+\infty} \left[\int_{-\infty}^{+\infty} f(t) \mathrm{e}^{-\mathrm{i}\omega t} \mathrm{d}t \right] \mathrm{e}^{\mathrm{i}\omega t} \mathrm{d}\omega,$$

而在 $f(t)$ 的间断点处，有

$$\frac{1}{2}[f(t-0) + f(t+0)] = \frac{1}{2\pi} \int_{-\infty}^{+\infty} \left[\int_{-\infty}^{+\infty} f(t) \mathrm{e}^{-\mathrm{i}\omega t} \mathrm{d}t \right] \mathrm{e}^{\mathrm{i}\omega t} \mathrm{d}\omega.$$

(2) $f(t)$ 的傅里叶变换：$F(\omega) = \mathscr{F}[f(t)] = \int_{-\infty}^{+\infty} f(t) \mathrm{e}^{-\mathrm{i}\omega t} \mathrm{d}t$,

$F(\omega)$ 的傅里叶逆变换：$f(t) = \mathscr{F}^{-1}[F(\omega)] = \frac{1}{2\pi} \int_{-\infty}^{+\infty} F(\omega) \mathrm{e}^{\mathrm{i}\omega t} \mathrm{d}\omega$,

$F(\omega)$ 叫做 $f(t)$ 的像函数，$f(t)$ 叫做 $F(\omega)$ 的像原函数.

2. 单位脉冲函数(δ 函数)

(1) 单位脉冲函数的筛选性质：若 $f(t)$ 是无穷可微的函数，则有

$$\int_{-\infty}^{+\infty} \delta(t)f(t)\,\mathrm{d}t = f(0),$$

更一般地，有

$$\int_{-\infty}^{+\infty} f(t)\delta(t-t_0)\,\mathrm{d}t = f(t_0).$$

（2）$\delta(t)$ 与常数 1 构成了一个傅里叶变换对，$\delta(t-t_0)$ 和 $\mathrm{e}^{-\mathrm{i}\omega t_0}$ 构成一个傅里叶变换对.

（3）1 和 $2\pi\delta(\omega)$ 构成一个傅里叶变换对，$\mathrm{e}^{\mathrm{i}\omega_0 t}$ 与 $2\pi\delta(\omega-\omega_0)$ 构成一个傅里叶变换对.

3. 傅里叶变换的基本性质

（1）线性性质：设 $F_1(\omega) = \mathscr{F}[f_1(t)]$，$F_2(\omega) = \mathscr{F}[f_2(t)]$，$\alpha$，$\beta$ 是常数，则

$$\mathscr{F}[\alpha f_1(t) + \beta f_2(t)] = \alpha F_1(\omega) + \beta F_2(\omega),$$

$$\mathscr{F}^{-1}[\alpha F_1(\omega) + \beta F_2(\omega)] = \alpha f_1(t) + \beta f_2(t).$$

（2）位移性质：$\mathscr{F}[f(t \pm t_0)] = \mathrm{e}^{\pm \mathrm{i}\omega t_0}\mathscr{F}[f(t)].$

（3）相似性质：设 $F(\omega) = \mathscr{F}[f(t)]$，$\alpha$ 是非零常数，则有

$$\mathscr{F}[f(\alpha t)] = \frac{1}{|\alpha|}F\left(\frac{\omega}{\alpha}\right).$$

（4）微分性质：若 $f(t)$ 在 $(-\infty, +\infty)$ 上至多只有有限个可去间断点，并且当 $t\to\infty$ 时 $f(t)\to 0$，则有

$$\mathscr{F}[f'(t)] = \mathrm{i}\omega\mathscr{F}[f(t)].$$

（5）积分性质：若当 $t\to +\infty$ 时，

$$g(t) = \int_{-\infty}^{t} f(\tau)\,\mathrm{d}\tau \to 0,$$

则

$$\mathscr{F}\left[\int_{-\infty}^{t} f(\tau)\,\mathrm{d}\tau\right] = \frac{1}{\mathrm{i}\omega}\mathscr{F}[f(t)].$$

4. 卷积与卷积定理

（1）卷积的定义：设函数 $f_1(t)$ 和 $f_2(t)$ 在 $(-\infty, +\infty)$ 内有定义，若对任意实数 t，广义积分 $\int_{-\infty}^{+\infty} f_1(\tau)f_2(t-\tau)\,\mathrm{d}\tau$ 都收敛，则此积分可以看成是 t 的函数，称此函数为 $f_1(t)$ 与 $f_2(t)$ 的卷积，记作 $f_1(t) * f_2(t)$，即

$$f_1(t) * f_2(t) = \int_{-\infty}^{+\infty} f_1(\tau)f_2(t-\tau)\,\mathrm{d}\tau.$$

(2) 卷积的性质

①卷积运算满足交换律: $f_1(t) * f_2(t) = f_2(t) * f_1(t)$.

②卷积运算满足分配律: $f_1(t) * [f_2(t) + f_3(t)] = f_1(t) * f_2(t) + f_1(t) * f_3(t)$.

③卷积的绝对值小于函数绝对值的卷积: $|f_1(t) * f_2(t)| \leq |f_1(t)| * |f_2(t)|$.

(3) 卷积定理: 设 $f_1(t)$, $f_2(t)$ 满足傅里叶积分定理的条件, 且
$$F_1(\omega) = \mathscr{F}[f_1(t)], \quad F_2(\omega) = \mathscr{F}[f_2(t)],$$
则有
$$\begin{cases} \mathscr{F}[f_1(t) * f_2(t)] = F_1(\omega) \cdot F_2(\omega), \\ \mathscr{F}^{-1}[F_1(\omega) \cdot F_2(\omega)] = f_1(t) * f_2(t). \end{cases}$$

综合练习题 7

1. 填空题

(1) 设 $a > 0$, 则积分 $\int_{-\infty}^{+\infty} \delta(at - t_0) f(t) \, dt = \underline{\hspace{2cm}}$;

(2) $\int_{-\infty}^{+\infty} \delta(t^2 - 4) \, dt = \underline{\hspace{2cm}}$, $\int_{-1}^{1} \delta(t^2 - 4) \, dt = \underline{\hspace{2cm}}$;

(3) $F(\omega) = 2\cos 3\omega$ 的傅里叶逆变换 $f(t) = \underline{\hspace{2cm}}$;

(4) 积分 $\int_{-4}^{2} e^t \delta(t + 3) \, dt = \underline{\hspace{2cm}}$;

(5) $\int_{-\infty}^{+\infty} \cos \omega t \, dt = \underline{\hspace{2cm}}$, $\int_{-\infty}^{+\infty} e^{i\omega t} \, d\omega = \underline{\hspace{2cm}}$;

(6) 设 $f(t) = \cos \omega_0 t + i \dfrac{1}{\pi t} * \cos \omega_0 t$, 其中 $\omega_0 > 0$, 则 $\mathscr{F}[f(t)] = \underline{\hspace{2cm}}$.

2. 求下列函数的傅里叶积分

(1) $f(t) = \begin{cases} 1 - t^2, & |t| < 1, \\ 0, & |t| > 1; \end{cases}$

(2) $f(t) = \begin{cases} 0, & t < 0, \\ e^{-t} \sin 2t, & t \geq 0; \end{cases}$

(3) $f(t) = \begin{cases} 0, & -\infty < t < -1, \\ -1, & -1 < t < 0, \\ 1, & 0 < t < 1, \\ 0, & 1 < t < +\infty. \end{cases}$

3. 求下列函数的傅里叶变换:

(1) $f(t) = \dfrac{1}{\pi t}$;   (2) $f(t) = -\dfrac{1}{\pi t^2}$.

4. 求函数 $f(t) = \begin{cases} \sin t, & |t| \leqslant \pi \\ 0, & |t| > \pi \end{cases}$ 的傅里叶变换，并证明：

$$\int_0^{+\infty} \frac{\sin\omega\pi\sin\omega t}{1 - \omega^2}\mathrm{d}\omega = \begin{cases} \dfrac{\pi}{2}\sin t, & |t| \leqslant \pi, \\ 0, & |t| > \pi. \end{cases}$$

5. 已知 $f(t) = \begin{cases} 1, & 0 \leqslant t \leqslant 1, \\ 0, & t \geqslant 1. \end{cases}$ 试求：

(1) $f(t)$ 的傅里叶正弦变换；

(2) $f(t)$ 的傅里叶余弦变换.

6. 已知函数 $f(t)$ 的傅里叶变换为 $F(\omega) = \pi[\delta(\omega + \omega_0) + \delta(\omega - \omega_0)]$，求 $f(t)$.

7. 求符号函数 $\operatorname{sgn} t = \dfrac{t}{|t|} = \begin{cases} -1, & t < 0, \\ 1, & t > 0 \end{cases}$ 的傅里叶变换.

8. 求函数 $f(t) = \cos t \sin t$ 的傅里叶变换.

9. 设 $F(\omega) = \mathscr{F}[f(t)]$，求下列函数的傅里叶变换：

(1) $\displaystyle\int_{-\infty}^t \tau f(\tau)\mathrm{d}\tau$；　　　　　　(2) $(t + 2)f(t)$；

(3) $f(t) * \dfrac{1}{\pi t}$；　　　　　　　　(4) $f(3t - 2)\mathrm{e}^{-\mathrm{i}t}$.

10. 设

$$f_1(t) = \begin{cases} \dfrac{1}{2}t, & 0 < t < 2; \\ 0, & \text{其他}. \end{cases} \qquad f_2(t) = \begin{cases} 1, & -1 < t < 1; \\ 0, & \text{其他}. \end{cases}$$

求 $f_1(t) * f_2(t)$.

11. 利用傅里叶变换，解下列积分方程：

(1) $\displaystyle\int_0^{+\infty} g(\omega)\sin\omega t\mathrm{d}\omega = \begin{cases} 1, & 0 \leqslant t < 1, \\ 2, & 1 \leqslant t < 2, \\ 0, & t \geqslant 2; \end{cases}$

(2) $\displaystyle\int_0^{+\infty} g(\omega)\cos\omega t\mathrm{d}\omega = \dfrac{\sin t}{t}$.

12. 设 $F(\omega)$ 是函数 $f(t)$ 的傅里叶变换，试证明：$F(\omega)$ 与 $f(t)$ 的奇偶性相同.

13. 求如图 7-2 所示的三角形脉冲的频谱函数.

14. 求解方程 $y(t) = f(t) - \displaystyle\int_{-\infty}^{+\infty} y(\tau)g(t - \tau)\mathrm{d}\tau$，其中 $f(t)$，$g(t)$ 均为已知函数.

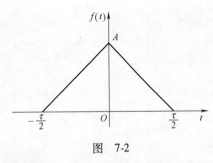

图 7-2

自 测 题 7

1. 单项选择题

(1) 设 $f(t) = \sin\omega_0 t$，则其傅里叶变换 $\mathscr{F}[f(t)]$ 为(　　)

(A) $\delta(\omega_0 + \omega_0) - \delta(\omega - \omega_0)$；

(B) $\mathrm{i}\pi[\delta(\omega + \omega_0) - \delta(\omega - \omega_0)]$；

(C) $\pi(\delta(\omega + \omega_0) - \delta(\omega - \omega_0)$；

(D) $\pi[\delta(\omega + \omega_0) - \delta(\omega - \omega_0)]$.

(2) $\delta(t - t_0)$ 的傅里叶变换 $\mathscr{F}[\delta(t - t_0)]$ 为(　　)

(A) 1；　(B) t_0；　(C) $\mathrm{e}^{-\mathrm{i}\omega t_0}$；　(D) $\mathrm{e}^{\mathrm{i}\omega t_0}$.

(3) 设 $\mathscr{F}[f(t)] = F(\omega)$，则 $\mathscr{F}[(2t - 3)f(t)]$ 为(　　)

(A) $2\mathrm{i}F'(\omega) - 3F(\omega)$；

(B) $2\mathrm{i}F'(\omega) + 3F(\omega)$；

(C) $-2\mathrm{i}F'(\omega) + 3F(\omega)$；

(D) $-2\mathrm{i}F'(\omega) - 3F(\omega)$.

(4) 下列变换中不正确的是(　　)

(A) $\mathscr{F}[u(t)] = \dfrac{1}{\mathrm{i}\omega} + \pi\delta(\omega)$；

(B) $\mathscr{F}[\delta(t)] = 1$；

(C) $\mathscr{F}^{-1}[2\pi\delta(\omega)] = 1$；

(D) $\mathscr{F}^{-1}[\cos\omega_0 t] = \delta(\omega_0 - \omega) + \delta(\omega_0 + \omega)$.

(5) 下列变换中正确的是(　　)

(A) $\mathscr{F}[\delta(t)] = 1$；

(B) $\mathscr{F}[1] = \delta(\omega)$；

(C) $\mathscr{F}^{-1}[\delta(\omega)] = 1$；

(D) $\mathscr{F}^{-1}[1] = u(t)$.

2. 填空题

(1) 设 $f(t) = \begin{cases} 0, & t < 0, \\ \mathrm{e}^{-5t}, & t \geq 0. \end{cases}$ 则 $\mathscr{F}[f(t)] = $ _____；

(2) 设 $f(t) = \begin{cases} 0, & t < 0, \\ \mathrm{e}^{-t}\sin 2t, & t \geq 0. \end{cases}$ 则 $\mathscr{F}[f(t)] = $ _____；

(3) $f(1 - t)$ 的傅里叶变换 $\mathscr{F}[f(1 - t)] = $ _____；

(4) 设 $\mathscr{F}[f(t)] = \dfrac{1}{\alpha + \mathrm{i}\omega}$，则 $f(t)$ _____；

(5) 设 $\mathscr{F}[f(t)] = F(\omega)$，则 $\mathscr{F}[f(t)\cos\omega_0 t]$ _____.

3. 求函数 $u(t)\cos\omega_0 t$ 的傅里叶变换.

4. 利用傅里叶变换，解积分方程：

$$\int_0^{+\infty} g(\omega)\sin\omega t\,d\omega = \begin{cases} \dfrac{\pi}{2}\cos t, & 0 \leqslant t \leqslant \pi, \\[2mm] -\dfrac{\pi}{4}, & t = \pi, \\[2mm] 0, & t > \pi. \end{cases}$$

5. 设 $\mathscr{F}[f(t)] = F(\omega)$，证明：

$$\mathscr{F}[f(at-t_0)] = \frac{1}{|a|}F\left(\frac{\omega}{a}\right)e^{-i\frac{\omega}{a}t_0};$$

$$\mathscr{F}[f(t_0-at)] = \frac{1}{|a|}F\left(-\frac{\omega}{a}\right)e^{-i\frac{\omega}{a}t_0}.$$

其中 a 为非零的常数，$t_0 > 0$

第8章 拉普拉斯变换

在第 7 章中我们介绍了在很多领域中都发挥重要作用的傅里叶变换，直到今天它仍然是信号处理领域中最基本的分析和处理工具，甚至可以说信号分析在本质上就是傅里叶分析. 本章介绍的拉普拉斯变换是 1782 年由法国数学家拉普拉斯(Laplace)提出的一种变换，后经英国工程师赫维赛德(Heaviside)发明的算子法发展演变而来的. 拉普拉斯变换也是一种傅里叶变换，而且是提出的最早的一种傅里叶变换. 但是，傅里叶变换也有其局限性，针对它的一些不足，人们大体在两个方面做了改进，一方面是提高了它对问题的刻画能力，如窗口傅氏变换、小波变换等；另一方面是扩大了它本身的适用范围. 经过发展的拉普拉斯变换则在第二个方面做了进一步改进.

本章预习提示：傅里叶积分定理、傅里叶变换的适用范围.

8.1 拉普拉斯变换的概念

在实际问题中，例如考虑信号系统中的连续时间信号 $f(t)$，作为时间的函数，我们可以假设初始时刻为零，于是当 $t < 0$ 时，$f(t) = 0$. 这样，$f(t)$ 的傅里叶变换表示式为

$$F(\omega) = \int_{-\infty}^{+\infty} f(t) u(t) e^{-i\omega t} dt = \int_{0}^{+\infty} f(t) e^{-i\omega t} dt,$$

此时，被积函数可视为 $f(t)u(t)e^{-i\omega t}$，即通过单位阶跃函数 $u(t)$ 使函数 $f(t)$ 在 $t < 0$ 时等于零. 根据傅里叶变换存在的条件，函数 $f(t)$ 只有在 $[0, +\infty)$ 上绝对可积时其傅里叶变换才存在. 这个条件限制了很多工程中常见函数(如 $f(t) = e^{at}, a > 0$)的傅里叶变换的存在. 为了使更多的函数存在傅里叶变换，我们对函数 $f(t)$ 在 $t > 0$ 的部分引入一个时间衰减因子 $e^{-\beta t}(\beta > 0)$ 以降低 $f(t)u(t)$ 的增长速度，使它与函数 $f(t)u(t)$ 相乘后的积 $f(t)u(t)e^{-\beta t}$ 可以满足傅里叶积分的条件，从而能对 $f(t)u(t)e^{-\beta t}$ 进行傅里叶积分.

8.1.1 拉普拉斯变换的定义

定义 8.1 设定函数 $f(t)$ 在 $[0, +\infty)$ 上有定义，如果对于复参数 $s = \beta + i\omega$，积分

$$F(s) = \int_0^{+\infty} f(t) e^{-st} dt \qquad (8.1)$$

在复平面 S 的某一区域内收敛，则称函数 $F(s)$ 为函数 $f(t)$ 的拉普拉斯变换(简称拉氏变换或称为像函数)，记为 $F(s) = \mathscr{L}[f(t)]$；相应地，称函数 $f(t)$ 为函数 $F(s)$ 的拉普拉斯逆变换(简称拉氏逆变换或称为原像函数)，记为 $f(t) = \mathscr{L}^{-1}[F(s)]$.

例1 计算单位脉冲函数 $\delta(t)$ 的拉普拉斯变换.

解 由式(8.1)及单位脉冲函数的筛选性质，有

$$\mathscr{L}[\delta(t)] = \int_0^{+\infty} \delta(t) e^{-st} dt = 1. \qquad (8.2)$$

例2 计算单位阶跃函数

$$u(t) = \begin{cases} 1, & t > 0, \\ 0, & t < 0 \end{cases}$$

的拉普拉斯变换.

解 由式(8.1)有

$$\mathscr{L}[u(t)] = \int_0^{+\infty} u(t) e^{-st} dt = \int_0^{+\infty} e^{-st} dt = \frac{1}{s}, \quad \text{Re}(s) > 0.$$

$$\qquad (8.3)$$

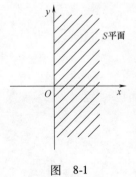

图 8-1

由例2可看出，单位阶跃函数的拉普拉斯变换仅存在于复平面 S 上复数 s 的实部 $\text{Re}(s) > 0$ 的区域，如图8-1所示. 由式(8.3)可以看出，拉普拉斯变换的结果有表示式和收敛域两部分，缺一不可. 相同的表示式和不同的收敛域表示了在不同连续时间内函数的拉普拉斯变换.

例3 分别求函数 $e^{\alpha t}$，$e^{i\omega t}$，t^n 的拉普拉斯变换，其中 α，ω 均为实常数且 $\alpha > 0$.

解 由式(8.1)有

$$\mathscr{L}[e^{\alpha t}] = \int_0^{+\infty} e^{-(s-\alpha)t} dt = \frac{1}{s - \alpha}, \quad \text{Re}(s) > \alpha. \qquad (8.4)$$

同样有

$$\mathscr{L}[e^{i\omega t}] = \int_0^{+\infty} e^{-(s-i\omega)t} dt = \frac{1}{s - i\omega}, \quad \text{Re}(s) > 0. \qquad (8.5)$$

$$\mathscr{L}\left[t^n\right] = \int_0^{+\infty} t^n e^{-st}\mathrm{d}t = -\frac{t^n}{s}e^{-st}\Big|_0^{+\infty} + \frac{n}{s}\int_0^{+\infty} t^{n-1}e^{-st}\mathrm{d}t$$

$$= \frac{n}{s}\int_0^{+\infty} t^{n-1}e^{-st}\mathrm{d}t, \quad \mathrm{Re}(s) > 0.$$

所以有

$$\mathscr{L}\left[t^n\right] = \frac{n}{s}\mathscr{L}\left[t^{n-1}\right].$$

当 $n=1$ 时，有

$$\mathscr{L}\left[t\right] = \frac{1}{s^2}, \quad \mathrm{Re}(s) > 0.$$

当 $n=2$ 时，有

$$\mathscr{L}\left[t^2\right] = \frac{2}{s^3}, \quad \mathrm{Re}(s) > 0.$$

依此类推，得

$$\mathscr{L}\left[t^n\right] = \frac{n!}{s^{n+1}}, \quad \mathrm{Re}(s) > 0. \tag{8.6}$$

从上面的例题可以看到，拉普拉斯变换存在的条件要比傅里叶变换存在的条件弱一些，但是到底符合什么条件的函数才存在拉普拉斯变换呢？若存在，收敛域又如何确定？

8.1.2 拉普拉斯变换存在定理

定理 8.1 若函数 $f(t)$ 满足下列条件：

（1）在 $t \geq 0$ 的任意有限区间上分段连续；

（2）存在常数 $M > 0$ 与 $c \geq 0$，使得

$$|f(t)| \leq Me^{ct} \quad (t > 0),$$

即当 $t \to \infty$ 时，函数 $f(t)$ 的增长速度不超过某一个指数函数［其中，c 称为函数 $f(t)$ 的增长指数］，则函数 $f(t)$ 的拉普拉斯变换

$$F(s) = \int_0^{+\infty} f(t)e^{-st}\mathrm{d}t$$

在半平面 $\mathrm{Re}(s) > c$ 上存在，并且在半平面 $\mathrm{Re}(s) > c$ 上像函数 $F(s)$ 为解析函数.

证 设 $\beta = \mathrm{Re}(s)$，则 $\beta - c \geq \delta > 0$，由条件（2）有

$$|f(t)e^{-st}| = |f(t)|e^{-\beta t} \leq Me^{-(\beta-c)t} \leq Me^{-\delta t},$$

所以

$$|F(s)| = \left| \int_0^{+\infty} f(t)\mathrm{e}^{-st}\mathrm{d}t \right| \leq M \int_0^{+\infty} \mathrm{e}^{-\delta t}\mathrm{d}t = \frac{M}{\delta}.$$

由 $\delta > 0$ 可知，积分式(8.1)在 $\mathrm{Re}(s) \geq c + \delta$ 上绝对且一致收敛，因此 $F(s)$ 在半平面 $\mathrm{Re}(s) > c$ 上存在.

若在式(8.1)的积分号内对 s 求导数，则

$$\int_0^{+\infty} \frac{\mathrm{d}}{\mathrm{d}s}[f(t)\mathrm{e}^{-st}]\mathrm{d}t = -\int_0^{+\infty} tf(t)\mathrm{e}^{-st}\mathrm{d}t,$$

等式右端的积分在 $\mathrm{Re}(s) \geq c + \delta$ 上也是绝对且一致收敛的. 因此在式(8.1)中积分与微分的运算次序可以交换，即

$$\frac{\mathrm{d}F(s)}{\mathrm{d}s} = \frac{\mathrm{d}}{\mathrm{d}s}\int_0^{+\infty} f(t)\mathrm{e}^{-st}\mathrm{d}t = \int_0^{+\infty} \frac{\mathrm{d}}{\mathrm{d}s}[f(t)\mathrm{e}^{-st}]\mathrm{d}t$$

$$= \int_0^{+\infty} (-t)f(t)\mathrm{e}^{-st}\mathrm{d}t.$$

由拉普拉斯变换的定义，得

$$F'(s) = \mathscr{L}[(-t)f(t)]. \tag{8.7}$$

故 $F(s)$ 在 $\mathrm{Re}(s) \geq c + \delta$ 上可导. 由 δ 的任意性可知 $F(s)$ 在 $\mathrm{Re}(s) > c$ 上存在且解析，证毕.

拉普拉斯变换中要求函数的增长速度不超过某一个指数函数，而傅里叶变换中则要求和函数在区间 $[0, +\infty)$ 上绝对可积. 相比较而言，前者是一个相对很弱的条件，容易满足. 工程中常见的大部分函数都能满足定理8.1中的两个条件，例如三角函数、指数函数以及幂函数、阶跃函数等.

值得注意的是，定理8.1的条件是拉普拉斯变换存在的充分条件而非必要条件. 关于拉普拉斯变换的存在域，定理8.1中所给出的也是一个充分性的结论. 一般来说，实际的存在域还会更大一些，但从形式上看，多数是一个半平面.

例4 求正弦函数 $\sin kt$ 的拉普拉斯变换，其中 k 为实数.

解 根据定义8.1，当 $\mathrm{Re}(s) > 0$ 时，有

$$\mathscr{L}[\sin kt] = \int_0^{+\infty} \sin kt\,\mathrm{e}^{-st}\mathrm{d}t$$

$$= \frac{\mathrm{e}^{-st}}{s^2 + k^2}(-s \cdot \sin kt - k \cdot \cos kt)\Big|_0^{+\infty}$$

$$= \frac{k}{s^2 + k^2}$$

同理，还可以得到余弦函数 $\cos kt$ 的拉普拉斯变换

$$\mathscr{L}\left[\cos kt\right] = \frac{s}{s^2 + k^2}, \quad \mathrm{Re}(s) > 0.$$

在实际工作中，对于常见的函数类，我们并不要求逐个求拉普拉斯变换，而是做好一个变换表供大家查阅. 附录 3 中包含了常用函数的拉普拉斯变换.

8.2　拉普拉斯变换的性质

根据上一节的讨论可知，由拉普拉斯变换的定义可以求出一些常见函数的拉普拉斯变换. 但是，在实际应用中我们通常都不去进行这样的积分运算，而是利用拉普拉斯变换的一些基本性质得到它们的变换式. 本节我们将着重讨论拉普拉斯变换的一些基本性质，为了叙述方便，我们假设所涉及的函数的拉普拉斯变换均存在且满足定理 8.1 中的条件. 在证明过程中，我们将不再重述这些条件.

8.2.1　线性与相似性

1. 线性性质

设 a, b 为任意给定的常数，且有

$$\mathscr{L}\left[f(t)\right] = F(s),$$
$$\mathscr{L}\left[g(t)\right] = G(s),$$

则有

$$\mathscr{L}\left[af(t) + bg(t)\right] = aF(s) + bG(s), \tag{8.8}$$

$$\mathscr{L}^{-1}\left[aF(s) + bG(s)\right] = af(t) + bg(t), \tag{8.9}$$

该性质留给读者自己证明.

这一性质表明：**函数线性组合的拉普拉斯变换等于各函数拉普拉斯变换的线性组合**. 可以看出，函数线性组合的拉普拉斯变换存在域为各函数拉普拉斯变换存在域的公共区域.

例 1　求 $\sin \omega t$ 的拉普拉斯变换，其中 ω 为实数.

解　由

$$\sin\omega t = \frac{1}{2i}(e^{i\omega t} - e^{-i\omega t}),$$

$$\mathscr{L}[e^{i\omega t}] = \frac{1}{s - i\omega},$$

根据式(8.8)，有

$$\mathscr{L}[\sin\omega t] = \frac{1}{2i}(\mathscr{L}[e^{i\omega t}] - \mathscr{L}[e^{-i\omega t}])$$

$$= \frac{1}{2i}\left(\frac{1}{s - i\omega} - \frac{1}{s + i\omega}\right) = \frac{\omega}{s^2 + \omega^2}.$$

同样可得

$$\mathscr{L}[\cos\omega t] = \frac{s}{s^2 + \omega^2}.$$

例2 已知 $F(s) = \dfrac{3s}{(s+1)(s-2)}$，求 $\mathscr{L}^{-1}[F(s)]$.

解 由

$$F(s) = \frac{3s}{(s+1)(s-2)} = \frac{1}{(s+1)} + \frac{2}{(s-2)},$$

$$\mathscr{L}[e^{at}] = \frac{1}{s-a},$$

有

$$\mathscr{L}^{-1}[F(s)] = \mathscr{L}^{-1}\left[\frac{1}{s+1}\right] + 2\mathscr{L}^{-1}\left[\frac{1}{s-2}\right] = e^{-t} + 2e^{2t}.$$

2. 相似性质

设 $\mathscr{L}[f(t)] = F(s)$，则对任一常数 $a > 0$，有

$$\mathscr{L}[f(at)] = \frac{1}{a}F\left(\frac{s}{a}\right). \tag{8.10}$$

证 令 $x = at$，则

$$\mathscr{L}[f(at)] = \int_0^{+\infty} f(at)e^{-st}dt = \frac{1}{a}\int_0^{+\infty} f(x)e^{-\left(\frac{s}{a}\right)x}dx = \frac{1}{a}F\left(\frac{s}{a}\right).$$

8.2.2 延迟与位移性质

1. 延迟性质

设 $\mathscr{L}[f(t)] = F(s)$，当 $t < 0$ 时，$f(t) = 0$，则对任一非负实数

t_0，有

$$\mathscr{L}\left[f(t - t_0)\right] = \mathrm{e}^{-st_0}F(s). \tag{8.11}$$

证 由定义 8.1 有

$$\mathscr{L}\left[f(t - t_0)\right] = \int_0^{+\infty} f(t - t_0)u(t - t_0)\mathrm{e}^{-st}\mathrm{d}t$$

$$= \mathrm{e}^{-st_0}\int_{t_0}^{+\infty} f(t - t_0)\mathrm{e}^{-s(t-t_0)}\mathrm{d}(t - t_0).$$

令 $u = t - t_0$，则

$$\mathscr{L}\left[f(t - t_0)\right] = \mathrm{e}^{-st_0}\int_0^{+\infty} f(u)\mathrm{e}^{-su}\mathrm{d}u = \mathrm{e}^{-st_0}F(s).$$

该性质表明：连续时间函数在时域上的延迟，致使对应它的拉普拉斯变换在复频域乘以 e^{-st_0}.

容易看出，$\mathscr{L}\left[f(t - t_0)\right]$ 的收敛域和 $\mathscr{L}\left[f(t)\right]$ 收敛域相同. 需要说明的是，$f(t - t_0)$ 在 $t < t_0$ 时为零，故 $f(t - t_0)$ 应理解为 $f(t - t_0)u(t - t_0)$，而不是 $f(t - t_0)u(t)$. 因此，

$$\mathscr{L}^{-1}\left[\mathrm{e}^{-st_0}F(s)\right] = f(t - t_0)u(t - t_0).$$

例 3 求函数 $u(t - \omega) = \begin{cases} 0, & t < \omega, \\ 1, & t > \omega \end{cases}$ 的拉普拉斯变换.

解 已知阶跃函数 $u(t)$ 的拉普拉斯变换为

$$\mathscr{L}\left[u(t)\right] = \frac{1}{s},$$

根据延迟性质，有

$$\mathscr{L}\left[u(t - \omega)\right] = \frac{1}{s}\mathrm{e}^{-s\omega}.$$

例 4 已知 $f(t) = \sin t$，求 $\mathscr{L}\left[f\left(t - \dfrac{\pi}{2}\right)\right]$.

解 由于 $\mathscr{L}\left[\sin t\right] = \dfrac{1}{s^2 + 1}$，根据延迟性质有

$$\mathscr{L}\left[f\left(t - \frac{\pi}{2}\right)\right] = \mathscr{L}\left[\sin\left(t - \frac{\pi}{2}\right)\right] = \mathrm{e}^{-\frac{\pi}{2}s}\mathscr{L}\left[\sin t\right] = \frac{1}{s^2 + 1}\mathrm{e}^{-\frac{\pi}{2}s},$$

且

$$\mathscr{L}^{-1}\left[\frac{1}{s^2 + 1}\mathrm{e}^{-\frac{\pi}{2}s}\right] = \sin\left(t - \frac{\pi}{2}\right)u\left(t - \frac{\pi}{2}\right),$$

$$= \begin{cases} -\cos t, & t > \dfrac{\pi}{2}, \\ 0, & t < \dfrac{\pi}{2}. \end{cases}$$

显然，本题不能直接用 $\sin\left(t - \dfrac{\pi}{2}\right) = -\cos t$ 来做拉普拉斯变换，因为该等式只有在 $t > \dfrac{\pi}{2}$ 时才成立.

2. 位移性质

设 $\mathscr{L}[f(t)] = F(s)$，对任意给定的复常数 s_0，若 $\mathrm{Re}(s - s_0) > 0$，则有

$$\mathscr{L}[\mathrm{e}^{s_0 t} f(t)] = F(s - s_0). \tag{8.12}$$

证 由拉普拉斯变换的定义有

$$\mathscr{L}[\mathrm{e}^{s_0 t} f(t)] = \int_0^{+\infty} \mathrm{e}^{s_0 t} f(t) \mathrm{e}^{-st} \mathrm{d}t = \int_0^{+\infty} f(t) \mathrm{e}^{-(s-s_0)t} \mathrm{d}t = F(s - s_0).$$

该性质表明：**连续时间函数与复指数函数相乘，对应的拉普拉斯变换在复数域发生位移，其收敛域的大小不变，但是收敛域的位置会发生相应的位移**.

例5 设 $f(t) = t^m$，求 $\mathscr{L}[\mathrm{e}^{at} f(t)]$.

解 已知 $\mathscr{L}[t^m] = \dfrac{\Gamma(m+1)}{s^{m+1}}$，根据位移性质有

$$\mathscr{L}[\mathrm{e}^{at} f(t)] = \dfrac{\Gamma(m+1)}{(s-a)^{m+1}}.$$

8.2.3 微分性质

1. 导函数的拉普拉斯变换

设 $\mathscr{L}[f(t)] = F(s)$，则有

$$\mathscr{L}\left[\dfrac{\mathrm{d}}{\mathrm{d}t} f(t)\right] = sF(s) - f(0+), \tag{8.13}$$

同理我们还有

$$\mathscr{L}[f^{(n)}(t)] = s^n F(s) - s^{n-1} f(0+) - s^{n-2} f'(0+) - \cdots - f^{(n-1)}(0+) \tag{8.14}$$

其中，$f(0+) = \lim\limits_{t \to 0^+} f(t)$，$f^{(k)}(0+) = \lim\limits_{t \to 0^+} f^{(k)}(t)$.

证 根据拉普拉斯变换的定义得

$$\mathscr{L}\left[f'(t)\right] = \int_0^{+\infty} f'(t)\,\mathrm{e}^{-st}\mathrm{d}t = f(t)\mathrm{e}^{-st}\Big|_0^{+\infty} + s\int_0^{+\infty} f(t)\mathrm{e}^{-st}\mathrm{d}t,$$

因为

$$\left|\,\mathrm{e}^{-st}f(t)\,\right| \leqslant M\mathrm{e}^{-(\beta-c)t},$$

且

$$\mathrm{Re}(s) = \beta > c,$$

所以

$$\lim_{t\to+\infty} f(t)\mathrm{e}^{-st} = 0.$$

故

$$\mathscr{L}\left[f'(t)\right] = sF(s) - f(0+).$$

运用数学归纳法可得到式(8.14).

该性质表明：**一个导函数的拉普拉斯变换等于其原函数的拉普拉斯变换乘以参变量 s，再减去该函数的初始值**.

拉普拉斯变换的这一性质可以使我们将一个关于 $f(t)$ 的线性微分方程转化为它的拉普拉斯变换 $F(s)$ 的代数方程，因此，它对于分析线性系统有非常重要的作用.

例 6 利用微分性质求函数 $f(t) = t^m$ 的拉普拉斯变换，$m \geqslant 1$ 且为正整数.

解 由于

$$f^{(m)}(t) = m!$$

且

$$f(0) = f'(0) = \cdots = f^{(m-1)}(0) = 0,$$

由式(8.14)有

$$\mathscr{L}\left[f^{(m)}(t)\right] = s^m F(s),$$

即

$$\mathscr{L}\left[t^m\right] = \frac{1}{s^m}\mathscr{L}\left[m!\right] = \frac{m!}{s^{m+1}}.$$

例 7 求解微分方程

$$y''(t) + a^2 y(t) = 0, \quad y(0) = 0, \quad y'(0) = a.$$

解 设 $\mathscr{L}\left[y(t)\right] = Y(s)$，对方程两边取拉普拉斯变换，并利

用线性性质及式(8.13)，得

$$s^2 Y(s) - sy(0) - y'(0) + a^2 Y(s) = 0,$$

代入初值得

$$Y(s) = \frac{a}{s^2 + a^2}.$$

根据本节例1的结果，有

$$y(t) = \mathscr{L}^{-1}[Y(s)] = \sin at.$$

2. 拉普拉斯变换的导函数

设 $\mathscr{L}[f(t)] = F(s)$，则有

$$F'(s) = -\mathscr{L}[tf(t)],$$

更一般地，有

$$F^{(n)}(s) = (-1)^n \mathscr{L}[t^n f(t)],$$

即

$$\mathscr{L}[tf(t)] = -F'(s), \tag{8.15}$$

$$\mathscr{L}[t^n f(t)] = (-1)^n F^{(n)}(s). \tag{8.16}$$

证 由 $F(s) = \int_0^{+\infty} f(t)\mathrm{e}^{-st}\mathrm{d}t$ 得

$$F'(s) = \frac{\mathrm{d}}{\mathrm{d}s}\int_0^{+\infty} f(t)\mathrm{e}^{-st}\mathrm{d}t = \int_0^{+\infty} \frac{\mathrm{d}}{\mathrm{d}s}[f(t)\mathrm{e}^{-st}]\mathrm{d}t$$

$$= -\int_0^{+\infty} tf(t)\mathrm{e}^{-st}\mathrm{d}t = -\mathscr{L}[tf(t)].$$

值得注意的是，在上式中，函数 $f(t)$ 的拉普拉斯变换一致收敛，故在运算中可交换求导与积分的次序. 后面遇到类似的运算也可同样处理.

例8 求函数 $f(t) = t\sin\omega t$ 的拉普拉斯变换，其中 ω 为实数.

解 由式(8.15)，有

$$\mathscr{L}[t\sin\omega t] = -\left(\frac{\omega}{s^2 + \omega^2}\right)',$$

即

$$\mathscr{L}[t\sin\omega t] = \frac{2\omega s}{(s^2 + \omega^2)^2}.$$

同理可得

$$\mathscr{L}[t\cos\omega t] = \frac{s^2 - \omega^2}{(s^2 + \omega^2)^2}.$$

8.2.4 积分性质

1. 积分的拉普拉斯变换

设 $\mathscr{L}\left[f(t)\right] = F(s)$，则有

$$\mathscr{L}\left[\int_0^t f(t)\,\mathrm{d}t\right] = \frac{1}{s}F(s), \tag{8.17}$$

更一般地，有

$$\mathscr{L}\left[\underbrace{\int_0^t \mathrm{d}t \int_0^t \mathrm{d}t \cdots \int_0^t}_{n次} f(t)\,\mathrm{d}t\right] = \frac{1}{s^n}F(s). \tag{8.18}$$

证 设 $g(t) = \int_0^t f(t)\,\mathrm{d}t$，则有

$$g'(t) = f(t) \text{ 且 } g(0) = 0,$$

由微分性质有

$$\mathscr{L}\left[g'(t)\right] = s\mathscr{L}\left[g(t)\right] - g(0) = s\mathscr{L}\left[g(t)\right],$$

故有

$$\mathscr{L}\left[\int_0^t f(t)\,\mathrm{d}t\right] = \frac{1}{s}\mathscr{L}\left[f(t)\right] = \frac{1}{s}F(s).$$

反复进行上述运算即得式(8.18).

2. 函数拉普拉斯变换的积分

设 $\mathscr{L}\left[f(t)\right] = F(s)$，若积分 $\int_s^\infty F(s)\,\mathrm{d}s$ 收敛，则有

$$\mathscr{L}\left[\frac{f(t)}{t}\right] = \int_s^\infty F(s)\,\mathrm{d}s, \tag{8.19}$$

更一般地，有

$$\mathscr{L}\left[\frac{f(t)}{t^n}\right] = \underbrace{\int_s^\infty \mathrm{d}s \int_s^\infty \mathrm{d}s \cdots \int_s^\infty}_{n次} F(s)\,\mathrm{d}s. \tag{8.20}$$

证 由于

$$\int_s^\infty F(s)\,\mathrm{d}s = \int_s^\infty \left[\int_0^{+\infty} f(t)\,\mathrm{e}^{-st}\,\mathrm{d}t\right]\mathrm{d}s$$

$$= \int_0^{+\infty} f(t)\,\mathrm{d}t \left(\int_s^\infty \mathrm{e}^{-st}\,\mathrm{d}s\right)$$

$$= \int_0^{+\infty} f(t)\,\mathrm{d}t \left[-\frac{1}{t}\mathrm{e}^{-st}\right]_s^\infty$$

$$= \int_0^{+\infty} \frac{f(t)}{t}\mathrm{e}^{-st}\,\mathrm{d}t = \mathscr{L}\left[\frac{f(t)}{t}\right].$$

反复进行上述运算即可得式(8.20).

例 9 求函数 $f(t) = \dfrac{\sin t}{t}$ 的拉普拉斯变换.

解 由于 $\mathscr{L}[\sin t] = \dfrac{1}{s^2 + 1}$,由积分性质及式(8.19),有

$$\mathscr{L}[f(t)] = \int_s^\infty \mathscr{L}[\sin t]\,\mathrm{d}s = \int_s^\infty \frac{1}{s^2 + 1}\,\mathrm{d}s$$

$$= \arctan s\,\Big|_s^\infty = \frac{\pi}{2} - \arctan s.$$

在上式中,如果令 $s = 0$,则有

$$\mathscr{L}\left[\frac{\sin t}{t}\right] = \frac{\pi}{2}.$$

例 10 求正弦积分 $\int_0^t \dfrac{\sin t}{t}\,\mathrm{d}t$ 的拉普拉斯变换.

解 由式(8.17)可得

$$\mathscr{L}\left[\int_0^t \frac{\sin t}{t}\,\mathrm{d}t\right] = \frac{1}{s}\mathscr{L}\left[\frac{\sin t}{t}\right],$$

由例9可得

$$\mathscr{L}\left[\int_0^t \frac{\sin t}{t}\,\mathrm{d}t\right] = \frac{1}{s}\left(\frac{\pi}{2} - \arctan s\right)$$

8.2.5 初值定理和终值定理

在工程技术中应用拉普拉斯变换时,通常是先得到 $F(s)$,然后再求出函数 $f(t)$. 然而在实际工作中,有时我们并不关心 $f(t)$ 的表达式,而只需要知道它的初值($t \to 0^+$)和终值($t \to +\infty$)即可,下面的两个定理给出了解决这一问题的方法.

定理 8.2(初值定理) 设 $\mathscr{L}[f(t)] = F(s)$,若 $\mathscr{L}[f'(t)]$ 与 $\lim\limits_{s \to \infty} sF(s)$ 存在,则

$$f(0+) = \lim_{t \to 0^+} f(t) = \lim_{s \to \infty} sF(s). \tag{8.21}$$

证 根据拉普拉斯变换的微分性质,有

$$\lim_{s \to \infty} \mathscr{L}[f'(t)] = \lim_{s \to \infty}[sF(s) - f(0+)]$$

$$= \lim_{s \to \infty} sF(s) - f(0+).$$

又因为拉普拉斯变换存在定理所述的关于积分的一致收敛性，故可交换求积分与取极限的运算次序，所以有

$$\lim_{s \to \infty} \mathscr{L}\left[f'(t)\right] = \lim_{s \to \infty} \int_0^{+\infty} f'(t) e^{-st} dt$$

$$= \int_0^{+\infty} f'(t) \left[\lim_{\text{Re}(s) \to +\infty} e^{-st}\right] dt = 0,$$

故

$$\lim_{s \to \infty} sF(s) = f(0+).$$

此性质表明：函数 $f(t)$ 在 $t \to 0^+$ 时的函数值可以通过 $sF(s)$ 在无穷远点的极限而得到. 它建立了函数 $f(t)$ 在坐标原点的值与函数 $sF(s)$ 的无穷远点的值之间的关系.

定理 8.3（终值定理） 设 $\mathscr{L}\left[f(t)\right] = F(s)$，若 $\mathscr{L}\left[f'(t)\right]$ 与 $\lim_{t \to +\infty} f(t)$ 存在，且 $sF(s)$ 的所有奇点均在左半平面 $\text{Re}(s) < c$ 内，其中 c 是函数 $f(s)$ 的增长指数，则有

$$f(+\infty) = \lim_{t \to +\infty} f(t) = \lim_{s \to 0} sF(s) \tag{8.22}$$

证 由本定理的条件和微分性质，有

$$\lim_{s \to 0} \mathscr{L}\left[f'(t)\right] = \lim_{s \to 0}\left[sF(s) - f(0+)\right]$$

$$= \lim_{s \to 0} sF(s) - f(0+).$$

又因为

$$\lim_{s \to 0} \mathscr{L}\left[f'(t)\right] = \lim_{s \to 0} \int_0^{+\infty} f'(t) e^{-st} dt$$

$$= \int_0^{+\infty} f'(t) \left[\lim_{s \to 0} e^{-st}\right] dt$$

$$= \int_0^{+\infty} f'(t) dt = \lim_{t \to +\infty} f(t) - f(0+),$$

故有

$$\lim_{s \to 0} sF(s) = \lim_{t \to +\infty} f(t) = f(+\infty).$$

此性质建立了函数 $f(t)$ 在无穷远点的值与函数 $sF(s)$ 在原点的值之间的关系. 值得注意的是，在应用终值定理时，往往不知道函数 $f(t)$ 的表达式，因此定理中的条件 $\lim_{t \to +\infty} f(t)$ 是否存在，是通过函数 $sF(s)$ 在右半平面内是否解析来反映的.

例 11 设 $\mathscr{L}\left[f(t)\right] = \dfrac{1}{s+a}(a>0)$，求 $f(0)$ 和 $f(+\infty)$.

解 $f(0) = \lim\limits_{s \to \infty} sF(s) = \lim\limits_{s \to \infty} \dfrac{s}{s+a} = 1,$

$$f(+\infty) = \lim\limits_{s \to 0} sF(s) = \lim\limits_{s \to 0} \dfrac{s}{s+a} = 0,$$

事实上，由 $\mathscr{L}^{-1}\left[\dfrac{1}{s+a}\right] = \mathrm{e}^{-at}$ 容易验证

$$\mathrm{e}^{-at}\big|_{t=0} = 1, \quad \mathrm{e}^{-at}\big|_{t=+\infty} = 0.$$

8.2.6 卷积与卷积定理

1. 卷积

根据傅里叶变换中的卷积定义，两个函数的卷积是指

$$f(t) * g(t) = \int_{-\infty}^{+\infty} f(\tau)g(t-\tau)\mathrm{d}\tau.$$

当 $t < 0$ 时，满足 $f(t) = g(t) = 0$，则有

$$f(t) * g(t) = \int_{-\infty}^{+\infty} f(\tau)g(t-\tau)\mathrm{d}\tau$$

$$= \int_{0}^{+\infty} f(\tau)g(t-\tau)\mathrm{d}\tau$$

$$= \int_{0}^{t} f(\tau)g(t-\tau)\mathrm{d}\tau.$$

即

$$f(t) * g(t) = \int_{0}^{t} f(\tau)g(t-\tau)\mathrm{d}\tau. \tag{8.23}$$

显然，式 (8.23) 定义的卷积仍然满足交换律、结合律以及分配律等.

例 12 求函数 t 与函数 $\sin t$ 的卷积.

解 $t * \sin t = \int_{0}^{t} \tau \sin(t-\tau)\mathrm{d}\tau$

$$= \tau \cos(t-\tau)\Big|_{0}^{t} - \int_{0}^{t} \cos(t-\tau)\mathrm{d}\tau$$

$$= t - \sin t.$$

2. 卷积定理

定理 8.4 设 $\mathscr{L}[f(t)] = F(s)$，$\mathscr{L}[g(t)] = G(s)$，则有

$$\mathscr{L}[f(t) * g(t)] = F(s) \cdot G(s). \tag{8.24}$$

证 由拉普拉斯变换与卷积的定义有

$$\left[f(t) * g(t)\right] = \int_0^{+\infty} \left[f(t) * g(t)\right] \mathrm{e}^{-st} \mathrm{d}t$$

$$= \int_0^{+\infty} \left[\int_0^t f(\tau) g(t-\tau) \mathrm{d}\tau\right] \mathrm{e}^{-st} \mathrm{d}t.$$

上述积分可以看做是一个在 t-τ 平面上区域 D 内的一个二重积分，交换积分顺序得

$$\mathscr{L}\left[f(t) * g(t)\right] = \int_0^{+\infty} f(\tau) \mathrm{d}\tau \left[\int_\tau^{+\infty} g(t-\tau) \mathrm{e}^{-st} \mathrm{d}t\right].$$

设 $T = t - \tau$，则有

$$\mathscr{L}\left[f(t) * g(t)\right] = \int_0^{+\infty} f(\tau) \mathrm{d}\tau \left[\int_0^{+\infty} gT\mathrm{e}^{-sT} \mathrm{e}^{-s\tau} \mathrm{d}T\right]$$

$$= \int_0^{+\infty} f(\tau) \mathrm{e}^{-s\tau} \mathrm{d}\tau G(s)$$

$$= F(s) \cdot G(s).$$

卷积定理所反映的性质显然很容易推广到多个函数卷积的情形，利用这一定理能求出一些函数的拉普拉斯逆变换.

例 13 求 $\mathscr{L}^{-1}\left[\dfrac{s^2}{(s^2+1)^2}\right]$.

解 $\mathscr{L}^{-1}\left[\dfrac{s^2}{(s^2+1)^2}\right] = \mathscr{L}^{-1}\left[\dfrac{s}{s^2+1} \cdot \dfrac{s}{s^2+1}\right]$

$$= \cos t * \cos t = \int_0^t \cos\tau \cos(t-\tau) \mathrm{d}\tau$$

$$= \frac{1}{2}(t\cos t + \sin t).$$

8.3 拉普拉斯逆变换

在本章的 8.1 节和 8.2 节中主要讨论了求已知函数 $f(t)$ 的拉普拉斯变换 $F(s)$，即求像函数. 但在运用拉普拉斯变换求解具体问题时，常常需要由像函数 $F(s)$ 求像原函数 $f(t)$. 尽管我们已经知道了可以利用拉普拉斯变换的性质并根据一些已知的变换来求像原函数，其中这些已知的变换可以通过查表获得(见附录 3)，并且在许多情况下这种方法不失为一种简单而有效的方法，故常常被使用. 但是，其适用范围毕竟是有限的. 下面我们将介绍一种更一般的方法，即直接利用像函数通过反演公式表示出像原函数，再利用留数求得像

原函数.

8.3.1　反演积分公式

由拉普拉斯变换的概念可知，函数 $f(t)$ 的拉普拉斯变换实际上就是 $f(t)u(t)e^{-\beta t}$ 的傅里叶变换，其中 $u(t)$ 是单位阶跃函数．因此，当函数 $f(t)u(t)e^{-\beta t}$ 满足傅里叶变换定理的条件时，在 $t>0$ 且函数 $f(t)$ 的连续点处，我们有

$$
\begin{aligned}
f(t)u(t)e^{-\beta t} &= \frac{1}{2\pi}\int_{-\infty}^{+\infty}\left[\int_{-\infty}^{+\infty}f(\tau)u(\tau)e^{-\beta\tau}e^{-i\omega\tau}d\tau\right]e^{i\omega t}d\omega \\
&= \frac{1}{2\pi}\int_{-\infty}^{+\infty}e^{i\omega t}d\omega\left[\int_{0}^{+\infty}f(\tau)e^{-\beta\tau}e^{-i\omega\tau}d\tau\right] \\
&= \frac{1}{2\pi}\int_{-\infty}^{+\infty}e^{i\omega t}d\omega\left[\int_{0}^{+\infty}f(\tau)e^{-(\beta+i\omega)\tau}d\tau\right] \\
&= \frac{1}{2\pi}\int_{-\infty}^{+\infty}F(\beta+i\omega)e^{i\omega t}d\omega.
\end{aligned}
$$

这里要求 β 在 $F(s)$ 的存在域内．

将上式两边同乘以 $e^{\beta t}$，并令 $s=\beta+i\omega$，则对 $t>0$，有

$$
f(t) = \frac{1}{2\pi i}\int_{\beta-i\infty}^{\beta+i\infty}F(s)e^{st}ds. \tag{8.25}
$$

式(8.25)就是由像函数 $F(s)$ 求其像原函数的一般公式，称为**复反演积分公式**，其中右端的积分称为**复反演积分**，其积分路径是复平面上的一条直线 $\mathrm{Re}(s)=\beta$，该直线位于 $F(s)$ 的存在域内．由于函数 $F(s)$ 在存在域中解析，因而在此直线的右半平面内函数 $F(s)$ 无奇点．

8.3.2　利用留数计算像原函数

定理 8.5　设 $F(s)$ 满足条件：

（1）仅在左半平面 $\mathrm{Re}(s)<c$ 内有有限个孤立奇点 $s_k(k=1,2,\cdots,n)$；

（2）在复平面上除孤立奇点外是处处解析的；

（3）$\lim\limits_{s\to\infty}F(s)=0$，

则

$$\frac{1}{2\pi i}\int_{\beta-i\infty}^{\beta+i\infty}F(s)e^{st}ds = \sum_{k=1}^{n}\mathrm{Res}[F(s)e^{st},s_k],$$

$$f(t) = \sum_{k=1}^{n}\mathrm{Res}[F(s)e^{st},s_k],t > 0. \quad (8.26)$$

证明 如图 8-2 所示，作封闭曲线 $C=L+C_R$，L 在半平面 Re$(s)\geqslant c$ 内，C_R 是半径为 R 的半圆弧，当 R 充分大时，可以使孤立奇点 $s_k(k=1, 2, \cdots, n)$都在封闭曲线 C 内. 由于函数 e^{st}在整个复平面上处处解析，所以函数 $F(s)e^{st}$的奇点就是 $F(s)$的所有奇点.

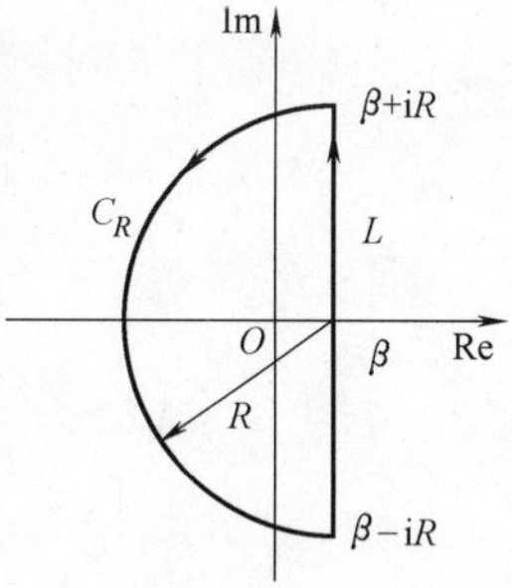

图 8-2

根据留数定理，有

$$\frac{1}{2\pi i}\oint_C F(s)e^{st}ds = \sum_{k=1}^{n}\mathrm{Res}[F(s)e^{st},s_k],$$

即

$$\frac{1}{2\pi i}\left[\int_{\beta-iR}^{\beta+iR}F(s)e^{st}ds+\int_{C_R}F(s)e^{st}ds\right] = \sum_{k=1}^{n}\mathrm{Res}[F(s)e^{st},s_k].$$

由于
$$\lim_{s\to\infty}F(s)=0,$$

即对于任给的 $\varepsilon>0$，存在 $r(\varepsilon)>0$，使得当 $R>r(\varepsilon)$时，对于一切在 C_R 上的点 s 有

$$|F(s)|<\varepsilon.$$

于是当 $t>0$ 时，有

$$\begin{aligned}\lim_{R\to+\infty}\left|\int_{C_R}F(s)e^{st}ds\right| &= \lim_{R\to+\infty}\left|\int_{\frac{\pi}{2}}^{\frac{3\pi}{2}}F(Re^{i\theta}+\beta)e^{t(Re^{i\theta}+\beta)}Re^{i\theta}id\theta\right|\\ &\leqslant \lim_{R\to+\infty}R\varepsilon\left|\int_{\frac{\pi}{2}}^{\frac{3\pi}{2}}\left|e^{(R\cos\theta+\beta)t}d\theta\right|\right.\\ &= \lim_{R\to+\infty}R\varepsilon\left|\int_0^{\pi}e^{(R\sin\theta-\beta)t}d\theta\right|\\ &\leqslant \lim_{R\to+\infty}2R\varepsilon e^{-\beta t}\int_0^{\frac{\pi}{2}}e^{-\frac{2Rt}{\pi}\theta}d\theta\\ &= \lim_{R\to+\infty}\frac{\pi\varepsilon}{t}e^{-\beta t}.\end{aligned}$$

从而有

$$\lim_{R\to+\infty}\int_{C_R}F(s)e^{st}ds = 0,$$

因此有

$$f(t) = \sum_{k=1}^{n} \mathrm{Res}\big[F(s)\mathrm{e}^{st}, s_k\big] \quad (t > 0).$$

例 1 求函数 $F(s) = \dfrac{1}{s(s-1)^2}$ 的拉普拉斯逆变换.

解法一 利用部分分式和求解.

对 $F(s)$ 进行分解可得

$$F(s) = \frac{1}{s} - \frac{1}{s-1} + \frac{1}{(s-1)^2}.$$

查表可得

$$\mathscr{L}^{-1}\left[\frac{1}{s-1}\right] = \mathrm{e}^t, \quad \mathscr{L}^{-1}\left[\frac{1}{(s-1)^2}\right] = t\mathrm{e}^t,$$

故

$$f(t) = 1 - \mathrm{e}^t + t\mathrm{e}^t = 1 + (t-1)\mathrm{e}^t.$$

解法二 利用卷积求解.

设 $F_1(s) = \dfrac{1}{s}$, $F_2(s) = \dfrac{1}{(s-1)^2}$, 则

$$F(s) = F_1(s) \cdot F_2(s).$$

由于

$$f_1(t) = \mathscr{L}^{-1}\big[F_1(s)\big] = 1,$$
$$f_2(t) = \mathscr{L}^{-1}\big[F_2(s)\big] = t\mathrm{e}^t,$$

根据卷积定理有

$$\begin{aligned}
f(t) &= f_1(t) * f_2(t) = \int_0^t (t-\tau)\mathrm{e}^{(t-\tau)}\mathrm{d}\tau \\
&= \big[-(t-\tau)\mathrm{e}^{(t-\tau)} + \mathrm{e}^{(t-\tau)}\big]\big|_0^t \\
&= 1 + (t-1)\mathrm{e}^t.
\end{aligned}$$

解法三 利用留数求解.

由于 $F(s)$ 有一个单极点 $s = 0$ 和一个二级极点 $s = 1$, 故有

$$\begin{aligned}
f(t) &= \mathrm{Res}\big[F(s)\mathrm{e}^{st},\ 0\big] + \mathrm{Res}\big[F(s)\mathrm{e}^{st},\ 1\big] \\
&= \lim_{s \to 0}\frac{\mathrm{e}^{st}}{(s-1)^2} + \lim_{s \to 1}\frac{\mathrm{d}}{\mathrm{d}s}\left[(s-1)^2\frac{\mathrm{e}^{st}}{s(s-1)^2}\right] \\
&= 1 + \lim_{s \to 1}\frac{ts-1}{s^2}\mathrm{e}^{st} = 1 + (t-1)\mathrm{e}^t.
\end{aligned}$$

例 2 求函数 $F(s) = \dfrac{s+1}{s^2+2s+2}$ 的拉普拉斯逆变换.

解 由拉普拉斯逆变换公式, 有

$$f(t) = \mathscr{L}^{-1}\left[\frac{s+1}{s^2+2s+2}\right] = \mathscr{L}^{-1}\left[\frac{s+1}{(s+1)^2+1}\right],$$

根据拉普拉斯变换的位移性质 $\mathscr{L}\left[e^{s_0 t}f(t)\right] = F(s-s_0)$, 所以

$$\mathscr{L}^{-1}\left[F(s-s_0)\right] = \left[e^{s_0 t} \cdot \mathscr{L}^{-1}\left[F(s)\right]\right].$$

因此

$$\mathscr{L}^{-1}\left[\frac{s+1}{(s+1)^2+1}\right] = e^{-t} \cdot \mathscr{L}^{-1}\left[\frac{s}{s^2+1}\right].$$

当 $t > 0$ 时, 有

$$f(t) = e^{-t}\cos t.$$

8.4 拉普拉斯变换的应用

在工程实际中, 很多问题都可以用微分方程来描述, 而利用拉普拉斯变换求解微分方程是非常有效的. 具体方法是先通过拉普拉斯变换将微分方程化为像函数的代数方程, 由代数方程求出像函数, 再通过拉普拉斯逆变换得到微分方程的解.

8.4.1 求解常微分方程

我们通过考察下例来总结拉普拉斯变换应用的基本原理.

例 1 求解初值问题

$$\begin{cases} x''(t) - 2x'(t) + 2x(t) = 2e^t\cos t, \\ x(0) = x'(0) = 0. \end{cases}$$

解 令 $X(s) = \mathscr{L}\left[x(t)\right]$, 在方程两边取拉普拉斯变换并应用初始条件得

$$s^2 X(s) - 2sX(s) + 2X(s) = \frac{2(s-1)}{(s-1)^2+1},$$

求解该方程得

$$X(s) = \frac{2(s-1)}{\left[(s-1)^2+1\right]^2}.$$

求拉普拉斯逆变换得

$$x(t) = \mathscr{L}^{-1}[X(s)] = \mathscr{L}^{-1}\left[\frac{2(s-1)}{[(s-1)^2+1]^2}\right],$$

$$= e^t \mathscr{L}^{-1}\left[\frac{2s}{(s^2+1)^2}\right] = e^t \mathscr{L}^{-1}\left[\left(\frac{-1}{s^2+1}\right)'\right]$$

$$= te^t \mathscr{L}^{-1}\left[\frac{1}{s^2+1}\right] = te^t \sin t.$$

由例1可看到，应用拉普拉斯变换求解常系数线性微分方程的主要步骤有：

（1）对方程两边取拉普拉斯变换，利用初始条件得到关于函数 $X(s)$ 的代数方程；

（2）求解关于 $X(s)$ 的代数方程，得到 $X(s)$ 的表达式；

（3）对 $X(s)$ 的表达式取拉普拉斯逆变换，求出 $x(t)$，得到微分方程的解.

例2 求方程组

$$\begin{cases} y'' - x'' + x' - y = e^t - 2, \\ 2y'' - x'' - 2y' + x = -t \end{cases}$$

满足初始条件

$$\begin{cases} y(0) = y'(0) = 0, \\ x(0) = x'(0) = 0 \end{cases}$$

的解.

解 设 $\mathscr{L}[y(t)] = Y(s)$，$\mathscr{L}[x(t)] = X(s)$，对方程组两边取拉普拉斯变换并考虑初始条件，得

$$\begin{cases} s^2 Y(s) - s^2 X(s) + sX(s) - Y(s) = \dfrac{1}{s-1} - \dfrac{2}{s}, \\ 2s^2 Y(s) - s^2 X(s) - 2sY(s) + X(s) = -\dfrac{1}{s^2}. \end{cases}$$

解方程组得

$$\begin{cases} Y(s) = \dfrac{1}{s(s-1)^2}, \\ X(s) = \dfrac{2s-1}{s^2(s-1)^2}. \end{cases}$$

我们利用留数方法计算原像函数 $y(t)$ 和 $x(t)$ 得

$$\begin{cases} y(t) = 1 - e^t + te^t, \\ x(t) = te^t - t. \end{cases}$$

8.4.2 实际应用举例

例3 设质量为 m 的物体静止在原点，在 $t=0$ 时受到 x 方向的冲击力 $F_0\delta(t)$ 的作用，其中 F_0 为常数，求物体的运动规律.

解 根据题意得初值问题

$$\begin{cases} m\dfrac{\mathrm{d}^2 x(t)}{\mathrm{d}t^2} = F_0\delta(t), \\ x(0) = x'(0) = 0. \end{cases}$$

令 $X(s) = \mathscr{L}[x(t)]$，对方程两边取拉普拉斯变换，得

$$ms^2 X(s) = F_0,$$

即

$$X(s) = \frac{F_0}{ms^2}.$$

作拉普拉斯逆变换，求得物体运动规律为

$$x(t) = \frac{F_0}{m}t.$$

例4 在如图 8-3 所示的 RLC 串联直流电源 E 的电路系统中，R 为电阻，L 为电感，C 为电容，且 $R < 2\sqrt{\dfrac{L}{C}}$. 回路的起始状态为 0，$t=0$ 时开关 S 闭合，接入直流电源 E，求回路中的电流.

解 根据基尔霍夫(Kirchhoff)定律，有

$$\begin{cases} L\dfrac{\mathrm{d}i(t)}{\mathrm{d}t} + Ri(t) + \dfrac{1}{C}\displaystyle\int_0^t i(t)\,\mathrm{d}t = E, \\ i(0) = 0, \\ \dfrac{1}{C}\displaystyle\int_0^t i(t)\,\mathrm{d}t\,\bigg|_{t=0} = 0. \end{cases}$$

设 $I(t) = \mathscr{L}[i(t)]$，对方程两边取拉普拉斯变换得

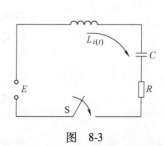

图 8-3

$$LsI(s) + RI(s) + \frac{1}{Cs}I(s) = \frac{E}{s},$$

解方程得

$$I(s) = \frac{E}{s\left(Ls + R + \dfrac{1}{Cs}\right)} = \frac{E}{L} \cdot \frac{1}{s^2 + \dfrac{R}{L}s + \dfrac{1}{LC}}.$$

求分母的零点 s_1，s_2 得

$$s_1 = -\frac{R}{2L} + \sqrt{\left(\frac{R}{2L}\right)^2 - \frac{1}{LC}},$$

$$s_2 = -\frac{R}{2L} - \sqrt{\left(\frac{R}{2L}\right)^2 - \frac{1}{LC}}.$$

故

$$I(s) = \frac{E}{L} \cdot \frac{1}{(s - s_1)(s - s_2)} = \frac{E}{L} \cdot \frac{1}{s_1 - s_2}\left(\frac{1}{s - s_1} - \frac{1}{s - s_2}\right).$$

求逆变换得

$$i(t) = \frac{E}{L(s_1 - s_2)}(e^{s_1 t} - e^{s_2 t}).$$

本 章 小 结

本章通过傅里叶变换导出拉普拉斯变换，从形式上看，拉普拉斯变换就是函数 $f(t)$ 引入指数衰减函数 $e^{-\beta t}$ 和单位阶跃函数 $u(t)$ 后的傅里叶变换，从而使满足积分收敛的函数范围变得更广. 在工程领域中经常出现只在区间 $(0, +\infty)$ 上不为零的函数，所以拉普拉斯变换就成为研究这样一类线性系统的工具.

本章学习目的及要求

(1) 深刻理解拉普拉斯变换及其逆变换的概念，理解拉普拉斯变换的存在定理；

(2) 掌握单位脉冲函数、单位阶跃函数、指数函数、正弦函数、余弦函数和幂函数等一些常用函数的拉普拉斯变换；

（3）掌握拉普拉斯变换的性质：线性、微分性、积分性、延迟性、位移性及卷积的概念和卷积定理；

（4）知道拉普拉斯变换的反演公式，掌握用留数求像原函数的方法；

（5）熟练掌握用拉普拉斯变换解线性微分方程及方程组以及某些微分积分方程的方法.

本章内容要点

1. 拉普拉斯变换及其逆变换的定义

设实函数 $f(t)$ 在 $[0, +\infty)$ 上有定义，如果对于复参数 $s = \beta + i\omega$，积分

$$F(s) = \int_0^{+\infty} f(t)e^{-st}dt$$

在复平面 s 的某一区域内收敛，则称函数 $F(s)$ 为函数 $f(t)$ 的拉普拉斯变换（简称拉氏变换或称为像函数），记为 $F(s) = \mathscr{L}[f(t)]$；相应地，称函数 $f(t)$ 为函数 $F(s)$ 的拉普拉斯逆变换（简称拉氏逆变换或称为原像函数），记为 $f(t) = \mathscr{L}^{-1}F(s)$.

当函数 $f(t)$ 定义在区间 $(0, +\infty)$ 上时，我们对函数就作拉普拉斯变换. 从形式上看，拉普拉斯变换就是函数引入指数衰减函数 $e^{-\beta t}$ 和单位阶跃函数 $u(t)$ 后的傅里叶变换，从而使满足积分收敛的函数范围变得更广. 在工程领域中经常出现只在区间 $(0, +\infty)$ 上不为零的函数，故拉普拉斯变换就成为研究这样一类线性系统的工具.

2. 拉普拉斯变换存在定理

定理 8.1 若函数 $f(t)$ 满足下列条件：

（1）在 $t \geq 0$ 的任意有限区间上分段连续；

（2）存在常数 $M > 0$ 与 $c \geq 0$，使得

$$|f(t)| \leq Me^{ct} \quad (t > 0),$$

即当 $t \to \infty$ 时，函数 $f(t)$ 的增长速度不超过某一个指数函数[其中，c 称为函数 $f(t)$ 的增长指数]，则函数 $f(t)$ 的拉普拉斯变换

$$F(s) = \int_0^{+\infty} f(t)e^{-st}dt.$$

在半平面 $\mathrm{Re}(s) > c$ 上存在，并且在半平面 $\mathrm{Re}(s) > c$ 上像函数 $F(s)$ 为解析函数.

该定理给出了函数的拉普拉斯变换存在的条件和区域，并进一

步说明了一个实函数 $f(t)$ 的拉普拉斯变换 $\mathscr{L}[f(t)]$ 是在某一个半平面内解析的函数. 从而使得我们有可能利用解析函数来研究线性系统. 一方面, 拉普拉斯变换仍然保留了傅里叶变换中的很多性质, 特别是其中有些性质(如微分性质、卷积等)比傅里叶变换中相应的性质更方便实用. 另一方面, 拉普拉斯变换也具有较为明显的物理意义, 其中的复频率 s 不仅能刻画函数的振荡频率, 而且还能描述振荡幅度的增长速率.

当函数中包含有单位脉冲函数时, 其拉普拉斯变换的积分区间应延拓到 $t=0$ 的某个领域, 再求从负方向趋于 0 的极限.

一般来说, 通过反演积分公式求拉普拉斯逆变换是一种通用方法. 但是对一些可分解为基本函数的和或积的像函数, 可根据具体情况充分利用拉普拉斯变换的各种性质或通过留数定理求出它的像函数.

综合练习题 8

1. 用定义计算下列各函数的拉普拉斯变换:

(1) $f(t) = \begin{cases} 3, & 0 \leqslant t < 1, \\ 1, & 1 \leqslant t \leqslant 2, \\ 0, & t > 2; \end{cases}$

(2) $f(t) = \begin{cases} \cos t, & 0 \leqslant t < \dfrac{\pi}{2}, \\ 0, & t > \dfrac{\pi}{2}; \end{cases}$

(3) $f(t) = 2\cos t + \delta(t)$;

(4) $f(t) = \delta(t)\cos t - u(t)\sin t$.

2. 利用拉普拉斯变换的性质及拉普拉斯变换简表求下列函数的拉普拉斯变换:

(1) $\sin 2t$;   (2) $\mathrm{e}^{\frac{t}{2}}$;

(3) t^3;   (4) $2\sin^2 t$.

3. 设 $f(t)$ 是以 T 为周期的周期函数, 且 $f(t)$ 在一个周期上分段连接, 证明:

$$\mathscr{L}[f(t)] = \frac{1}{1 - \mathrm{e}^{-st}} \int_0^T f(t)\mathrm{e}^{-st}\mathrm{d}t \quad (\mathrm{Res} > 0).$$

4. 求下图(见图 8-4)所示各周期函数的拉普拉斯变换.

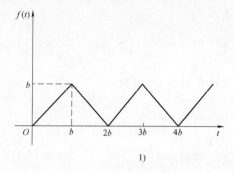

1)

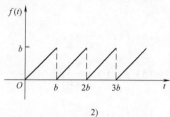

2)

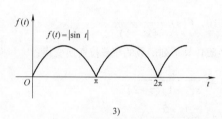

3)

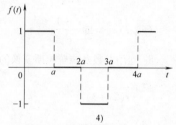

4)

图　8-4

5. 求下列函数的拉普拉斯变换：

(1) $f(t) = t^3 - 2t + 1$；

(2) $f(t) = 1 - te^t$；

(3) $f(t) = (t-1)^2 e^t$

(4) $f(t) = \sin^2\beta t$；

(5) $f(t) = \sin(t-2)$；

(6) $f(t) = \sin(t-2)u(t-2)$；

(7) $f(t) = \sin t u(t-2)$；

(8) $f(t) = e^{2t}u(t-2)$；

(9) $f(t) = e^{(t-2)}[u(t-2) - u(t-3)]$；

(10) $f(t) = e^{-(t-2)}$；

(11) $f(t) = t\cos at$；

(12) $f(t) = e^{-2t}\sin 6t$；

(13) $f(t) = t^n e^{at}$（n 为正整数）；

(14) $f(t) = u(3t - \delta)$；

(15) $f(t) = u(1 - e^{-t})$；

(16) $f(t) = (t-1)[u(t-1) - u(t-2)]$.

6. 求下列函数的拉普拉斯变换：

(1) $f(t) = e^{-(t+a)}\cos\beta t$；

(2) $f(t) = te^{-\alpha t}\sin\beta t$；

(3) $f(t) = t^2\sin\beta t$；

(4) $f(t) = t\int_0^t e^{-3t}\sin 2t dt$；

(5) $f(t) = \int_0^t te^{-3t}\sin 2t dt$；

(6) $f(t) = \dfrac{1 - e^{-at}}{t}$；

(7) $f(t) = \dfrac{\sin at}{t}$；

(8) $f(t) = \dfrac{e^{-3t}\sin 2t}{t}$；

(9) $f(t) = \dfrac{1 - \cos t}{t^2}$；

(10) $f(t) = \int_0^t \dfrac{e^{-3t}\sin 2t}{t} dt$.

7. 求下列函数的拉普拉斯逆变换：

(1) $F(s) = \dfrac{e^{-5s+1}}{s}$；

(2) $F(s) = \dfrac{s^2+s+2}{s^3}e^{-s}$；

(3) $F(s) = \dfrac{e^{-2s}}{s^2+4}$；

(4) $F(s) = \dfrac{1}{s^2+1}+1$；

(5) $F(s) = \dfrac{2s+3}{s^2+9}$；

(6) $F(s) = \dfrac{4s}{(s^2+4)^2}$；

(7) $F(s) = \ln\dfrac{s+1}{s-1}$；

(8) $F(s) = \dfrac{2s+s}{s^2+4s+13}$；

(9) $F(s) = \ln\dfrac{s^2+1}{s^2}$；

(10) $F(s) = \dfrac{s}{(s^2-1)^2}$.

8. 利用留数及拉普拉斯变换的性质计算下列函数的拉普拉斯逆变换：

(1) $\dfrac{4}{s(2s+3)}$；

(2) $\dfrac{s^2+2}{s(s+1)(s+2)}$；

(3) $\dfrac{s}{s^4+5s^2+4}$；

(4) $\dfrac{4s+5}{s^2+5s+6}$.

9. 求如图 8-5 所示各函数 $f(t)$ 的拉普拉斯变换：

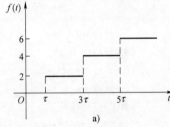
a)

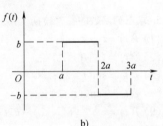
b)

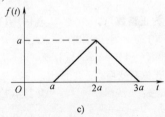
c)

图 8-5

10. 若 $f(t)$ 是周期为 T 的函数，即 $f(t+T) = f(t)\,(t>0)$，则

$$\mathscr{L}\left[f(t)\right] = \dfrac{\displaystyle\int_0^T f(t)\,e^{-st}\,dt}{1-e^{-sT}} \quad (\mathrm{Res}>0).$$

并求如图 8-6 所示的半波正弦函数 $f_T(t)$ 的拉普拉斯变换.

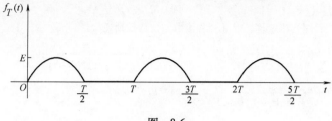

图　8-6

11. 利用留数求下列函数的拉普拉斯逆变换:

(1) $F(s) = \dfrac{1}{s(s-a)}$;

(2) $F(s) = \dfrac{1}{s^2(s-a)}$;

(3) $F(s) = \dfrac{s+1}{s^2+s-6}$;

(4) $F(s) = \dfrac{2s+3}{s^3+9}$;

(5) $F(s) = \dfrac{1}{s(s^2+a^2)}$;

(6) $F(s) = \dfrac{1}{s^2(s^2-1)}$;

(7) $F(s) = \dfrac{3s+1}{5s^3(s-2)^2}$;

(8) $F(s) = \dfrac{s^2+2s-1}{s(s-1)^2}$;

(9) $F(s) = \dfrac{1}{s_4-a^4}$;

(10) $F(s) = \dfrac{s}{(s^2+1)(s^2+4)}$.

12. 求下列函数的拉普拉斯逆变换:

(1) $F(s) = \dfrac{4}{s(2s+3)}$;

(2) $F(s) = \dfrac{3}{(s+4)(s+2)}$;

(3) $F(s) = \dfrac{1}{s(s^2+5)}$;

(4) $F(s) = \dfrac{3s}{(s+4)(s+2)}$;

(5) $F(s) = \dfrac{s^2+2}{s(s+1)(s+2)}$;

(6) $F(s) = \dfrac{s+2}{s^3(s-1)^2}$;

(7) $F(s) = \dfrac{4s+5}{s^2+5s+6}$;

(8) $F(s) = \dfrac{s+2}{(s^2+4s+5)^2}$;

(9) $F(s) = \dfrac{1}{(s^2+2s+2)^2}$;

(10) $F(s) = \dfrac{s^2+4s+4}{(s^4+4s+13)^2}$;

(11) $F(s) = \dfrac{2s^2+s+5}{s^3+6s^2+11s+6}$;

(12) $F(s) = \dfrac{2s^2+3s+3}{(s+1)(s+3)^3}$.

13. 求下列卷积:

(1) $1 * 1$

(2) $t * \sin t$;

(3) $t^m * t^n (m, n$ 为正整数$)$;

(4) $\sin t * \cos t$;

(5) $\sin kt * \cos kt$;　　　　　　　(6) $t * \mathrm{sh}t$;

(7) $u(t-a) * f(t)$;　　　　　　　(8) $\delta(t-a) * f(t)$.

14. 利用卷积定理，求下列各函数的拉普拉斯逆变换：

(1) $F(s) = \dfrac{a}{s(s^2+a^2)}$;　　　　(2) $F(s) = \dfrac{s}{(s-a)^2(s-b)}$;

(3) $F(s) = \dfrac{1}{s(s-1)(s-2)}$;　　(4) $F(s) = \dfrac{s}{s^4-1}$;

(5) $F(s) = \dfrac{s+1}{s(s^2+4)}$;　　　　(6) $F(s) = \dfrac{s}{(s^2+a^2)(s^2+b^2)}$.

15. 求下列常微分方程的解：

(1) $y' - y = \mathrm{e}^{2t}$, $y(0) = 0$;

(2) $y'' + 4y' + 3y = \mathrm{e}^{-t}$, $y(0) = y'(0) = 1$;

(3) $y''' + 3y'' + 3y' + y = 1$, $y(0) = y'(0) = y''(0) = 0$;

(4) $y'' - y = 4\sin t + 5\cos 2t$, $y(0) = -1$, $y'(0) = -2$;

(5) $y'' + 3y' + 2y = u(t-1)$, $y(0) = 0$, $y'(0) = 1$;

(6) $y'' - 2y' + 2y = 2\mathrm{e}^t\cos t$, $y(0) = 0$, $y'(0) = 0$;

(7) $y'' + 2y' - 3y = \mathrm{e}^{-t}$, $y(0) = 0$, $y'(0) = 1$;

(8) $y^{(4)} + 2y''' - 2y' - y = \delta(t)$, $y(0) = y'(0) = y''(0) = y'''(0) = 0$;

(9) $y^{(4)} + 2y'' + y = 0$, $y^{(0)} = y'(0) = 0$, $y''(0) = 1$, $y'''(0) = 0$;

(10) $y'' - y = 0$, $y(0) = 0$, $y(2\pi) = 1$.

16. 求下列常微分方程组的解：

(1) $\begin{cases} x' + y' = 1, \\ x' - y' = t, \end{cases}$ $(x(0) = a, \ y(0) = b)$;

(2) $\begin{cases} x' + x - y = \mathrm{e}^t, \\ y' + 3x - 2y = 2\mathrm{e}^t, \end{cases}$ $(x(0) = y(0) = 1)$;

(3) $\begin{cases} y'' - x'' + x' - y = \mathrm{e}^t - 2, & (x(0) = x'(0) = 0), \\ 2y'' - x'' - 2y' + x = -t, & (y(0) = y'(0) = 0); \end{cases}$

(4) $\begin{cases} x'' - x - 2y' = \mathrm{e}^t, & \left(x(0) = \dfrac{-3}{2}, \ x'(0) = \dfrac{1}{2}\right), \\ x' - y'' - 2y = t^2, & \left(y(0) = 1, \ y'(0) = -\dfrac{1}{2}\right); \end{cases}$

(5) $\begin{cases} x'' - x + y + z = 0, & (x(0) = 1, \ x'(0) = 0), \\ x + y'' - y + z = 0, & (y(0) = y'(0) = 0), \\ x + y + z'' - z = 0, & (z(0) = z'(0) = 0). \end{cases}$

17. 解下列微分积分方程:

(1) $y(t) = \int_0^t y(t)\mathrm{d}t + 1$;

(2) $y'(t) + \int_0^t y(t)\mathrm{d}t = 1$;

(3) $y(t) = at + \int_0^t \sin(t-\tau)y(\tau)\mathrm{d}\tau$;

(4) $y(t) = \sin t - 2\int_0^t y(\tau)\cos(t-\tau)\mathrm{d}\tau$;

(5) $y(t) - \mathrm{e}' = \int_0^t y(\tau)\mathrm{e}^{t-\tau}\mathrm{d}\tau$.

18. 设在原点处质量为 m 的一质点, 在 $t=0$ 时在 x 方向上受到冲击力 $k\delta(t)$ 的作用, 其中 k 为常数, 假定质点的初速度为零, 求其运动规律.

19. 在如图 8-17 所示的 RC 串联电路中, 其外加电动势为正弦交流电压 $e(t) = u_\mathrm{m}\sin(\omega \cdot t + \varphi)$, 求开关闭合后, 回路中电流 $i(t)$ 及电容器两端的电压 $u_C(t)$.

20. 如图 8-8 所示的电路, 在 $t=0$ 时接入直流电源 E, 求回路中电流 $i_1(t)$.

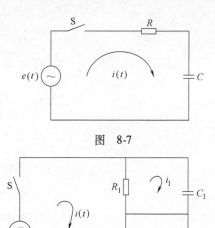

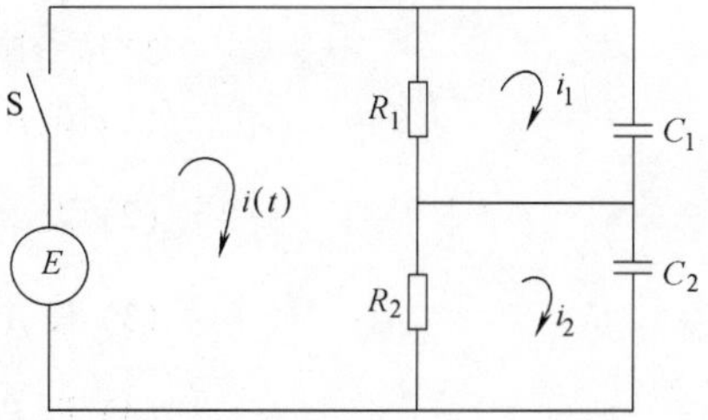

图 8-7

图 8-8

自 测 题 8

1. 单项选择题

(1) 设 $F(s) = \dfrac{\mathrm{e}^{-s}}{s(s+2)}$, 则 $\mathscr{L}^{-1}[F(s)]$ 为 　　　　　( )

(A) $\mathrm{e}^{-2(t-1)}u(t-1)$;　　　　　　(B) $u(t-1) - \mathrm{e}^{-2(t-1)}u(t-1)$;

(C) $\dfrac{1}{2}[1 - \mathrm{e}^{-2(t-1)}]u(t-1)$;　　(D) $\dfrac{1}{2}[u(t) - \mathrm{e}^{-(t-2)}u(t-1)]$.

(2) 设 $f(t) = \mathrm{e}^{-2t}\cos 3t$, 则 $\mathscr{L}[f(t)]$ 为 　　　　　( )

(A) $\dfrac{3}{(s+2)^2 + 9}$;　　　　　　(B) $\dfrac{s+2}{(s+2)^2 + 9}$;

(C) $\dfrac{3s}{(s+2)^2 + 9}$;　　　　　　(D) $\dfrac{3(s+2)}{(s+2)^2 + 9}$.

(3) 设 $\mathscr{L}^{-1}(1) = \delta(t)$, 则 $\mathscr{L}^{-1}\left[\dfrac{s^2}{s^2+1}\right]$ 等于 　　　　( )

(A) $\delta(t)\cos t$;　　　　　　(B) $\delta(t) - \cos t$;

(C) $\delta(t)(1 - \sin t)$;　　　　(D) $\delta(t) - \sin t$.

(4) 在拉普拉斯变换中, 函数 $f_1(t)$ 与 $f_2(t)$ 的卷积, $f_1(t) * f_2(t)$ 为 ( )

(A) $\int_{-\infty}^t f_1(t)f_2(t)\mathrm{d}t$;　　　　(B) $\int_0^t f_1(\tau)f_2(\tau)\mathrm{d}\tau$;

（C）$\int_0^t f_1(\tau)f_2(\tau-t)\mathrm{d}\tau$;　　　　（D）$\int_0^t f_1(\tau)f_2(t-\tau)\mathrm{d}\tau$.

（5）若 $\mathscr{L}[f(t)]=\dfrac{1}{(s-1)^3}$，则 $\mathscr{L}\left[\int_0^t f(u)\right]\mathrm{d}u$ 为 　　　　（　）

（A）$\dfrac{1}{(s-1)^3}$;　　　　　　（B）$\dfrac{1}{s(s-1)^3}$;

（C）$\dfrac{s}{(s-1)^3}$;　　　　　　（D）$\dfrac{1}{(s-1)^4}$.

2. 填空题

（1）设 $f(t)=u(3t-6)$，则 $\mathscr{L}[f(t)]=$_____;

（2）设 $\mathscr{L}[f(t)]=\dfrac{2}{s^2+4}$，则 $\mathscr{L}[\mathrm{e}^{-3t}f(t)]=$_____;

（3）设 $f(t)=(t-1)^2\mathrm{e}^t$，则 $\mathscr{L}[f(t)]=$_____;

（4）设 $F(s)=\dfrac{s+1}{s^2+16}$，则 $\mathscr{L}^{-1}[F(s)]=$_____;

（5）设 $F(s)=\dfrac{1}{(s^2+1)^2}$，则 $\mathscr{L}^{-1}[F(s)]=$_____.

3. 计算下列各题：

（1）设 $f(t)=\begin{cases}t, & t\geqslant\pi,\\ \mathrm{e}^t, & 0\leqslant t<\pi.\end{cases}$ 求 $\mathscr{L}[f(t)]$;

（2）设 $f_1(t)=\sin t$，$f_2(t)=\mathrm{ch}t$，求 $f_1(t)*f_2(t)$;

（3）计算 $\int_0^{+\infty}\dfrac{1-\cos2t}{t}\mathrm{e}^{-2t}\mathrm{d}t$.

4. 用拉普拉斯变换解下列方程

（1）$y'''+y'=\mathrm{e}^{2t}$，$y(0)=y'(0)=y''(0)=0$;

（2）$\begin{cases}2x-y-y'=4(1-\mathrm{e}^{-t}),\\ 2x'+y=2(1+3\mathrm{e}^{-2t}).\end{cases}$　$(x(0)=y(0)=0)$;

（3）$y'(t)-2\int_0^t y(\tau)u(t-\tau)\mathrm{d}\tau+3\int_0^t y(\tau)\mathrm{d}\tau=t^2$，$y(0)=0$.

第 9 章　快速傅里叶变换

随着计算机技术的发展，运用数字技术对信号进行分析已成为信号处理中最基本的技术手段，即数字信号处理系统. 由于数字信号处理系统不能直接对模拟信号进行处理且存储量有限，故第 8 章中所讨论的积分变换方法在实际工程运用中是无法实现的. 为了解决系统不能直接处理模拟信号的问题，人们引入了**序列傅里叶变换**（Sequence Fourier Transform，SFT），但是仍不能解决数字信号处理系统的存储量有限的问题. 因此，人们在 SFT 的基础上又引入了**离散傅里叶变换**（Discrete Fourier Transform，DFT）. DFT 是信号分析与处理中最基本也是最常用的变换之一. 尽管如此，但 DFT 的大运算量还是限制了其运用 DFT 算法进行谱分析和对实时信号的处理. 为了快速计算 DET，必须找到更有效的方法. 近半个世纪以来，人们对离散傅里叶变换的计算进行了大量深入的研究，提出了许多有效的快速计算 DFT 的方法. 这些算法，称之为**快速傅里叶变换**（Fast Fourier Transform，FFT）. FFT 的出现为将数字信号处理技术运用于各种信号的实时处理创造了条件，推动了数字信号处理技术的发展.

本章简单介绍了数字信号处理中傅里叶变换的几种常见方法，主要侧重于对实际算法的介绍. 因此，我们将不再讨论级数的收敛域问题，并且对于一些重要的性质我们将不加证明地直接给出，关于此类问题更加详细的内容请读者参阅相关书籍.

本章预习提示：傅里叶变换、拉普拉斯变换.

9.1　序列傅里叶（SFT）变换

9.1.1　序列傅里叶变换（SFT）及其逆变换（ISFT）的定义

在现实世界中，所有的物理信号都是模拟量. 对于时间信号，如果在任何有限的时间间隔内，信号都取无限个值，则称它为连续时间信号，反之，在任何有限的时间间隔内，信号都取有限个值，则称它为离散时间信号. 语音信号、温度变化信号等都是连续时间信号, 而计算机输出的随机数字则是离散时间信号. 离散时间信号可以由连续时间信号通过抽样得到, 想要对这些信号进行处理就必须将一个模拟信号 $x(t)$ 进行时域抽样, 使其变成一个离散的时间序列 $x(n)$. 相应的, 由连续傅里叶变换导出的序列傅里叶变换(SFT)及其逆变换(Inverse Discrete-time Fourier Transform, ISFT)可定义如下

定义 9.1 序列傅里叶变换(SFT)

$$X(e^{j\omega}) = \sum_{n=-\infty}^{+\infty} x(n)e^{-jn\omega};\tag{9.1}$$

序列傅里叶变换的逆变换(ISFT)

$$x(n) = \frac{1}{2\pi}\int_{-\pi}^{\pi} X(e^{j\omega})e^{jn\omega}\,d\omega.\tag{9.2}$$

在工程中, j 表示纯虚数单位, 即 $j^2 = -1$. $X(e^{j\omega})$ 是关于实数 ω 的一个复值函数, 用极坐标可表示为

$$X(e^{j\omega}) = |X(e^{j\omega})|e^{j\theta(\omega)}.$$

通常, 我们又将傅里叶变换称为**傅里叶谱**, 相应地, 将 $|X(e^{j\omega})|$ 称为**幅度谱**, $\theta(\omega)$ 称为**相位谱**.

9.1.2 序列傅里叶变换(SFT)的性质

在数字信号处理中, 序列傅里叶变换的很多性质都是非常有用的. 根据定义 9.1, 这里我们不加证明地给出它的几个主要性质.

性质 9.1(线性性质) 设 a, b 为任意常数, 则

$$\text{SFT}[af(n)+bg(n)] = a\text{SFT}[f(n)]+b\text{SFT}[g(n)].\tag{9.3}$$

该性质表明: **序列线性组合的 SFT 等于各序列 SFT 的线性组合**.

性质 9.2(时移性质) 对任意给定的整数 n_0, 有

$$\text{SFT}[x(n-n_0)] = e^{-j\omega n_0}\text{SFT}[x(n)].\tag{9.4}$$

该性质表明: **序列线性位移的 SFT 等于原序列的 SFT 与 $e^{-j\omega n_0}$ 的乘积**. 乘积因子 $e^{-j\omega n_0}$ 意味着各频率分量的相位发生了相应的变化.

性质 9.3(频移性质) 设 $X(e^{j\omega}) = \text{SFT}[x(n)]$, 则有

$$\text{SFT}[e^{j\omega_0 n}x(n)] = X[e^{j(\omega-\omega_0)}].\tag{9.5}$$

该性质表明: **序列 $x(n)$ 和单位复指数序列相乘, 其频谱密度为**

原序列频谱密度在频域中的移位.

性质 **9.4**（频域微分性质） 设 $X(e^{j\omega}) = \mathrm{SFT}[x(n)]$，则有

$$\mathrm{SFT}[nf(n)] = \mathrm{j}\frac{\mathrm{d}X(e^{j\omega})}{\mathrm{d}\omega}. \tag{9.6}$$

该性质表明：序列 $x(n)$ 与 n 相乘的 SFT 等于原序列的 SFT 的导数乘以纯虚数单位 j.

性质 **9.5**（卷积性质） 设 $F(e^{j\omega}) = \mathrm{SFT}[f(n)]$，$G(e^{j\omega}) = \mathrm{SFT}[g(n)]$，则有

$$\mathrm{SFT}[f(n) * g(n)] = F(e^{j\omega}) \cdot G(e^{j\omega}). \tag{9.7}$$

该性质表明：序列卷积的 SFT 等于各序列 SFT 的乘积.

性质 **9.6**（乘积性质） 设 $F(e^{j\omega}) = \mathrm{SFT}[f(n)]$，$G(e^{j\omega}) = \mathrm{SFT}[g(n)]$，则有

$$\mathrm{SFT}[f(n) \cdot g(n)] = \frac{1}{2\pi}\int_{-\pi}^{\pi} F(e^{j\theta}) \cdot G(e^{j(\omega-\theta)})\mathrm{d}\theta \tag{9.8}$$

该性质表明：序列乘积的 SFT 等于各序列 SFT 周期卷积的 $\dfrac{1}{2\pi}$.

性质 **9.7**（共轭性质） 设 $X(e^{j\omega}) = \mathrm{SFT}[x(n)]$，则有

$$\mathrm{SFT}[\overline{x(n)}] = \overline{X(e^{-j\omega})}. \tag{9.9}$$

该性质表明：序列共轭的 SFT 等于序列的 SFT 在其变量取相反数时的共轭.

性质 **9.8**［帕赛瓦尔（Parseval）等式］ 设 $F(e^{j\omega}) = \mathrm{SFT}[f(n)]$，$G(e^{j\omega}) = \mathrm{SFT}[g(n)]$，则有

$$\sum_{n=-\infty}^{+\infty} g(n) \overline{f(n)} = \frac{1}{2\pi}\int_{-\pi}^{\pi} G(e^{j\theta}) \cdot \overline{F(e^{j(\omega-\theta)})}\mathrm{d}\theta. \tag{9.10}$$

性质 **9.9**（对称性质）

（1）奇偶对称性：设 $X(e^{j\omega}) = \mathrm{SFT}[x(n)]$，若 $x(n) = \pm x(-n)$，n 为整数，则

$$X(e^{j\omega}) = \pm X(e^{-j\omega}), \quad -\infty < \omega < +\infty.$$

该性质表明：序列和它的序列傅里叶变换具有相同的关于原点的奇偶对称性.

（2）共轭对称性：设 $x_r(n) = \mathrm{Re}[x(n)]$，$x_i(n) = \mathrm{Im}[x(n)]$，$X_e(e^{j\omega})$ 和 $X_o(e^{j\omega})$ 分别是 $X(e^{j\omega})$ 关于原点的共轭偶部和共轭奇部. 若 $X(e^{j\omega}) = \mathrm{SFT}[x(n)]$，则

$$X_e(e^{j\omega}) = \frac{1}{2}\left[X(e^{j\omega}) + \overline{X(e^{-j\omega})}\right] = \text{SFT}[x_r(n)],$$

$$X_o(e^{j\omega}) = \frac{1}{2}\left[X(e^{j\omega}) - \overline{X(e^{-j\omega})}\right] = \text{SFT}[jx_i(n)].$$

该性质表明：序列的实部和虚部(含 j)与其序列傅里叶变换的共轭偶部和奇部分别是序列傅里叶变换对.

9.1.3 序列傅里叶变换(SFT)的 MATLAB 实现

在 MATLAB 中可以使用内联函数 freqz( )来进行序列傅里叶变换，为了得到更加准确的图像，我们必须选择大量的频率采样点.

常用的格式主要有以下两种：

$$H = \text{freqz}(\text{num}, \text{den}, \text{w})$$

和

$$H = \text{freqz}(\text{num}, \text{den}, \text{f}, \text{FT})$$

其中，ω 为在 0 到 π 之间的指定频率集，向量 f 为 0 到 $\dfrac{\text{FT}}{2}$ 之间的频率点，FT 为采样频率.

9.2 Z 变换简介

从上一节可知，稳定序列的 SFT 一定存在，对非稳定序列，由于 SFT 是否存在难以判断，因此不能用序列傅里叶变换做相应的分析和处理. 本节主要介绍另一种能处理更为广泛的各种离散时间信号的傅里叶变换——Z 变换.

9.2.1 Z 变换的定义

对于给定序列 Z 变换的定义.

定义 9.2 对一般的离散时间信号序列 $x(n)$，称和式

$$X(z) = \sum_{n=-\infty}^{+\infty} x(n)z^{-n} \tag{9.11}$$

为 $x(n)$ 的 Z 变换(Z Transform, ZT). 其中 z 是一个复变量.

设 $z = re^{j\omega}$，将其代入式(9.11)，则有

$$X(re^{j\omega}) = \sum_{n=-\infty}^{+\infty} x(n)r^{-n}e^{-j\omega n}. \qquad (9.12)$$

式(9.12)可以看成是离散时间序列 $x(n)r^{-n}$ 的序列傅里叶变换. 当 $|z|=1$ 时, $x(n)$ 的 Z 变换就成了 $x(n)$ 的序列傅里叶变换, 因此, Z 变换可以看做是序列傅里叶变换的一个推广.

对式(9.11)的两边同乘以 z^{k-1}, 在 $X(z)$ 的收敛域内取包含原点的封闭曲线 C, 得曲线积分

$$\frac{1}{2\pi j}\oint_C X(z)z^{k-1}dz = \frac{1}{2\pi j}\oint_C \sum_{n=-\infty}^{+\infty} x(n)z^{-n+k-1}dz.$$

由于 $\sum_{n=-\infty}^{+\infty} x(n)z^{-n+k-1}$ 在收敛域内一致收敛, 故可交换积分与求和的次序, 结合柯西积分定理可得

$$\frac{1}{2\pi j}\oint_C \sum_{n=-\infty}^{+\infty} x(n)z^{-n+k-1}dz = \frac{1}{2\pi j}\sum_{n=-\infty}^{+\infty} x(n)\frac{1}{2\pi j}\oint_C z^{-n+k-1}dz = x(k),$$

即

$$x(n) = \frac{1}{2\pi j}\oint_C X(z)z^{n-1}dz,$$

相应地, 我们称该积分为 $X(z)$ 的 Z 反变换(Inverse Z Transform, IZT). 简记为

$$x(n) = Z^{-1}[X(z)]. \qquad (9.13)$$

9.2.2 单边 Z 变换

上面所讨论的 Z 变换又称为**双边 Z 变换**. 对离散时间信号序列 $x(n)$, 相应的单边 Z 变换(Single-Side Z Transform, SSZT)为

$$X_s(z) = \sum_{n=0}^{+\infty} x(n)z^{-n}.$$

由于上式是在 $[0, +\infty)$ 上求和, 故 $x(n)$ 的单边 Z 变换 $X_s(z)$ 就是 $x_u(n) = x(n)u(n)$ 的双边 Z 变换

又 $\qquad X_s(z) = ZT[x(n)u(n)] = \sum_{n=0}^{+\infty} x(n)u(n)z^{-n}$

$$= \sum_{n=0}^{+\infty} x(n)z^{-n} = X_s(z),$$

因此, 单边 Z 变换 $X_s(z)$ 的收敛域是复平面 Z 上以原点为圆心的圆

外部分.

单边 Z 变换简称为 SSZT，相应地，$X_s(z)$ 单边 Z 反变换（Inverse Single-Side Z Transform，SSZT）为

$$x(n) = \frac{1}{2\pi j}\oint_C X(z)z^{n-1}\mathrm{d}z \quad (n \text{ 为非负整数}).$$

9.2.3　Z 变换及其反变换的计算

在离散时间系统，尤其是数字滤波器的分析和设计过程中，Z 变换起着重要的作用. 由于 Z 变换是另一种重要的离散时间信号的序列傅里叶变换，所以 Z 变换有着许多与序列傅里叶变换类似的计算性质.

对于 Z 变换的计算，按定义计算是最基本的方法，并充分利用 ZT 的各种性质以加速计算的过程. 但是用直接法计算 ZT 有时是很麻烦的，我们可以直接查 Z 变换表求得某些序列的 Z 变换（见附录 4）. 相应地，按照定义计算 IZT 也是计算的最基本方法. 另一方面，由复变函数积分的留数定理可知，可以应用留数计算 $X(z)$ 的 Z 反变换 $x(n)$. 设 z_i 为 $X(z)$ 在封闭曲线 C 外的全部极点，$R_i(i=1, \cdots, m)$ 为 $X(z)$ 在 z_i 处的留数，则有

$$x(n) = -\sum_{i=1}^{m} R_i,$$

证明过程由读者自己完成.

9.3　离散傅里叶（DFT）变换

在上两节介绍的变换中由于序列均为无限序列，当遇到复杂的序列时变换就变得难以实现. 在工程中为了便于实现，我们更加关心一个有限长度的时间序列 $x(n)$ 与它的序列傅里叶变换的有限个频率采样点之间的关系. 本节中我们将介绍一种新的变换方法——离散傅里叶变换及其逆变换. 这种傅里叶变换是针对典型有限序列的.

9.3.1　有限序列的离散傅里叶变换

根据序列傅里叶变换的定义，我们可以很自然地给出离散傅里叶变换（Discrete Fourier Transform，DFT）的定义.

定义 9.3 设 $x(n)(0 \leqslant n \leqslant N-1)$ 为有限长度的离散时间信号序列，$x(n)$ 的 SFT 为 $X(\mathrm{e}^{\mathrm{j}\omega})$，$X(\mathrm{e}^{\mathrm{j}\omega})$ 的频率均匀抽样点，记为

$$X(k) = X(\mathrm{e}^{\mathrm{j}\omega}) \Big|_{\omega = \frac{2k\pi}{N}},$$

则有

$$X(k) = \sum_{n=0}^{N-1} x(n)\mathrm{e}^{-\frac{2\pi nkj}{N}} \quad (0 \leqslant k \leqslant N-1).$$

若设 $W_N = \mathrm{e}^{-\frac{2\pi}{N}\mathrm{j}}$，则有

$$X(k) = \sum_{n=0}^{N-1} x(n)W_N^{nk} \quad (0 \leqslant k \leqslant N-1) \tag{9.14}$$

我们称式(9.14)为 $x(n)$ 的离散傅里叶变换(Discrete Fourier Transform, DFT).

相应地，我们记离散傅里叶逆变换(Inverse Discrete Fourier Transform, IDFT)为

$$x(n) = \frac{1}{N} \sum_{k=0}^{N-1} X(k)W_N^{-nk} \quad (0 \leqslant n \leqslant N-1). \tag{9.15}$$

下面我们将验证式(9.15)的成立.

将式(9.15)两边同乘以 $W_N^{nh}(0 \leqslant h \leqslant N-1)$，并对两边从 0 到 $N-1$ 求和，可得

$$\sum_{n=0}^{N-1} x(n)W_N^{nh} = \frac{1}{N} \sum_{n=0}^{N-1} \sum_{k=0}^{N-1} X(k)W_N^{-n(k-h)}.$$

交换求和顺序可得

$$\sum_{n=0}^{N-1} x(n)W_N^{nh} = \frac{1}{N} \sum_{k=0}^{N-1} X(k) \left[\sum_{n=0}^{N-1} W_N^{-n(k-h)} \right]. \tag{9.16}$$

由于

$$\sum_{n=0}^{N-1} W_N^{-n(k-h)} = \begin{cases} N, & k-h = mN, m \text{ 为整数}, \\ 0, & \text{其他}. \end{cases}$$

由 k 和 h 的取值范围可知，$1-N \leqslant k-h \leqslant N-1$. 因此，只有当 $k=h$ 时，

$$\sum_{n=0}^{N-1} W_N^{-n(k-h)} = N,$$

其他情况下

$$\sum_{n=0}^{N-1} W_N^{-n(k-h)} = 0.$$

则式(9.16)可化简为

$$\sum_{n=0}^{N-1} x(n) W_N^{nh} = X(h).$$

这与 DFT 的定义是一致的. 至此, 我们已经验证了离散傅里叶逆变换 IDFT 的定义式(9.15)是成立的.

9.3.2 离散傅里叶变换(DFT)与序列傅里叶变换(SFT)的关系

对于一般的离散时间信号 $x(n)$, 序列傅里叶变换为

$$X(e^{j\omega}) = \sum_{n=-\infty}^{+\infty} x(n) e^{-jn\omega} \quad (-\infty < \omega < +\infty).$$

设

$$\omega = \frac{2\pi}{N} k \quad (k = 0, 1, \cdots, N-1);$$

$$n = p + sN \quad (0 \leqslant p \leqslant N-1, \ s \ 与 \ p \ 均为自然数),$$

则

$$\begin{aligned}
X(e^{j\omega}) &= \sum_{n=-\infty}^{+\infty} x(n) e^{-j\frac{2\pi}{N}kn} = \sum_{p=0}^{N-1} \sum_{s=-\infty}^{+\infty} x(p+sN) e^{-j\frac{2\pi}{N}k(p+sN)} \\
&= \sum_{p=0}^{N-1} \left[\sum_{s=-\infty}^{+\infty} x(p+sN) \right] W_N^{pk} \\
&= \sum_{p=0}^{N-1} \tilde{x}(p) W_N^{pk},
\end{aligned}$$

式中,

$$\tilde{x}(p) = \sum_{s=-\infty}^{+\infty} x(p+sN)$$

是由 $x(p)$ 以 N 为周期作周期延拓而得到的周期序列.

上式表明, 序列 $x(n)$ 的序列傅里叶变换 $X(e^{j\omega}) = \mathrm{SFT}[x(n)]$ 在 $\omega = \frac{2\pi}{N} k$ 时的值为将序列 $x(n)$ 以 N 为周期作周期延拓所得到的周期序列 $\tilde{x}(n)$ 的主值序列 $\tilde{x}_p(n)$ 的离散傅里叶变换 DFT. 即

$$\mathrm{SFT}[x(n)] \big|_{\omega=\frac{2k\pi}{N}} = \mathrm{DFT}[\tilde{x}_p(n)].$$

反之, 设

$$X^*(k) = X(e^{j\omega}) \bigg|_{\omega=\frac{2k\pi}{N}},$$

$$x^*(n) = \frac{1}{N} \sum_{k=0}^{N-1} X^*(k) W_N^{-kn} = \text{IDFT}[X^*(k)],$$

则有

$$x^*(n) = X(e^{j\omega})\big|_{\omega=\frac{2k\pi}{N}} = \frac{1}{N} \sum_{k=0}^{N-1} X(e^{j\frac{2k\pi}{N}}) W_N^{-kn}$$

$$= \frac{1}{N} \sum_{k=0}^{N-1} \Big[\sum_{h=-\infty}^{+\infty} x(h) W_N^{kh} \Big] W_N^{-kh}$$

$$= \sum_{h=-\infty}^{+\infty} x(h) \Big[\frac{1}{N} \sum_{k=0}^{N-1} W_N^{-(k-h)n} \Big],$$

即

$$x^*(n) = \sum_{m=-\infty}^{+\infty} x(n+mN) \quad (0 \leqslant n \leqslant N-1).$$

上式表明，序列 $X^*(k)$ 的 IDFT 就是将 $x(n)$ 每次平移 N 并无限次叠加所得的.

9.3.3　DFT 与 Z 变换的关系

对一般的离散时间信号序列 $x(n)$，Z 变换为

$$X(z) = \sum_{n=-\infty}^{+\infty} x(n) z^{-n},$$

若 $z = re^{j\omega}(0 \leqslant \omega \leqslant 2\pi, \ r$ 为给定的正数)，则有

$$X(z) = \sum_{s=-\infty}^{+\infty} x(n) r^{-n} e^{-j\omega n},$$

令 $\omega = \dfrac{2\pi}{N} k, \ (k = 0, \ 1, \ \cdots, \ N-1)$，$N$ 为一选定的正整数，

则有

$$X(z)\big|_{z=re^{\frac{-2k\pi}{N}j}} = \sum_{s=-\infty}^{+\infty} x(n) r^{-n} W_N^{nk}.$$

令 $n = p + sN(0 \leqslant p \leqslant N-1, \ s$ 为整数)，则有

$$X(z)\big|_{z=re^{\frac{-2k\pi}{N}j}} = \sum_{p=0}^{N-1} \Big[\sum_{s=-\infty}^{+\infty} x(p+sN) \Big] r^{-(p+sN)} W_N^{(p+sN)k}$$

$$= \sum_{p=0}^{N-1} \Big[\sum_{s=-\infty}^{+\infty} x(p+sN) r^{-(p+sN)} \Big] W_N^{pk}.$$

若设

$$x_N(n) = \sum_{s=-\infty}^{+\infty} x(n+sN) r^{-(n+sN)},$$

容易得到

$$X(z) \big|_{z=re^{\frac{-2k\pi}{N}}} = \sum_{n=0}^{N-1} x_N(n) W_N^{pk} = \mathrm{DFT}\big[x_N(n)\big].$$

由上式可以看到，对圆周 $|z|=r$ 上的 ZT 值，可以用 DFT 做计算. 若 $r=1$，则该圆变成单位圆，其上的 ZT 值为序列 $x(n)$ 的序列傅里叶变换，相应的计算式就是用 DFT 计算 $x(n)$ 序列傅里叶变换的公式，即

$$\mathrm{ZT}\big[x(n)\big]\big|_{z=re^{-\frac{2k\pi}{N}}} = \mathrm{DFT}\big[x_N(n)\big].$$

综上所述，从 SFT 的角度来看，DFT 包含了 SFT 在 $[0,2\pi)$ 上的 N 个均匀频域采样点，从 Z 变换的角度看，DFT 可以看做是包含了在 Z 平面单位圆上均匀分布的 Z 变换结果，因此称 DFT 为**单位圆上的取样 Z 变换**. 因此，与 SFT 类似，DFT 也有很多具有实际价值的性质.

9.4　快速傅里叶变换

从上一节的讨论中知道，DFT 的直接计算需要作 N^2 次复数运算和 $N(N-1)$ 次复数加法运算，运算量大. 在本节中，我们将讨论快速傅里叶变换（FFT）. FFT 包括许多不同的算法，由于这些算法对输入数据的要求不同，故运算后输出的数据也具有不同的特点. 因此，在代码的复杂性、存储器的应用和计算要求等方面各有利弊.

根据时间序列和频率系列，FFT 有两类算法：时分算法和频分算法. 时分算法是将时间序列分割成较小的子序列，并且这些子序列的 DFT 组合成一定的模式，从而达到减少计算量的目的. 同样地，频分算法是将频率采样分割成较小的子序列，从而达到减少计算量的目的.

9.4.1　时分算法

定理 9.1（时分碟式运算定理）　设 $X(k) = \mathrm{DFT}\big[x(n)\big]$（$0 \leqslant n$，$k \leqslant N-1$，$n$、$k$ 为整数，N 为偶数），我们将 $x(n)$ 按奇偶分成奇数序

列和偶数序列，且这两个子序列的长度均为$\frac{N}{2}$.

令　$x_0(i)=x(2i)$，$x_1(i)=x(2i+1)$，$0\leqslant i\leqslant\frac{N}{2}-1$，

则

$$\begin{cases}X(k)=X_0(k)+X_1(k)W_N^k,\\ X\left(k+\dfrac{N}{2}\right)=X_0(k)-X_1(k)W_N^k.\end{cases}\tag{9.17}$$

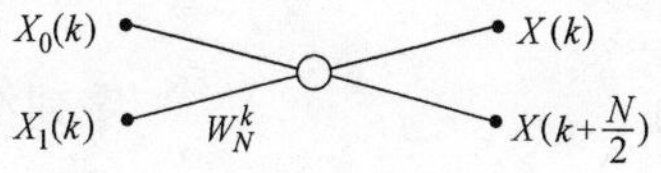

图　9-1

其中，$0\leqslant k\leqslant\frac{N}{2}-1$，$k$为整数.

这就是碟式运算，如图 9-1 所示.

证　若$0\leqslant k\leqslant\frac{N}{2}-1$，则

$$\begin{aligned}x(k)&=\sum_{n=0}^{N-1}x(n)W_N^{kn}=\sum_{i=0}^{\frac{N}{2}-1}x(2i)W_N^{2ik}+\sum_{i=0}^{\frac{N}{2}-1}x(2i+1)W_N^{(2i+1)k}\\&=\sum_{i=0}^{\frac{N}{2}-1}x_0(i)W_N^{2ik}+W_N^k\sum_{i=0}^{\frac{N}{2}-1}x_1(i)W_N^{2ik}\quad\left(0\leqslant k\leqslant\frac{N}{2}-1\right).\end{aligned}$$

由于$W_N^{2ik}=\mathrm{e}^{-\mathrm{j}\frac{2\pi}{N}\cdot 2ik}=\mathrm{e}^{-\mathrm{j}\frac{2\pi}{N/2}\cdot ik}=W_{\frac{N}{2}}^{ik}$，故

$$\begin{aligned}X(k)&=\sum_{i=0}^{\frac{N}{2}-1}x_0(i)W_{\frac{N}{2}}^{ik}+W_N^k\sum_{i=0}^{\frac{N}{2}-1}x_1(i)W_{\frac{N}{2}}^{ik}\\&=X_0(k)+X_1(k)W_N^k\quad\left(0\leqslant k\leqslant\frac{N}{2}-1\right).\end{aligned}$$

由于

$$X\left(k+\frac{N}{2}\right)=\sum_{n=0}^{N-1}x(n)W_N^{\left(k+\frac{N}{2}\right)n}=\sum_{n=0}^{N-1}x(n)W_N^{nh}W_N^{\frac{nN}{2}},$$

其中，$W_N^{\frac{N}{2}}=\mathrm{e}^{-\mathrm{j}\frac{2\pi}{N}\cdot\frac{N}{2}}=\mathrm{e}^{-\mathrm{j}\pi}=-1$.

因此

$$X\left(k + \frac{N}{2}\right) = \sum_{n=0}^{N-1} x(n)(-1)^n W_N^{nk}$$

$$= \sum_{i=0}^{\frac{N}{2}-1} x(2i)(-1)^{2i} W_N^{2ik} + \sum_{i=0}^{\frac{N}{2}-1} x(2i+1)(-1)^{2i+1} W_N^{(2i+1)k}$$

$$= \sum_{i=0}^{\frac{N}{2}-1} x_0(i) W_{\frac{N}{2}}^{ik} - W_N^k \sum_{i=0}^{\frac{N}{2}-1} x_1(i) W_{\frac{N}{2}}^{ik}$$

$$= X_0(k) - W_N^k X_1(k).$$

上述定理是时分 FFT 算法的基础. 它表明, 若将任何一偶数点序列按 N 的奇偶分成两个子序列, 则原序列的 DFT 可由两个子序列 DFT 的线性组合得到. 这样, 就将一个长度为 N 的 DFT 式化成了两个长度为 $\frac{N}{2}$ 的 DFT 式 [见式 (9.17)]. 其信号流如图 9-2 所示, 通常称为**蝶形图**. 为了使计算更加简洁, 我们可将这两个长度为 $\frac{N}{2}$ 的 DFT $X_0(i)$ 和 $X_1(i)$ 分别化为两个长度为 $\frac{N}{4}$ 的 DFT. 依此类推, 当 $N = 2^r$ 时, 总共可以分为 r 级, 最终得到 $\frac{N}{2}$ 个两点的 DFT 运算.

例如, $x(n)$ 是 $N = 8 = 2^3$ 的有限序列, 图 9-2 表示其离散傅里叶变换 $X(k)$ 的直接计算. 图中, 顺序数字 n 表示单个序列值的存储地

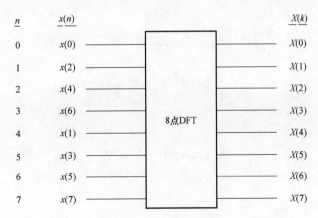

图 9-2 DFT 运算流图

址. 显然，输入序列 $x(n)$ 和输出序列 $X(k)$ 的下标与 n 是一致的. 而方框表示对 $x(n)$ 作某种运算.

对于给定的 $x(n)$

$$x(n) = \{x(0),\ x(1),\ \cdots,\ x(7)\},$$

可先按卜标的奇偶性将 8 个采样点分为两个子序列 $x_0(n)$ 和 $x_1(n)$

$$\begin{cases} x_0(n) = \{x(0),\ x(2),\ x(4),\ x(6)\}, \\ x_1(n) = \{x(1),\ x(3),\ x(5),\ x(7)\}. \end{cases}$$

然后分别直接算出他们的离散傅里叶变换，并按碟式运算计算 $X(k)$，其情形如图 9-3 所示.

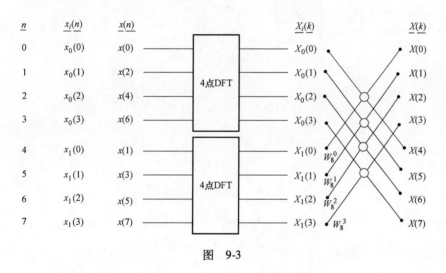

图　9-3

对 $x_0(n)$ 和 $x_1(n)$，进一步将它们分解成子序列 $x_{00}(n)$，$x_{01}(n)$，$x_{10}(n)$ 和 $x_{11}(n)$，如下式

$$\begin{cases} x_{00}(n) = \{x_0(0),\ x_0(2)\} = \{x(0),\ x(4)\}, \\ x_{01}(n) = \{x_0(1),\ x_0(3)\} = \{x(2),\ x(6)\}, \\ x_{10}(n) = \{x_1(0),\ x_1(2)\} = \{x(1),\ x(5)\}, \\ x_{11}(n) = \{x_1(1),\ x_1(3)\} = \{x(3),\ x(7)\}. \end{cases}$$

重复前面的方法，直接计算 $X_{00}(k)$、$X_{01}(k)$、$X_{10}(k)$ 和 $X_{11}(k)$，

并由碟式运算计算 $X_0(k)$，$X_1(k)$ 以及 $X(k)$，其情形如图 9-4 所示.

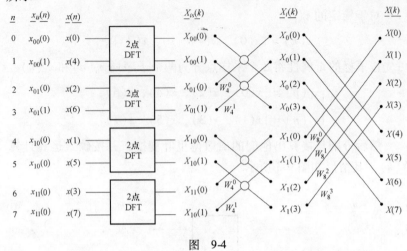

图 9-4

最后，将各两点序列按偶、奇下标分成一点序列，得

$$\begin{cases} x_{000}(n) = \{x_{00}(0)\} = \{x(0)\}, \\ x_{001}(n) = \{x_{00}(1)\} = \{x(4)\}, \\ x_{010}(n) = \{x_{01}(0)\} = \{x(2)\}, \\ x_{011}(n) = \{x_{01}(1)\} = \{x(6)\}, \\ x_{100}(n) = \{x_{10}(0)\} = \{x(1)\}, \\ x_{101}(n) = \{x_{10}(1)\} = \{x(5)\}, \\ x_{110}(n) = \{x_{11}(0)\} = \{x(3)\}, \\ x_{111}(n) = \{x_{11}(1)\} = \{x(7)\}. \end{cases}$$

由于各一点序列的 DFT 就是它本身，因此，只需作碟式运算就可得到 $X_{is}(k)$，$X_i(k)$ 和 $X(k)$，相应的计算流图如图 9-5 所示.

直接计算长度为 N 的序列的 DFT，根据定义可知共需进行 N^2 次复数的乘法运算和 $N(N-1)$ 次复数的加法运算. 而计算 FFT 则需 $\dfrac{N}{2}\log_2 N$ 次复数的乘法和 $N\log_2 N$ 次复数的加法运算. 由于在计算机

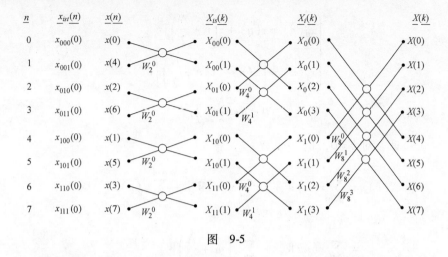

$\underline{n}$	$\underline{x_{ist}(n)}$	$\underline{x(n)}$	$\underline{X_{is}(k)}$	$\underline{X_i(k)}$	$\underline{X(k)}$
0	$x_{000}(0)$	$x(0)$	$X_{00}(0)$	$X_0(0)$	$X(0)$
1	$x_{001}(0)$	$x(4)$	$X_{00}(1)$	$X_0(1)$	$X(1)$
2	$x_{010}(0)$	$x(2)$	$X_{01}(0)$	$X_0(2)$	$X(2)$
3	$x_{011}(0)$	$x(6)$	$X_{01}(1)$	$X_0(3)$	$X(3)$
4	$x_{100}(0)$	$x(1)$	$X_{10}(0)$	$X_1(0)$	$X(4)$
5	$x_{101}(0)$	$x(5)$	$X_{10}(1)$	$X_1(1)$	$X(5)$
6	$x_{110}(0)$	$x(3)$	$X_{11}(0)$	$X_1(2)$	$X(6)$
7	$x_{111}(0)$	$x(7)$	$X_{11}(1)$	$X_1(3)$	$X(7)$

图 9-5

中乘法运算要比加法运算时间长很多，因此我们用两者的乘法运算量的比值来衡量计算效率：

$$\eta = \frac{N^2}{\dfrac{N}{2}\log_2 N} = \frac{2N}{\log_2 N}.$$

由公式可知，当 $N = 2^r$ 时 $\eta = \dfrac{2^{r+1}}{r}$. 因此，直接计算 DFT 的计算量是相当大的.

9.4.2 频分算法

根据时分算法的思想，我们能否将输出序列 $X(k)$ 按奇偶顺序分成两个子序列，然后分别加以计算呢？

定理 9.2（频分碟式运算定理） 设

$X(k) = \mathrm{DFT}[x(n)]$，$0 \leqslant n$，$k \leqslant N-1$，$n$、$k$ 为整数，N 为偶数；

$X_0(r) = X(2r)$，$X_1(r) = X(2r+1)$，$0 \leqslant r \leqslant \dfrac{N}{2}-1$，$r$ 为整数.

若

$x_0(n) = \mathrm{IDFT}[X_0(r)]$，$\quad x_1(n) = \mathrm{IDFT}[X_1(r)]$，$\quad 0 \leqslant n \leqslant \dfrac{N}{2}-1$，

则

$$\begin{cases} x_0(n) = x(n) + x\left(n + \dfrac{N}{2}\right), \\ x_1(n) = \left[x(n) - x\left(n + \dfrac{N}{2}\right)\right] W_N^n. \end{cases} \tag{9.18}$$

其中,
$$0 \leqslant n \leqslant \frac{N}{2} - 1.$$

证　对 $k = 0, 1, \cdots, N-1$, 有

$$X(k) = \sum_{n=0}^{N-1} x(n) W_N^{kn} = \sum_{n=0}^{\frac{N}{2}-1} x(n) W_N^{kn} + \sum_{n=\frac{N}{2}}^{N-1} x(n) W_N^{kn}$$

$$= \sum_{n=0}^{\frac{N}{2}-1} x(n) W_N^{kn} + \sum_{m=0}^{\frac{N}{2}-1} x\left(m + \frac{N}{2}\right) W_N^{\left(m+\frac{N}{2}\right) \cdot k}$$

$$= \sum_{n=0}^{\frac{N}{2}-1} x(n) W_N^{kn} + \sum_{n=0}^{\frac{N}{2}-1} (-1)^k x\left(n + \frac{N}{2}\right) W_N^{kn}$$

$$= \sum_{n=0}^{\frac{N}{2}-1} \left[x(n) + (-1)^k x\left(n + \frac{N}{2}\right)\right] W_N^{kn}.$$

因此

$$X_0(r) = X(2r) = \sum_{n=0}^{\frac{N}{2}-1} \left[x(n) + (-1)^{2r} x\left(n + \frac{N}{2}\right)\right] W_N^{2rn}$$

$$= \sum_{n=0}^{\frac{N}{2}-1} \left[x(n) + x\left(n + \frac{N}{2}\right)\right] W_{\frac{N}{2}}^{rn} \quad \left(0 \leqslant r \leqslant \frac{N}{2} - 1\right).$$

由上式可得

$$x(n) + x\left(n + \frac{N}{2}\right) = \text{IDFT}[x_0(r)] = x_0(n) \quad \left(0 \leqslant n \leqslant \frac{N}{2} - 1\right).$$

另外

$$X_1(r) = X(2r+1) = \sum_{n=0}^{\frac{N}{2}-1} \left[x(n) + (-1)^{2r+1} x\left(n + \frac{N}{2}\right)\right] W_N^{(2r+1)n}$$

$$= \sum_{n=0}^{\frac{N}{2}-1} \left[x(n) - x\left(n + \frac{N}{2}\right)\right] W_N^n W_{\frac{N}{2}}^{rn}$$

$$\left(0 \leqslant r \leqslant \frac{N}{2} - 1\right).$$

因此

$$\left[x(n) - x\left(n + \frac{N}{2}\right)\right] W_N^n = \mathrm{IDFT}[X_1(r)] = x_1(n) \quad \left(0 \leqslant n \leqslant \frac{N}{2} - 1\right).$$

根据式 (9.18)，可以画出频分 FFT 运算流图．还是以 $N = 8$ 的情形为例，其直接计算的框图如前面的图 9-1 所示．图中，n 列标出的是实际的存储位置．对下式给出的 $x(n)$ 的离散傅里叶变换 $X(k)$

$$X(k) = \{X(0), X(1), \cdots, X(7)\}$$

将它按标量的奇偶性分成两个子序列 $X_0(k)$ 和 $X_1(k)$

$$\begin{cases} X_0(k) = \{X(0), X(2), X(4), X(6)\}, \\ X_1(k) = \{X(1), X(3), X(5), X(7)\}. \end{cases}$$

由频分碟式运算定理，$X_0(k)$ 和 $X_1(k)$ 的离散傅里叶逆变换 $x_0(n)$ 和 $x_1(n)$ 可由 $x(n)$ 按碟式运算得到，其情形如图 9-6 所示．

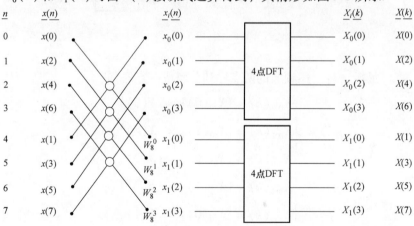

图　9-6

对 $X_0(k)$ 和 $X_1(k)$，进一步将它们分解成频域的子序列 $X_{00}(k)$，$X_{01}(k)$，$X_{10}(k)$ 和 $X_{11}(k)$，

$$
\begin{cases}
X_{00}(k) = \{X_0(0),\ X_0(2)\} = \{X(0),\ X(4)\}, \\
X_{01}(k) = \{X_0(1),\ X_0(3)\} = \{X(2),\ X(6)\}, \\
X_{10}(k) = \{X_1(0),\ X_1(2)\} = \{X(1),\ X(5)\}, \\
X_{11}(k) = \{X_1(1),\ X_1(3)\} = \{X(3),\ X(7)\}.
\end{cases}
$$

这些子序列的离散傅里叶逆变换 $x_{00}(n)$、$x_{01}(n)$、$x_{10}(n)$ 和 $x_{11}(n)$，可按碟式运算由 $x_0(n)$ 和 $x_1(n)$ 得到，其情形如图 9-7 所示.

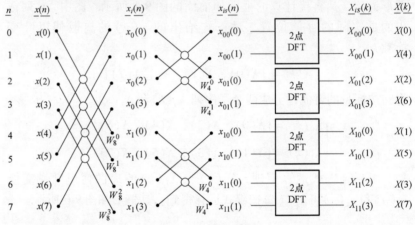

图 9-7

最后，将上述频域的两点序列分解成一点序列

$$
\begin{cases}
X_{000}(k) = \{X_{00}(0)\} = \{X(0)\}, \\
X_{001}(k) = \{X_{00}(1)\} = \{X(4)\}, \\
X_{010}(k) = \{X_{01}(0)\} = \{X(2)\}, \\
X_{011}(k) = \{X_{01}(1)\} = \{X(6)\}, \\
X_{100}(k) = \{X_{10}(0)\} = \{X(1)\}, \\
X_{101}(k) = \{X_{10}(1)\} = \{X(5)\}, \\
X_{110}(k) = \{X_{11}(0)\} = \{X(3)\}, \\
X_{111}(k) = \{X_{11}(1)\} = \{X(7)\}.
\end{cases}
$$

由于一点序列的 DFT 就是它本身. 因此，这些一点序列可按碟式运算由 $x_{is}(n)$ 得到，最终所得到的流图如图 9-8 所示.

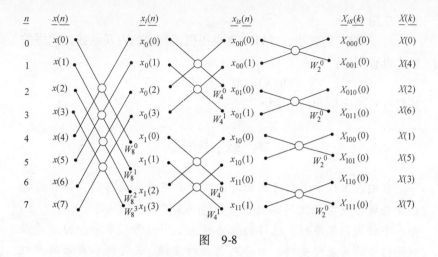

图　9-8

这里我们介绍的 FFT 都是基于两输入、两输出的蝶形计算，称为基 2 复数 FFT 算法. 也可以在其他基数上来开发 FFT. 但是，当长度是带有某些因子，并不是某一个数的幂时，FFT 就不能很地应用了，而且算法要比基 2 复数 FFT 复杂得多.

9.4.3　MATLAB 的实现

在 MATLAB 中，可以直接利用内联函数 fft( ) 来进行计算. fft( ) 的常用格式有两种，分别为

$$y = \text{fft}(x) \quad \text{和} \quad y = \text{fft}(x, N).$$

fft(x) 可以以向量 x 的形式计算时间信号序列 $x(n)$ 的 DFT. 如果 x 是矩阵，则 y 是矩阵每一列的 DFT. 如果 x 的长度是 2 的幂，则 fft( ) 函数采用基 2 复数 FFT 算法. 否则，采用较慢的混合基算法.

fft(x, N) 用来计算 x 长度为 N 的 DFT. 当 x 的长度小于 N 时，向量 x 通过嵌入尾随零达到长度 N；当 x 的长度大于 N 时，函数将截断 x，只剩前 N 个采样点进行 FFT.

fft( ) 函数的执行速度取决于输入数据的类型和长度. 当输入的数据为实数时，则比计算一个同样长度的复数序列要快. 另一方面，当输入的长度为 2 的幂时，计算速度是最快的. 这里需要强调的是，在 MATLAB 中向量的分量编号是从 1 到 N，而不是我们前面所定义

的从 0 到 $N-1$.

对于 IFFT 的算法，MATLAB 也提供了相应的内联函数，常用的格式也有两种：

$$y = \text{ifft}(x) \quad 和 \quad y = \text{ifft}(x, N).$$

其特点及用法与 fft( ) 相同.

本 章 小 结

我们在工程中遇到的连续时间信号并不能直接得到，得到的往往是函数在一些点上的函数值，$f(t_n) = x_n (n = 0, \pm 1, \pm 2, \cdots)$，即一个时间函数序列，这样的信号称为数字信号. 本章介绍了离散时间信号的傅里叶变换，如序列傅里叶变换、Z 变换和离散傅里叶变换，讨论了相互之间的关系，着重讨论了如何应用傅里叶变换理论来研究数字信号. 介绍了离散傅里叶变换的快速算法.

本章学习目的及要求

(1) 了解序列傅里叶变换(SFT)及其逆变换(ISFT)，知道 SFT 如何通过 MATLAB 实现；

(2) 了解 Z 变换及其反变换；

(3) 了解离散傅里叶变换(DFT)及其逆变换(IDFT)，了解两种变换之间的关系；

(4) 了解基 2 类快速傅里叶变换(FFT)，并知道 FFT 根据时间序列和频率系列有两类算法：时分算法和频分算法，会做相应的计算流图. 对 FFT 的两种算法的学习，主要是在计算机上实现.

本章内容要点

1. 序列傅里叶变换(SFT)及其逆变换(ISFT)的定义

$$\text{SFT}: X(e^{j\omega}) = \sum_{n=-\infty}^{+\infty} x(n) e^{-jn\omega};$$

$$\text{ISFT}: x(n) = \frac{1}{2\pi} \int_{-\pi}^{\pi} X(e^{j\omega}) e^{jn\omega} d\omega.$$

在工程中，j 表示纯虚数单位，即 $j^2 = -1$. $X(e^{j\omega})$ 是关于实数 ω 的一个复值函数，用极坐标可表示为

$$X(e^{j\omega}) = |X(e^{j\omega})| e^{j\theta(\omega)}.$$

通常，我们又将傅里叶变换称为傅里叶谱，相应地，将 $|X(e^{j\omega})|$ 称

为幅度谱，$\theta(\omega)$ 称为相位谱.

2. Z 变换及其逆变换的定义

Z 变换：$X(z) = Z(x(n)) = \sum\limits_{n=-\infty}^{+\infty} x(n) z^{-n}$（其中，$z$ 是一个复变量）.

当 $z = re^{j\omega}$ 时，Z 变换就变为序列傅里叶变换.

Z 变换的逆变换：$x(n) = \dfrac{1}{2\pi j} \oint_{C} X(z) z^{n-1} dz$，

其中，$n = 0$，± 1，± 2，$\cdots$，C 为 $X(z)$ 收敛域内绕原点的逆时针闭合曲线.

3. 离散傅里叶变换(DFT)及其逆变换(IDFT)定义

$$\mathrm{DFT}: X(k) = \sum_{n=0}^{N-1} x(n) W_N^{nk} \quad (0 \leqslant k \leqslant N-1);$$

$$\mathrm{IDFT}: x(n) = \frac{1}{N} \sum_{k=0}^{N-1} X(k) W_N^{-nk} \quad (0 \leqslant n \leqslant N-1).$$

其中 $W_N = e^{-\frac{2\pi}{N}j}$. DFT 及 IDFT 的性质与 SFT 及 ISFT 的性质相似.

综合练习题 9

1. 计算下述序列的 SFT.

(1) $x(n) = 3^{-n} u(n-1)$；

(2) $x(n) = 5^n u(-n-3)$；

(3) $x(n) = 0.8^n u(n) + 2^n u(-n-1)$.

2. 计算下述函数的 ISFT.

(1) $X(e^{j\omega}) = \dfrac{1}{1 - a e^{-j\omega}}$，$|a| < 1$；

(2) $X(e^{j\omega}) = e^{-j23\omega}$.

3. 计算下述序列的 ZT，并给出它的收敛域.

(1) $x(n) = \sin(42n) u(n)$；

(2) $x(n) = 0.5^n u(n)$；

(3) $x(n) = -0.3^n u(-n)$；

(4) $x(n) = 0.8^n u(n) + 6^n u(-n-1)$.

4. 求下述函数的 IZT.

(1) $X(z) = \dfrac{Z^{-2}}{1 + z^{-2}}$，$|z| > 1$；

(2) $X(z) = \dfrac{1}{6z^2 + 5z + 1}$，$|z| > \dfrac{1}{2}$；

(3) $X(z) = \dfrac{1}{(1 - z^{-1})(1 - 2z^{-1})}$, $1 < |z| < 2$.

5. 计算下述序列的 DFT.

(1) $x(n) = \{7, -4, 3, 8\}$, $N = 4$;

(2) $x(n) = \{0, 3, 5, -5, 3\}$, $N = 5$.

6. 设序列 $x(n) = \{4, -1, -3, -7, 1, 0, -1, 2\}$, 试按偶、奇下标将它分成两个子序列 $x_0(n)$ 和 $x_1(n)$. 继之按偶、奇下标分成 4 个 2 点子序列 $x_{00}(n)$, $x_{01}(n)$, $x_{10}(n)$ 和 $x_{11}(n)$.

7. 画出 $N = 8$ 时, 基 2 时分 FFT 的完整运算流图.

8. 画出 $N = 8$ 时, 基 2 频分 FFT 的完整运算流图.

附　　录

附录 A　区域变换表

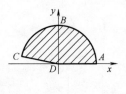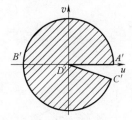

图 A-1　$w = z^2$

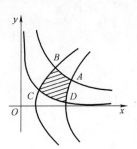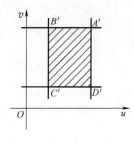

图 A-2　$w = z^2$

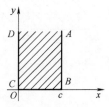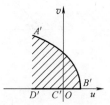

图 A-3　$w = z^2$；$A'B'$ 在 $v^2 = -4c^2(u - c^2)$ 上

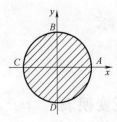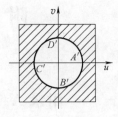

图 A-4 $\quad w = \dfrac{1}{z}$

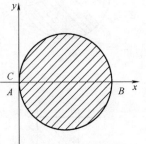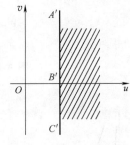

图 A-5 $\quad w = \dfrac{1}{z}$

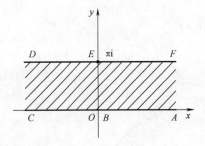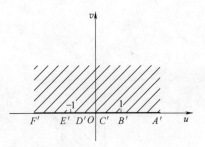

图 A-6 $\quad w = \mathrm{e}^{z}$

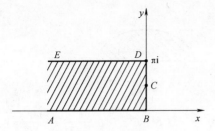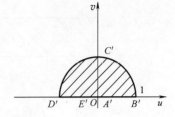

图 A-7 $w = e^z$

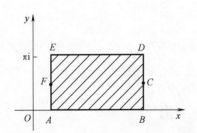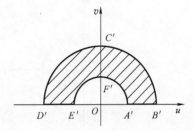

图 A-8 $w = e^z$

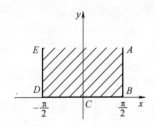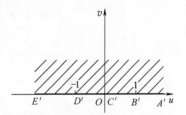

图 A-9 $w = \sin z$

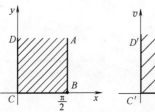

图 A-10 $w = \sin z$

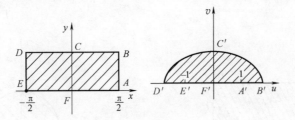

图 A-11　$w = \sin z$；点 B、C、D 在 $y = b\,(b > 0)$ 上，点 B'、C'、D' 在 $\dfrac{v^2}{\cosh^2 b} + \dfrac{v^2}{\sinh^2 b} = 1$ 上

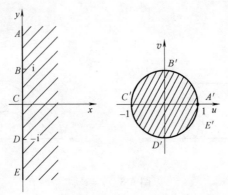

图 A-12　$w = \dfrac{z - 1}{z + 1}$

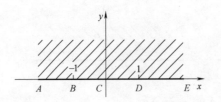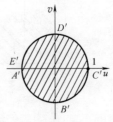

图 A-13　$w = \dfrac{\mathrm{i} - z}{\mathrm{i} + z}$

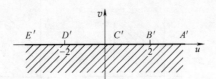

图 A-14　$w = z + \dfrac{1}{z}$

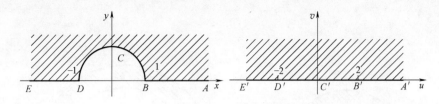

图 A-15　$w = z + \dfrac{1}{z}$

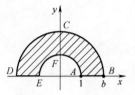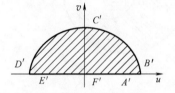

图 A-16　$w = z + \dfrac{1}{z}$；点 B'、C'、D' 在 $\dfrac{v^2}{\left(b + \dfrac{1}{b}\right)^2} + \dfrac{v^2}{\left(b - \dfrac{1}{b}\right)^2} = 1$ 上

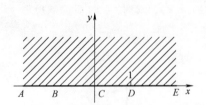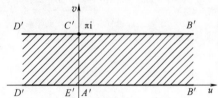

图 A-17　$w = \ln \dfrac{z-1}{z+1}$；$z = -\coth \dfrac{w}{2}$

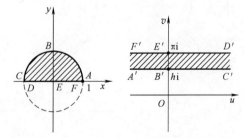

图 A-18　$w = \ln \dfrac{z-1}{z+1}$；点 A、B、C 在 $x^2 + (y + \coth h)^2 = \csc^2 h \,(0 < h < \pi)$ 上

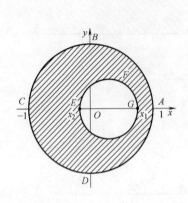
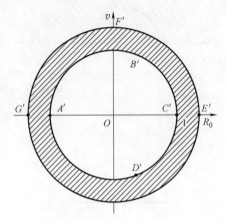

$$\text{图 A-19} \quad w = \frac{z-a}{az-1}; \quad a = \frac{1 + x_1 x_2 + \sqrt{(1-x_1^2)(1-x_2^2)}}{x_1 + x_2}$$

$$R_0 = \frac{1 - x_1 x_2 + \sqrt{(1-x_1^2)(1-x_2^2)}}{x_1 - x_2} (\text{当} -1 < x_2 < x_1 < 1 \text{ 时, } a > 1 \text{ 且 } R_0 > 1)$$

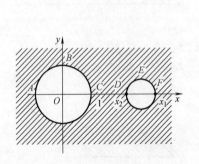
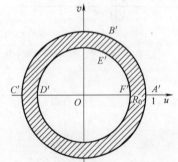

$$\text{图 A-20} \quad w = \frac{z-a}{az-1}; \quad a = \frac{1 + x_1 x_2 + \sqrt{(x_1^2-1)(x_2^2-1)}}{x_1 + x_2}$$

$$R_0 = \frac{x_1 x_2 - 1 - \sqrt{(x_1^2-1)(x_2^2-1)}}{x_1 - x_2} (\text{为} 1 < x_2 < x_1 \text{ 时, } x_2 < a < x_1 \text{ 且 } 0 < R_0 < 1)$$

附录 B　傅里叶变换简表

	$f(t)$		$F(\omega)$	
	函数	图像	频谱函数	图像
1	矩形单脉冲 $f(t)=\begin{cases}E, & \vert t\vert\leqslant\dfrac{\tau}{2},\\ 0, & 其他\end{cases}$		$2E\dfrac{\sin\dfrac{\omega\tau}{2}}{\omega}$	
2	指数衰减函数 $f(t)=\begin{cases}0, & t<0,\\ e^{\beta t}, & t\geqslant0,\end{cases}$ $(\beta>0)$		$\dfrac{1}{\beta+\mathrm{i}\omega}$	
3	单位函数 $f(t)=u(t)$		$\dfrac{1}{\mathrm{i}\omega}+\pi\delta(\omega)$	
4	三角形脉冲 $f(t)=\begin{cases}\dfrac{2A}{\tau}\left(\dfrac{\tau}{2}+1\right),\\ \quad-\dfrac{\tau}{2}\leqslant t\leqslant0,\\ \dfrac{2A}{\tau}\left(\dfrac{\tau}{2}-t\right),\\ \quad0\leqslant t<\dfrac{\tau}{2}\end{cases}$		$\dfrac{4A}{\tau\omega^{2}}\left(1-\cos\dfrac{\omega\tau}{2}\right)$	

（续）

	$f(t)$		$F(\omega)$	
	函数	图像	频谱函数	图像
5	钟形脉冲 $f(t)=Ae^{-\beta t^2}(\beta>2)$		$\sqrt{\dfrac{\pi}{\beta}}Ae^{-\frac{\omega^2}{4\beta}}$	
6	傅里叶核 $f(t)=\dfrac{\sin\omega_0 t}{\pi t}$		$F(\omega)=\begin{cases}1,&\lvert\omega\rvert\leqslant\omega_0;\\0,&\text{其他}\end{cases}$	
7	高斯分布函数 $f(t)=\dfrac{1}{\sqrt{2\pi}\sigma}e^{-\frac{t^2}{2\sigma^2}}$		$e^{-\frac{\sigma^2\omega^2}{2}}$	
8	矩形射频脉冲 $f(t)=\begin{cases}E\cos\omega_0^t,&\lvert t\rvert\leqslant\dfrac{\tau}{2},\\0,&\text{其他}\end{cases}$		$\dfrac{E\tau}{2}\left[\dfrac{\sin(\omega-\omega_0)\dfrac{\tau}{2}}{(\omega-\omega_0)\dfrac{\tau}{2}}+\dfrac{\sin(\omega+\omega_0)\dfrac{\tau}{2}}{(\omega+\omega_0)\dfrac{\tau}{2}}\right]$	

	$f(t)$		$F(\omega)$	
	函数	图像	频谱函数	图像
9	单位脉冲函数 $f(t) = \delta(t)$	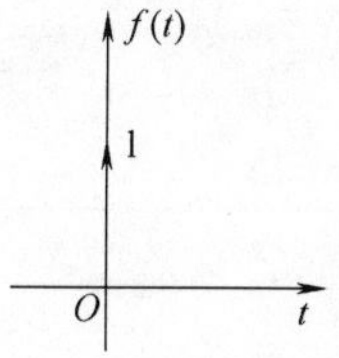	1	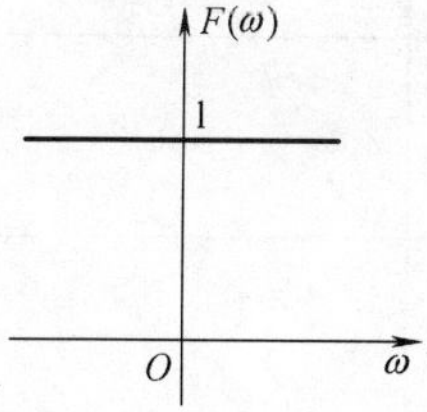
10	周期性脉冲函数 $f(t) = \sum\limits_{n=-\infty}^{+\infty} \delta(t - nT)$ （T 为脉冲函数的周期）	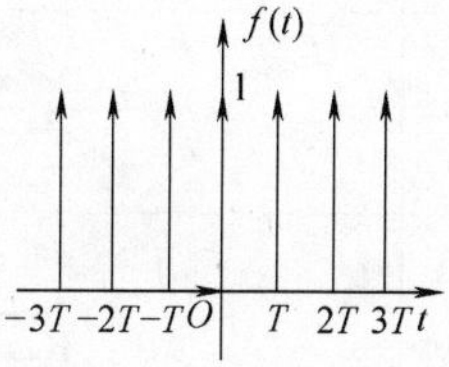	$\dfrac{2\pi}{T} \sum\limits_{n=-\infty}^{+\infty} \delta\left(\omega - \dfrac{2n\pi}{T}\right)$	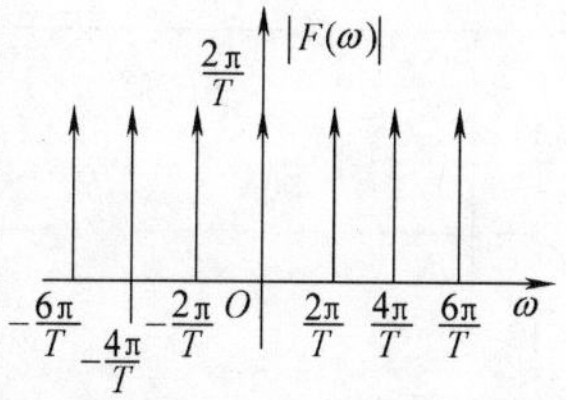
11	$f(t) = \cos\omega_0 t$	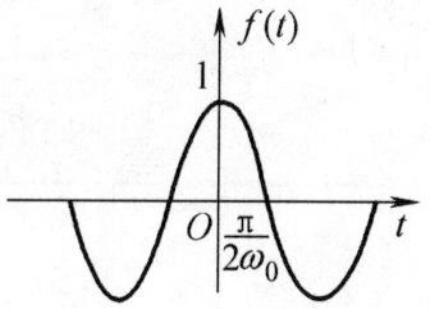	$\pi[\delta(\omega + \omega_0) + \delta(\omega - \omega_0)]$	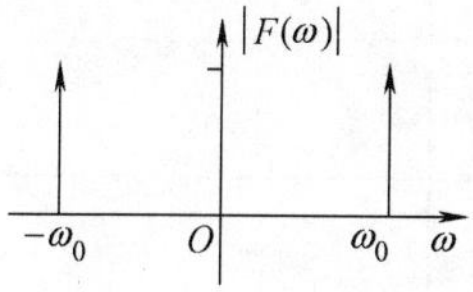
12	$f(t) = \sin\omega_0 t$	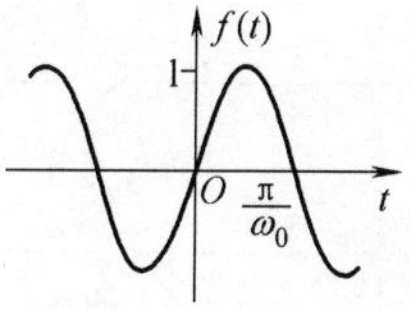	$\mathrm{i}\pi[\delta(\omega + \omega_0) - \delta(\omega - \omega_0)]$	同上图

（续）

	$f(t)$	$F(\omega)$
13	$u(t-c)$	$\dfrac{1}{\mathrm{i}\omega}\mathrm{e}^{-\mathrm{i}\omega c} + \pi\delta(\omega)$
14	$u(t)\cdot t$	$-\dfrac{1}{\omega^2} + \pi\delta'(\omega)\mathrm{i}$
15	$u(t)\cdot t^n$	$\dfrac{n!}{(\mathrm{i}\omega)^{n+1}} + \pi\mathrm{i}^n\delta^{(n)}(\omega)$
16	$u(t)\sin a\,t$	$\dfrac{a}{a^2-\omega^2} + \dfrac{\pi}{2\mathrm{i}}[\delta(\omega-a) - \delta(\omega+a)]$
17	$u(t)\cos a\,t$	$\dfrac{\mathrm{i}\omega}{a^2-\omega^2} + \dfrac{\pi}{2}[\delta(\omega-a) + \delta(\omega+a)]$
18	$u(t)\mathrm{e}^{\mathrm{i}at}$	$\dfrac{1}{\mathrm{i}(\omega-a)} + \pi\delta(\omega-a)$
19	$u(t-c)\mathrm{e}^{\mathrm{i}at}$	$\dfrac{1}{\mathrm{i}(\omega-a)}\mathrm{e}^{-\mathrm{i}(\omega-a)c} + \pi\delta(\omega-a)$
20	$u(t)\mathrm{e}^{\mathrm{i}at}t^n$	$\dfrac{n!}{[\mathrm{i}(\omega-a)]^{n+1}} + \pi\mathrm{i}^n\delta^{(n)}(\omega-a)$
21	$\mathrm{e}^a|t|,\ \mathrm{Re}(a)<0$	$\dfrac{-2a}{\omega^2+a^2}$
22	$\delta(t-c)$	$\mathrm{e}^{-\mathrm{i}\omega c}$
23	$\delta'(t)$	$\mathrm{i}\omega$
24	$\delta^{(n)}(t)$	$(\mathrm{i}\omega)^n$
25	$\delta^{(n)}(t-c)$	$(\mathrm{i}\omega)^n\mathrm{e}^{-\mathrm{i}\omega c}$

附录 C   拉普拉斯变换简表

	$f(t)$	$F(s)$
1	1	$\dfrac{1}{s}$
2	e^{at}	$\dfrac{1}{s-a}$
3	$t^m(m>-1)$	$\dfrac{\Gamma(m+1)}{s^{m+1}}$
4	$t^m e^{at}(m>-1)$	$\dfrac{\Gamma(m+1)}{(s-a)^{m+1}}$
5	$\sin at$	$\dfrac{a}{s^2+a^2}$
6	$\cos at$	$\dfrac{s}{s^2+a^2}$
7	$\text{sh } at$	$\dfrac{a}{s^2-a^2}$
8	$\text{ch } at$	$\dfrac{s}{s^2-a^2}$
9	$t\sin at$	$\dfrac{2as}{(s^2+a^2)^2}$
10	$t\cos at$	$\dfrac{s^2-a^2}{(s^2+a^2)^2}$
11	$t\,\text{sh } at$	$\dfrac{2as}{(s^2-a^2)^2}$
12	$t\,\text{ch } at$	$\dfrac{s^2+a^2}{(s^2-a^2)^2}$
13	$t^m\sin at(m>-1)$	$\dfrac{\Gamma(m+1)}{2\mathrm{i}(s^2+a^2)^{m+1}}\cdot\left[(s+\mathrm{i}a)^{m+1}-(s-\mathrm{i}a)^{m+1}\right]$

复变函数与积分变换

	$f(t)$	$F(s)$
14	$t^m \cos at\,(m > -1)$	$\dfrac{\Gamma(m+1)}{2(s^2+a^2)^{m+1}} \cdot \left[(s+\mathrm{i}a)^{m+1} + (s-\mathrm{i}a)^{m+1}\right]$
15	$\mathrm{e}^{-bt}\sin at$	$\dfrac{a}{(s+b)^2+a^2}$
16	$\mathrm{e}^{-bt}\cos at$	$\dfrac{s+b}{(s+b)^2+a^2}$
17	$\mathrm{e}^{-bt}\sin(at+c)$	$\dfrac{(s+b)\sin c + a\cos c}{(s+b)^2+a^2}$
18	$\sin^2 t$	$\dfrac{1}{2}\left(\dfrac{1}{s} - \dfrac{s}{s^2+4}\right)$
19	$\cos^2 t$	$\dfrac{1}{2}\left(\dfrac{1}{s} + \dfrac{s}{s^2+4}\right)$
20	$\sin at \sin bt$	$\dfrac{2abs}{\left[s^2+(a+b)^2\right]\left[s^2+(a-b)^2\right]}$
21	$\mathrm{e}^{at} - \mathrm{e}^{bt}$	$\dfrac{a-b}{(s-a)(s-b)}$
22	$a\mathrm{e}^{at} - b\mathrm{e}^{bt}$	$\dfrac{(a-b)s}{(s-a)(s-b)}$
23	$\dfrac{1}{a}\sin at - \dfrac{1}{b}\sin bt$	$\dfrac{b^2-a^2}{(s^2+a^2)(s^2+b^2)}$
24	$\cos at - \cos bt$	$\dfrac{(b^2-a^2)s}{(s^2+a^2)(s^2+b^2)}$
25	$\dfrac{1}{a^2}(1-\cos at)$	$\dfrac{1}{s(s^2+a^2)}$
26	$\dfrac{1}{a^3}(at-\sin at)$	$\dfrac{1}{s^2(s^2+a^2)}$
27	$\dfrac{1}{a^4}(\cos at - 1) + \dfrac{1}{2a^2}t^2$	$\dfrac{1}{s^3(s^2+a^2)}$

	$f(t)$	$F(s)$
28	$\dfrac{1}{a^4}(\mathrm{ch}at-1)-\dfrac{1}{2a^2}t^2$	$\dfrac{1}{s^3(s^2-a^2)}$
29	$\dfrac{1}{2a^3}(\sin at-at\cos at)$	$\dfrac{1}{(s^2+a^2)^2}$
30	$\dfrac{1}{2a}(\sin at-at\cos at)$	$\dfrac{s^2}{(s^2+a^2)^2}$
31	$\dfrac{1}{a^4}(1-\cos at)-\dfrac{1}{2a^3}t\sin at$	$\dfrac{1}{s(s^2+a^2)^2}$
32	$(1-at)\mathrm{e}^{-at}$	$\dfrac{s}{(s+a)^2}$
33	$t\left(1-\dfrac{a}{2}t\right)\mathrm{e}^{-at}$	$\dfrac{s}{(s+a)^3}$
34	$\dfrac{1}{a}(1-\mathrm{e}^{-at})$	$\dfrac{1}{s(s+a)}$
35①	$\dfrac{1}{ab}+\dfrac{1}{b-a}\left(\dfrac{\mathrm{e}^{-bt}}{b}-\dfrac{\mathrm{e}^{-at}}{a}\right)$	$\dfrac{1}{s(s+a)(s+b)}$
36①	$\dfrac{\mathrm{e}^{-at}}{(b-a)(c-a)}+\dfrac{\mathrm{e}^{-bt}}{(a-b)(c-b)}+\dfrac{\mathrm{e}^{-ct}}{(a-c)(b-c)}$	$\dfrac{1}{(s+a)(s+b)(s+c)}$
37①	$\dfrac{a\mathrm{e}^{-at}}{(c-a)(a-b)}+\dfrac{b\mathrm{e}^{-bt}}{(a-b)(b-c)}+\dfrac{c\mathrm{e}^{-ct}}{(b-c)(c-a)}$	$\dfrac{s}{(s+a)(s+b)(s+c)}$
38①	$\dfrac{a^2\mathrm{e}^{-bt}}{(c-a)(b-a)}+\dfrac{b^2\mathrm{e}^{-bt}}{(a-b)(c-b)}+\dfrac{c^2\mathrm{e}^{-ct}}{(b-c)(a-c)}$	$\dfrac{s^2}{(s+a)(s+b)(s+c)}$
39①	$\dfrac{\mathrm{e}^{-at}-\mathrm{e}^{-at}[1-(a-b)t]}{(a-b)^2}$	$\dfrac{1}{(s+a)(s+b)^2}$
40①	$\dfrac{[a-b(a-b)t]\mathrm{e}^{-bt}-a\mathrm{e}^{-at}}{(a-b)^2}$	$\dfrac{s}{(s+a)(s+b)^2}$
41	$\mathrm{e}^{-at}-\mathrm{e}^{\frac{at}{2}}\left(\cos\dfrac{\sqrt{3}at}{2}-\sqrt{3}\sin\dfrac{\sqrt{3}at}{2}\right)$	$\dfrac{3a^2}{s^3+a^3}$

（续）

	$f(t)$	$F(s)$
42	$\mathrm{sin}at\mathrm{ch}at - \mathrm{cos}at\mathrm{sh}at$	$\dfrac{4a^3}{s^4+4a^4}$
43	$\dfrac{1}{2a^2}\mathrm{sin}at\mathrm{sh}at$	$\dfrac{s}{s^4+4a^4}$
44	$\dfrac{1}{2a^3}(\mathrm{sh}at - \mathrm{sin}at)$	$\dfrac{1}{s^4-a^4}$
45	$\dfrac{1}{2a^2}(\mathrm{ch}at - \mathrm{cos}at)$	$\dfrac{s}{s^4-a^4}$
46	$\dfrac{1}{\sqrt{\pi t}}$	$\dfrac{1}{\sqrt{s}}$
47	$2\sqrt{\dfrac{t}{\pi}}$	$\dfrac{1}{s\sqrt{s}}$
48	$\dfrac{1}{\sqrt{\pi t}}\mathrm{e}^{at}(1+2at)$	$\dfrac{s}{(s-a)\sqrt{s-a}}$
49	$\dfrac{1}{2\sqrt{\pi t^3}}(\mathrm{e}^{bt} - \mathrm{e}^{at})$	$\sqrt{s-a} - \sqrt{s-b}$
50	$\dfrac{1}{\sqrt{\pi t}}\mathrm{cos}\,2\sqrt{at}$	$\dfrac{1}{\sqrt{s}}\mathrm{e}^{-\frac{a}{s}}$
51	$\dfrac{1}{\sqrt{\pi t}}\mathrm{ch}\,2\sqrt{at}$	$\dfrac{1}{\sqrt{s}}\mathrm{e}^{\frac{a}{s}}$
52	$\dfrac{1}{\sqrt{\pi t}}\mathrm{sin}\,2\sqrt{at}$	$\dfrac{1}{s\sqrt{s}}\mathrm{e}^{-\frac{a}{s}}$
53	$\dfrac{1}{\sqrt{\pi t}}\mathrm{sh}\,2\sqrt{at}$	$\dfrac{1}{s\sqrt{s}}\mathrm{e}^{\frac{a}{s}}$
54	$\dfrac{1}{t}(\mathrm{e}^{bt} - \mathrm{e}^{at})$	$\ln\dfrac{s-a}{s-b}$
55	$\dfrac{2}{t}\mathrm{sh}\,at$	$\ln\dfrac{s+a}{s-a} = 2\mathrm{arth}\,\dfrac{a}{s}$

	$f(t)$	$F(s)$
56	$\dfrac{2}{t}(1-\cos at)$	$\ln\dfrac{s^2+a^2}{s^2}$
57	$\dfrac{2}{t}(1-\operatorname{ch}at)$	$\ln\dfrac{s^2-a^2}{s^2}$
58	$\dfrac{1}{t}\sin at$	$\arctan\dfrac{a}{s}$
59	$\dfrac{1}{t}(\operatorname{ch}at-\cos bt)$	$\ln\sqrt{\dfrac{s^2+b^2}{s^2-a^2}}$
60②	$\dfrac{1}{\pi t}\sin(2a\sqrt{t})$	$\operatorname{erf}\left(\dfrac{a}{\sqrt{s}}\right)$
61②	$\dfrac{1}{\sqrt{\pi}\,t}\mathrm{e}^{-2a\sqrt{t}}\quad(a>0)$	$\dfrac{1}{\sqrt{s}}\mathrm{e}^{\frac{a^2}{s}}\operatorname{erfc}\left(\dfrac{a}{\sqrt{s}}\right)$
62	$\operatorname{erfc}\left(\dfrac{a}{2\sqrt{t}}\right)$	$\dfrac{1}{s}\mathrm{e}^{-\sqrt{s}a}$
63	$\operatorname{erf}\left(\dfrac{t}{2a}\right)$	$\dfrac{1}{s}\mathrm{e}^{a^2s^2}\operatorname{erfc}(as)$
64	$\dfrac{1}{\sqrt{\pi t}}\mathrm{e}^{-\sqrt{2at}}$	$\dfrac{1}{\sqrt{s}}\mathrm{e}^{\frac{a}{s}}\operatorname{erfc}\left(\sqrt{\dfrac{a}{s}}\right)$
65	$\dfrac{1}{\sqrt{\pi(t+a)}}$	$\dfrac{1}{\sqrt{s}}\mathrm{e}^{as}\operatorname{erfc}(\sqrt{as})$
66	$\dfrac{1}{\sqrt{a}}\operatorname{erf}(\sqrt{at})$	$\dfrac{1}{s\sqrt{(s+a)}}$
67	$\dfrac{1}{\sqrt{a}}\mathrm{e}^{at}\operatorname{erf}(\sqrt{at})$	$\dfrac{1}{\sqrt{s}(s-a)}$
68	$u(t)$	$\dfrac{1}{s}$
69	$tu(t)$	$\dfrac{1}{s^2}$

（续）

	$f(t)$	$F(s)$
70	$t^m u(t) \quad (m > -1)$	$\dfrac{1}{s^{m+1}}\Gamma(m+1)$
71	$\delta(t)$	1
72	$\delta^{(n)}(t)$	s^n
73	$\operatorname{sgn} t$	$\dfrac{1}{s}$
74③	$J_0(at)$	$\dfrac{1}{\sqrt{s^2+a^2}}$
75③	$I_0(at)$	$\dfrac{1}{\sqrt{s^2-a^2}}$
76	$J_0(2\sqrt{at})$	$\dfrac{1}{s}e^{-\frac{a}{s}}$
77	$e^{-bt}I_0(at)$	$\dfrac{1}{\sqrt{(s+b)^2-a^2}}$
78	$tJ_0(at)$	$\dfrac{s}{(s^2+a^2)^{\frac{3}{2}}}$
79	$tI_0(at)$	$\dfrac{s}{(s^2-a^2)^{\frac{3}{2}}}$
80	$J_0(a\sqrt{t(t+2b)})$	$\dfrac{1}{\sqrt{s^2+a^2}}e^{b(s-\sqrt{s^2+a^2})}$

① 式中，a，b，c 为不相等的常数.

② $\operatorname{erf}(x) = \dfrac{2}{\sqrt{\pi}}\displaystyle\int_0^x e^{-t^2}\mathrm{d}t$，称为误差函数；

$\operatorname{erfc}(x) = 1 - \operatorname{erf}(x) = \dfrac{2}{\sqrt{\pi}}\displaystyle\int_x^{+\infty} e^{-t^2}\mathrm{d}t$，称为余误差函数.

③ $J_n(x) = \displaystyle\sum_{k=0}^{\infty}\dfrac{(-1)^k}{k!\,\Gamma(n+k+1)}\left(\dfrac{x}{2}\right)^{n+2k}$，$I_n(x) = i^{-n}J_n(ix)$，$J_n$ 称为第一类 n 阶贝塞尔(Bessel)函数，I_n 称为第一类 n 阶变形的贝塞尔函数，或称为虚宗量的贝塞尔函数.

附录 D Z 变换表

序号	$x(n)$	$X(z)$	收敛域
1	$\delta(n)$	1	$0 \leqslant |z| \leqslant +\infty$
2	$\delta(n-t)$	z^{-t}	$t>0,\ |z|>0$ $t<0,\ |z|<+\infty$
3	$u(n)$	$\dfrac{1}{1-z^{-1}}$	$|z|>1$
4	$a^n u(n)$	$\dfrac{1}{1-az^{-1}}$	$|z|>|a|$
5	$\begin{cases} a^n,\ n \geqslant 0 \\ b^n,\ n<0 \end{cases},\ \ |a|<|b|$	$\dfrac{1}{1-az^{-1}}-\dfrac{1}{1-bz^{-1}}$	$|a|<|z|<|b|$
6	$nu(n)$	$\dfrac{z^{-1}}{(1-z^{-1})^2}$	$|z|>1$
7	$n^2 u(n)$	$\dfrac{z^{-1}(1+z^{-1})}{(1-z^{-1})^3}$	$|z|>1$
8	$\sin(\omega n)u(n)$	$\dfrac{\sin\omega \cdot z^{-1}}{1-2\cos\omega \cdot z^{-1}+z^{-2}}$	$|z|>1$
9	$\cos(\omega n)u(n)$	$\dfrac{1-\cos\omega \cdot z^{-1}}{1-2\cos\omega \cdot z^{-1}+z^{-2}}$	$|z|>1$
10	$a^n \sin(\omega n)u(n)$	$\dfrac{\sin\omega \cdot az^{-1}}{1-2\cos\omega \cdot az^{-1}+a^2 z^{-2}}$	$|z|>|a|$
11	$a^n \cos(\omega n)u(n)$	$\dfrac{1-\cos\omega \cdot az^{-1}}{1-2\cos\omega \cdot az^{-1}+a^2 z^{-2}}$	$|z|>|a|$
12	$\dfrac{a^n}{n!}u(n)$	$\mathrm{e}^{az^{-1}}$	$|z|>0$
13	$r_N(n)$	$\dfrac{1-z^{-N}}{1-z^{-1}}$	$|z|>0$

习题参考答案

综合练习题 1

1. (1) $\text{Re}z = 0$，$\text{Im}z = -1$，$|z| = 1$，$\arg z = \pi$；

(2) $\text{Re}z = -2^{51}$，$\text{Im}z = 0$，$|z| = 2^{51}$，$\arg z = \pi$；

(3) $\text{Re}z = 1$，$\text{Im}z = 0$，$|z| = 1$，$\arg z = 0$.

2. (1) $\cos\dfrac{\pi}{2} + i\sin\dfrac{\pi}{2}$；(2) $\dfrac{3}{5}(\cos\pi + i\sin\pi)$；

(3) $\sqrt{2}\left(\cos\dfrac{\pi}{4} + i\sin\dfrac{\pi}{4}\right)$；(4) $\sqrt{65}\left[\cos(\pi - \arctan 8) + i\sin(\pi - \arctan 8)\right]$；

(5) $\cos\left(\dfrac{\pi}{2} - \alpha\right) + i\sin\left(\dfrac{\pi}{2} - \alpha\right)$；(6) $\cos(\pi + \beta) + i\sin(\pi + \beta)$.

3. (1) -4；(2) i；(3) -1；(4) ± 2，$1 \pm \sqrt{3}i$，$-1 \pm \sqrt{3}i$.

4. 略.

5. (1) $\pm\dfrac{3\sqrt{2}}{2} + \left(2 \mp \dfrac{3\sqrt{2}}{2}\right)i$；(2) $z_1 = 1 - i$；$z_2 = i$.

6. 略.

7. (1) 直线 $y = -\dfrac{x}{2}$；(2) 双曲线 $y = \dfrac{1}{x}$；

(3) 当 $a \neq 0$ 时，为等轴双曲线 $x^2 - y^2 = a$；当 $a = 0$ 时，为一对直线 $y = \pm x$；

(4) 双曲线 $\dfrac{x^2}{a^2} - \dfrac{y^2}{b^2} = 1$；(5) $\dfrac{x^2}{(a+b)^2} + \dfrac{y^2}{(a-b)^2} = 1$；(6) $x^2 + y^2 = e^{\frac{2a}{b}\arctan\frac{y}{x}}$.

8. 略.

9. (1) 以原点为圆心、半径为 1 的圆域中实部小于 $\dfrac{1}{2}$ 的点的集合，不包括边界；

(2) 为等轴双曲线 $x^2 - y^2 = 1$ 中间所夹部分；

(3) 以原点为圆心、半径等于 $\dfrac{1}{2}$ 的圆以外的部分，不包括边界；

（4）以 $\left(-\dfrac{5}{3},\ 0\right)$ 为圆心，$\dfrac{4}{3}$ 为半径的圆的内部及其边界；

（5）双曲线 $4x^2-\dfrac{4}{15}y^2=1$ 的左边分支的内部（即包括焦点 $z=-2$ 的那部分）区域，是无界的单连通区域；

（6）椭圆 $\dfrac{x^2}{9}+\dfrac{y^2}{5}=1$ 及其围成的区域，是有界的单连通闭区域；

（7）$x<0$，$x^2+y^2>1$，$(x+1)^2+y^2>2$，是无界的单连通区域；

（8）圆 $(x-2)^2+(y+1)^2=9$ 及其内部区域，是有界的单连通闭区域.

10. （1）$z(t)=2\cos t+\mathrm{i}(1+2\sin t)$，$0\leqslant t\leqslant 2\pi$；

（2）$z(t)=(1+2\mathrm{i})t$，$-\infty<t<+\infty$；

（3）$z(t)=t+5\mathrm{i}$，$-\infty<t<+\infty$；

（4）$z(t)=3+\mathrm{i}t$，$-\infty<t<+\infty$.

11. （1）射线；（2）圆；（3）$a=b$ 时，$y=0$；$a>b$ 时，为开口向右的抛物线；$a<b$ 时，为开口向左的抛物线；（4）直线.

12. $z=(1-2t)+\mathrm{i}(1-5t)$，$0\leqslant t\leqslant 1$.

自 测 题 1

1. （1）$\dfrac{16}{25}+\mathrm{i}\dfrac{8}{25}$，$\dfrac{8\sqrt{5}}{25}$，$\arctan\dfrac{1}{2}$；

（2）$-\dfrac{1}{2}-\dfrac{3}{2}\mathrm{i}$，$\dfrac{\sqrt{10}}{2}$，$\arctan 3-\pi$.

2. 略.

3. （1）$\sqrt[3]{2}\left(\cos\dfrac{5\pi}{18}+\mathrm{i}\sin\dfrac{5\pi}{18}\right)$，$\sqrt[3]{2}\left(\cos\dfrac{17\pi}{18}+\mathrm{i}\sin\dfrac{17\pi}{18}\right)$，

$\sqrt[3]{2}\left(\cos\dfrac{29}{18}\pi+\mathrm{i}\sin\dfrac{29}{18}\pi\right)$；

（2）$\cos\left(-\dfrac{\pi}{8}\right)+\mathrm{i}\sin\left(-\dfrac{\pi}{8}\right)$，$\cos\dfrac{3\pi}{8}+\mathrm{i}\sin\dfrac{3\pi}{8}$，

$\cos\dfrac{7}{8}\pi+\mathrm{i}\sin\dfrac{7}{8}\pi$，$\cos\dfrac{11\pi}{8}+\mathrm{i}\sin\dfrac{11}{8}\pi$；

(3) 2, $2\left(\cos \dfrac{\pi}{3} + i\sin \dfrac{\pi}{3}\right)$, $2\left(\cos \dfrac{2\pi}{3} + i\sin \dfrac{2\pi}{3}\right)$.

-2, $2\left(\cos \dfrac{4\pi}{3} + i\sin \dfrac{4\pi}{3}\right)$, $2\left(\cos \dfrac{5\pi}{3} + i\sin \dfrac{5\pi}{3}\right)$.

4. 略.

5. $\dfrac{\pi}{2} < \arg\omega < \dfrac{3}{4}\pi$.

6. $\sqrt{2}$, $-\arctan(2+\sqrt{3}) + 2k\pi$, $k = 0$, ± 1, ± 2, $\cdots$.

综合练习题 2

1. (1) 定义域为整个复平面, $\omega = |z|$ 在整个复平面上都连续;

(2) 定义域为整个复平面, $\omega = z^3$ 在整个复平面上都连续;

(3) 定义域为除去点 $z = -2$ 的复平面, $\omega = \dfrac{2z-1}{z-2}$ 在其定义域内连续;

(4) 定义域为整个复平面, $\omega = \sqrt[3]{z^3}$ 的每一支在除原点及负实轴以外的整个复平面上都连续;

(5) 定义域为除去连接 1 与 2 直线段的复平面, $\omega = \sqrt{z^2 - 3z + 2}$ 在除去连接 1 与 2 的直线段以外的复平面内连续;

(6) 定义域为除去连接 i 与 -2 直线段的复平面, $\omega = \sqrt{z^2 + (2-i)z - 2i}$ 在除去连接 i 与 -2 的直线段以外的复平面内连续.

2. $z + \dfrac{1}{z}$.

3. (1) $0 < \arg \omega < \pi$.

(2) $0 < \arg \omega < \dfrac{\pi}{2}$, $|\omega| < 1$.

(3) $u^2 + v^2 = \dfrac{1}{4}$, $\left(u - \dfrac{1}{2}\right)^2 + v^2 = \dfrac{1}{4}$.

4. 略.

5. 函数在除原点以外的复平面上处处连续, 原点处不连续.

6. (1) 不存在; (2) 0; (3) $-\dfrac{1}{2}$; (4) $\dfrac{3}{2}$.

7. （1）在 $z=0$ 不连续；（2）在 $z=0$ 连续.

8. 略.

9. 略.

10. （1）$f(z)$ 在复平面上处处可导，处处解析；

（2）$f(z)$ 仅在点 $(0,0)$ 可导，在复平面上处处不解析；

（3）$f(z)$ 在复平面上处处可导，处处解析；

（4）$f(z)$ 仅在点 $(0,0)$ 可导，在复平面上处处不解析.

11. 略.

12. $m=1$，$n=-3$，$i=-3$.

13. 略.

14. 略.

15. （1）$\dfrac{1}{2}\mathrm{e}^{\frac{2}{3}}(1-\sqrt{3}\mathrm{i})$；

（2）$\cos k\pi + \mathrm{i}\sin k\pi = \begin{cases} -1, & k=0,\ \pm 2,\ \pm 4,\ \cdots, \\ 1, & k=\pm 1,\ \pm 3,\ \cdots; \end{cases}$

（3）$\ln 5 + \mathrm{i}\left(\pi - \arctan\dfrac{4}{3}\right) + 2k\pi\mathrm{i}$，$k=0,\ \pm 1,\ \cdots$；

（4）$1 + \dfrac{\pi}{2}\mathrm{i}$；

（5）$\sqrt[4]{|z|^3}\,\mathrm{e}^{\frac{3\mathrm{i}(\arg z + 2k\pi)}{4}}$，$k=0,\ 1,\ 2,\ \cdots$，当 z 确定时，$z^{\frac{3}{4}}$ 有 4 个值；

（6）$2\mathrm{e}^{-2k\pi}(\cos\ln 2 + \mathrm{i}\sin\ln 2)$，$k=0,\ \pm 1,\ \cdots$；

（7）$-\mathrm{ch}5$；

（8）$\sin^2 x + \mathrm{sh}^2 y$；

（9）$\dfrac{\sin 6 - \mathrm{i}\,\mathrm{sh}2}{2(\mathrm{ch}^2 1 - \sin^2 3)}$；

（10）$\left[\left(k+\dfrac{1}{2}\right)\pi - \dfrac{1}{2}\arctan\dfrac{1}{3}\right] - \dfrac{\mathrm{i}}{4}\ln\dfrac{2}{5}$，$k=0,\ \pm 1,\ \cdots$；

（11）$\begin{cases} -\mathrm{i}\left[\ln(\sqrt{2}+1) + \mathrm{i}2k\pi\right], \\ -\mathrm{i}\left[\ln(\sqrt{2}-1) + \mathrm{i}(\pi + 2k\pi)\right], \end{cases}$ 其中 $k=0,\ \pm 1,\ \cdots$；

（12）$\mathrm{i}\left(\dfrac{\pi}{4}+k\pi\right)$，$k=0,\ \pm 1,\ \cdots$.

16. （1）$z=(2k+1)\pi\mathrm{i}$，$k=0,\ \pm 1,\ \cdots$；

(2) $-e^2$;

(3) $k\pi - \dfrac{\pi}{4}$, $k = 0$, ± 1, ± 2, $\cdots$;

(4) $z_k = k\pi i$, $k = 0$, ± 1, $\cdots$.

17. 略.

18. (1), (2)不正确, (3)~(6)全部正确.

自 测 题 2

1. (1) ch3 · sin2 + i sh3 · cos2;

(2) $\cos(2\sqrt{2}k\pi) + i \sin(2\sqrt{2}k\pi)$, $k = 0$, ± 1, ± 2, $\cdots$;

(3) $\ln\sqrt{2} + i\left(-\dfrac{3}{4}\pi + 2k\pi\right)$, $k = 0$, ± 1, ± 2, $\cdots$;

(4) $i\pi$;

(5) $\sqrt[3]{2}\left[\cos\left(\dfrac{\pi}{6} + \dfrac{4k\pi}{3}\right) + i \sin\left(\dfrac{\pi}{6} + \dfrac{4k\pi}{3}\right)\right]$, $k = 0$, 1, 2;

(6) $\dfrac{1}{2}\left(\dfrac{1}{e} - e\right)$.

2. (1) e^{-2x}; (2) $(\mathrm{sh}^2 y + \sin^2 x)^{\frac{1}{2}}$; (3) $e^{\frac{x}{x^2+y^2}}\cos\dfrac{y}{x^2+y^2}$.

3. (1) 只在 $z = 0$ 可导, 处处不解析;

(2) 只在直线$\sqrt{2}x \pm \sqrt{3}y = 0$ 上可导, 处处不解析;

(3) 处处不可导;

(4) 处处可导, 处处解析.

4. (1) $i(z^3 + 1)$; (2) $(1-i)z^3 + iC$.

5 ~ 7. 略.

综合练习题 3

1. (1), (2), (3)都等于$\dfrac{1}{3}(3+i)^3$.

2. (1) $-\dfrac{1}{3} + \dfrac{1}{3}i$; (2) $-\dfrac{1}{6}(3-5i)$; (3) $-\dfrac{1}{6}(3+i)$;

3. (1) $\dfrac{2i-2}{3}$ 或 $\dfrac{(1+i)^3}{3}$；(2) $\dfrac{2i-2}{3}$ 或 $\dfrac{(1+i)^3}{3}$.

4. (1) 0；(2) $\dfrac{2}{3}e\pi i$；(3) $\dfrac{2}{3}(e-e^{-2})\pi i$.

5. (1) $-2+i$；(2) $-2+\dfrac{2}{3}i$.

6. (1) $\dfrac{4}{9}e\pi i$；(2) $\dfrac{2}{9}(2e+e^{-2})\pi i$.

7. (1) $\sin 1-\cos 1$；(2) 0；(3) $2\cos i$.

8. (1) 0；(2) 0；(3) 0；(4) $2\pi i$；(5) 0；(6) $\dfrac{4\pi i}{4+i}$.

9. (1) $4\pi i$；(2) 0；(3) $\dfrac{2}{17}\pi i$；(4) $\dfrac{\pi}{e}$；(5) 0；(6) $\dfrac{\pi i}{12}$.

10. 当 α 与 $-\alpha$ 都不在 C 的内部时，积分值为 0；

当 α 与 $-\alpha$ 中有一个在 C 的内部时，积分值为 πi；

当 α 与 $-\alpha$ 都在 C 的内部时，积分值为 $2\pi i$.

11. 否，例如 $\oint_C \dfrac{1}{z^n}dz = 0,(n \geqslant 2)$.

12. 略.

13. 略.

14. (1) 不是；   (2) 是.

15. (1) $-i(z-1)^2$；(2) ze^z；(3) $\operatorname{Ln} z+iC$；(4) $i(z^2+1)$；(5) $\dfrac{1}{2}-\dfrac{1}{z}$.

16. $f(z)=z^3-2z+c$.

17. $\lambda=1,\ e^z+c$；$\lambda=-1,\ -e^{-z}+c$.

18. 略.

自 测 题 3

1. (1) 1) $\dfrac{\sqrt{5}}{2}(2-i)$；2) $2i$.

(2) $1-\sqrt{2}\left[\cos\left(1-\dfrac{\pi}{4}\right)-i\sin\left(1+\dfrac{\pi}{4}\right)\right]$

(3) $\dfrac{\pi i}{4}(8 - 13e^{-\frac{1}{2}})$.

2. 略.

3. $f(1 - 2i) = 0$, $f(1) = \sqrt{2}\pi i$, $f'(1) = i\dfrac{\sqrt{2}}{4}\pi^2$.

4. 略.

5. $\dfrac{1}{2}(2 + a)e^a$.

6. $\pi i\left(e + \dfrac{1}{e} - 2\right)$.

7. (1) $-\dfrac{5}{16}\pi i$; (2) $-2\pi i$.

综合练习题 4

1. (1) 收敛，-1; (2) 收敛，0;
   (3) 收敛，0; (4) 不收敛.

2. (1) 收敛，但不绝对收敛; (2) 绝对收敛;
   (3) 发散; (4) 绝对收敛.

3. 略.

4. (1) 1; (2) 0; (3) $\dfrac{1}{2}$; (4) ∞.

5. (1) $\displaystyle\sum_{n=0}^{+\infty}(-1)^n\dfrac{z^{2n}}{n!}$, $|z| < \infty$;

   (2) $\displaystyle\sum_{n=0}^{+\infty}(-1)^n z^{3n}$, $|z| < 1$;

   (3) $\displaystyle\sum_{n=1}^{+\infty}(-1)^n\dfrac{2^{2n-1}}{(2n)!}z^{2n}$, $|z| < \infty$;

   (4) $\displaystyle\sum_{n=1}^{+\infty}n z^n$, $|z| < 1$;

   (5) $\displaystyle\sum_{n=1}^{+\infty}(-1)^n\dfrac{z^{2n-1}}{2n(2n)!}$, $|z| < \infty$;

(6) $\dfrac{1}{2} + \sum\limits_{n=0}^{+\infty} \dfrac{2^{n-1}z^n}{n!}, |z| < \infty.$

6. (1) $\sum\limits_{n=0}^{+\infty} (-1)^n \dfrac{(z-1)^{n+1}}{2^{n-1}}, |z-1| < 2;$

(2) $\mathrm{e} \cdot \sum\limits_{n=0}^{+\infty} \dfrac{(z-1)^n}{n!}, |z-1| < +\infty;$

(3) $\dfrac{1}{9} \sum\limits_{n=0}^{+\infty} (-1)^n \dfrac{(z-1)^{2n}}{3^{2n}}, |z-1| < 3;$

(4) $\sum\limits_{n=0}^{+\infty} (-1)^n \dfrac{z^{2(2n+1)}}{(2n+1)!}, |z| < +\infty;$

(5) $\sum\limits_{n=0}^{+\infty} \dfrac{z^{2n+1}}{(2n+1)n!}, |z| < +\infty;$

(6) $\sum\limits_{n=1}^{+\infty} (-1)^{n-1}(1-2n)z^{n-1}, |z| < 1.$

7. 略.

8. (1) 当 $0 < |z| < 1, \sum\limits_{n=-1}^{+\infty} (n+2)z^n;$

当 $0 < |z-1| < 1, \sum\limits_{n=-2}^{+\infty} (1-z)^n;$

(2) 当 $0 < |z-1| < 1, -\sum\limits_{n=-1}^{+\infty} (z-1)^n;$

当 $1 < |z-2| < \infty, \sum\limits_{n=1}^{+\infty} (-1)^{n+1} \dfrac{1}{(z-2)^n};$

(3) $-\sum\limits_{n=1}^{+\infty} \dfrac{z^{n-1}}{3^n} - \sum\limits_{n=1}^{+\infty} \dfrac{2^{n-1}}{z^n}, 2 < |z| < 3;$

(4) $\sum\limits_{n=1}^{+\infty} \dfrac{(-1)^{n-1}n}{(z-1)^n}, |z-1| > 1;$

(5) $-\cos 1 \cdot \sum\limits_{n=0}^{+\infty} \dfrac{(-1)^n}{(2n+1)!(z+1)^{2n+1}} +$

$\sin 1 \cdot \sum\limits_{n=0}^{+\infty} \dfrac{(-1)^n}{(2n)!(z+1)^{2n}}, 0 < |z+1| < +\infty;$

(6) $\sum\limits_{n=0}^{+\infty} \dfrac{(-1)^n}{n!} z^n, 0 < |z| < +\infty;$

(7) $\sum\limits_{n=0}^{+\infty}(-1)^{n}z^{2n-1},0<|z|<1$；$\sum\limits_{n=0}^{+\infty}(-1)^{n}z^{-(2n+3)},1<|z|<+\infty$；

(8) $-\sum\limits_{n=0}^{+\infty}\dfrac{(z+2)^{n-3}}{2^{n+1}},0<|z+2|<2$.

自 测 题 4

1. (1) ×；(2) √；(3) ×；(4) ×.

2. (1) 发散；(2) 绝对收敛.

3. (1) 1；(2) e；(3) 1.

4. (1) $\sum\limits_{n=1}^{+\infty}n(z-1)^{n-1},|z-1|<1$；

(2) $\sum\limits_{n=0}^{+\infty}\left(1-\dfrac{1}{2^{n+1}}\right)z^{n},|z|<1$；

(3) $\sum\limits_{n=1}^{+\infty}(-1)^{n-1}\dfrac{2^{2n-1}\cdot z^{2n}}{(2n)!},|z|<+\infty$.

5. (1) $\dfrac{1}{5}\left(\cdots+\dfrac{2}{z^{4}}+\dfrac{1}{z^{3}}-\dfrac{2}{z^{2}}-\dfrac{1}{z}-\dfrac{1}{2}-\dfrac{z}{4}-\dfrac{z^{2}}{8}-\dfrac{z^{3}}{16}-\cdots\right),1<|z|<2$；

(2) $\sum\limits_{n=-1}^{+\infty}(n+2)z^{n},0<|z|<1$；$\sum\limits_{n=-2}^{+\infty}(-1)^{n}(z-1)^{n},0<|z-1|<1$；

(3) $\sum\limits_{n=0}^{+\infty}\dfrac{(-1)^{n}}{(2n)!}\left(z-\dfrac{\pi}{2}\right)^{2n-1},0<\left|z-\dfrac{\pi}{2}\right|<+\infty$.

综合练习题 5

1. (1) $z=0$，一级极点；$z=\pm i$，二级极点；

(2) $z=\pm 1$，$z=\pm i$，均为一级极点；

(3) $z=k\pi$，$k=0$，± 1，± 2，$\cdots$，均为一级极点；

(4) $z=0$，本性奇点；

(5) $z=1$，本性奇点；

(6) $z=0$，二级极点；

(7) $z=0$，三级极点；

(8) $z=0$，可去奇点；

(9) $z = 1$，二级极点；$z = -1$，一级极点.

2. (1) 是；(2) 否；(3) 本性奇点；(4) 可去奇点.

3. (1) 0，2 阶；1，4 阶；

    (2) 0，2 阶；$k\pi(k = \pm 1,\ \pm 2,\ \cdots)$，一阶；

    (3) 0，3 阶；

    (4) 0，5 阶；$k\pi(k = \pm 1,\ \pm 2,\ \cdots)$，一阶；

    (5) 0，4 阶.

5. (1) $\operatorname{Res}[f(z),\ 0] = 0$，$\operatorname{Res}[f(z),\ \pm i] = \pm\dfrac{1}{2}$；

    (2) $\operatorname{Res}[f(z),\ 0] = 0$；

    (3) $\operatorname{Res}[f(z),\ 0] = -\dfrac{4}{3}$；

    (4) $\operatorname{Res}[f(z),\ k\pi] = (-1)^k (k = 0,\ \pm 1,\ \pm 2,\ \cdots)$；

    (5) $\operatorname{Res}[f(z),\ 0] = \dfrac{1}{6}$；$\operatorname{Res}[f(z),\ k\pi] = \dfrac{(-1)^k}{k^2\pi^2}(k = \pm 1,\ \pm 2,\ \cdots)$

    (6) $\operatorname{Res}[f(z),\ z_k] = \dfrac{z_k^{n+1}}{n}$；$z_k = e^{\frac{(2k+1)\pi i}{n}}(k = 0,\ 1,\ \cdots,\ n-1)$；

    (7) $\operatorname{Res}[f(z),\ 0] = 0$，$\operatorname{Res}[f(z),\ 1] = 1$；

    (8) $\operatorname{Res}[f(z),\ 0] = -\dfrac{1}{6}$；

    (9) $\operatorname{Res}[f(z),\ 1] = \dfrac{13}{6}$；

    (10) $\operatorname{Res}[f(z),\ 0] = 0$.

5. (1) $2\pi i\left(\dfrac{2}{\sqrt{e}} - 1\right)$；(2) $-\dfrac{\pi^2}{2}i$；(3) 0；(4) $i\dfrac{8\sqrt{3}}{9}\pi^2$；(5) 0；(6) 0.

*6. (1) 0；(2) 0；(3) -2；(4) 0；(5) -1；(6) -8.

*7. (1) $-2\pi i$；(2) $2\pi i$；(3) $n \neq 1$ 时积分值为 0，$n = 0$ 时积分值为 $2\pi i$.

8. (1) $\dfrac{\pi}{2}$；(2) $\dfrac{2\pi}{b^2}(a - \sqrt{a^2 - b^2})$；(3) $\dfrac{\pi}{2}$；(4) $\dfrac{\pi}{2\sqrt{2}}$；(5) $\pi e^{-1}\cos 2$；(6) πe^{-1}.

9. $\dfrac{\pi}{6}$.

自 测 题 5

1. (1) $z=0$，可去奇点；(2) $z=1$，本性奇点；(3) $z=0$，二级极点.

2. (1) $\mathrm{Res}[f(z),\ 0]=-\dfrac{1}{2}$，$\mathrm{Res}[f(z),\ 2]=\dfrac{3}{2}$；

(2) $\mathrm{Res}[f(z),\ 0]=0$；(3) $\mathrm{Res}[f(z),\ -1]=-\cos 1$.

3. (1) 0；(2) 0；(3) $2\pi\mathrm{i}$.

4. (1) $\dfrac{\pi}{5}(3\sqrt{5}-5)$；(2) $\dfrac{\pi}{2}\mathrm{e}^{-\frac{1}{\sqrt{2}}}\cos\dfrac{1}{\sqrt{2}}$.

综合练习题 6

1. 旋转角为 $\dfrac{\pi}{4}$，伸缩率为 $2\sqrt{2}$.

2. (1) 以 $w_1=-1$，$w_2=-1$，$w_3=\mathrm{i}$ 为顶点的三角形；

(2) $\mathrm{Re}(w)<0$.

3. 伸缩率 $|f'(\mathrm{i})|=6$，旋转角 $\arg\omega'(\mathrm{i})=\dfrac{\pi}{2}$，$\omega$ 平面的虚轴正向.

4. 略.

5. (1) 以 $w_1=1$，$w_2=-\mathrm{i}$，$w_3=\mathrm{i}$ 的三角形；

(2) $\mathrm{Im}\,w>1$；

(3) $\mathrm{Im}\,w>\mathrm{Re}\,w$；

(4) $|w+\mathrm{i}|>1$，且 $\mathrm{Im}\,w<0$；

(5) $\left|w-\dfrac{1}{2}\right|>\dfrac{1}{2}$ 且 $\mathrm{Im}\,w>0$，$\mathrm{Re}\,w>0$，i.

6. (1) $w=-\dfrac{2\mathrm{i}(z+1)}{4z-(1+5\mathrm{i})}$；(2) $w=\dfrac{(1+\mathrm{i})z+(1+3\mathrm{i})}{(1+\mathrm{i})z+(3+\mathrm{i})}$.

7. $ad-bc<0$.

8. $w=\mathrm{e}^{\mathrm{i}\theta}\dfrac{-\mathrm{i}z-a}{-\mathrm{i}z-\overline{a}}$.

9. $w=1+\mathrm{e}^{\mathrm{i}\theta}\dfrac{z-a}{1-\overline{a}z}$，$|a|<1$.

10. $w = \mathrm{e}^{\mathrm{i}\theta}\dfrac{z - Ra}{R - \bar{a}z}, \quad |a| < 1.$

11. （1）$w = \dfrac{3 + z}{3 - z}$；（2）$w = -2\,\dfrac{2z + 1}{z - 2}.$

12. （1）$w = \dfrac{z - \mathrm{i}}{\mathrm{i}z - 1}$；（2）$w = -\mathrm{i}\,\dfrac{z - \mathrm{i}}{z + \mathrm{i}}$；

$\quad\;$（3）$w = \mathrm{i}\,\dfrac{z - \mathrm{i}}{z + \mathrm{i}}$；（4）$2\mathrm{i}\,\dfrac{z - 2\mathrm{i}}{z + 2\mathrm{i}}.$

13. （1）$w = \dfrac{2z - 1}{z - 2}$；（2）$w = \mathrm{i}\,\dfrac{2z - 1}{2 - z}$；（3）$w = -\mathrm{i}z.$

14. $w = \dfrac{z^3 - \mathrm{i}}{z^3 + \mathrm{i}}$（不唯一）.

15. $w = \dfrac{z^2 - \mathrm{i}}{z^2 + \mathrm{i}}.$

16. $w = \left(\dfrac{z + 1}{z - 1}\right)^2.$

自 测 题 6

1. 略.

2. 旋转角为 $\dfrac{\pi}{2}$，伸缩率为 2.

3. （1）$|w - 1| \leqslant 1$；（2）$|w| < 1$，$\mathrm{Im}(w) < 0.$

4. $w = \dfrac{z - \mathrm{i}}{\mathrm{i}z - 1}$，单位圆内部.

5. $w = \mathrm{e}^{\mathrm{i}\theta}\dfrac{z - \bar{a}}{z + a}.$

6. $w = \mathrm{i}\,\dfrac{z - \mathrm{i}}{z + \mathrm{i}}.$

7. $w = \dfrac{2z - 1}{z - 2}.$

8. $w = -\left(\dfrac{z + 1}{z - 1}\right)^2.$

9. $w_1 = \mathrm{i}z$，$w_2 = w_1 + \dfrac{\pi}{4}$，$w_3 = 2w_2$，$w_4 = \mathrm{e}^{w3}$，复合并代入给定条件得 $w = -\mathrm{i}\dfrac{\mathrm{e}^{2\mathrm{i}z}-1}{\mathrm{e}^{2\mathrm{i}z}+1}$.

综合练习题 7

1. (1) $\dfrac{1}{a}f\left(\dfrac{t_0}{a}\right)$； (2) 2，0； (3) $\delta(t+3)+\delta(t-3)$；

   (4) e^{-3}； (5) $2\pi\delta(\omega)$，$2\pi\delta(t)$； (6) $2\pi\delta(\omega-\omega_0)$.

2. (1) $f(t)=\dfrac{4}{\pi}\displaystyle\int_0^{+\infty}\dfrac{\sin\omega-\omega\cos\omega}{\omega^2}\cos\omega t\,\mathrm{d}\omega$；

   (2) $f(t)=\dfrac{2}{\pi}\displaystyle\int_0^{+\infty}\dfrac{(5-\omega^2)\cos\omega t+2\omega\sin\omega t}{25-6\omega^2+\omega^4}\mathrm{d}\omega$；

   (3) $f(t)=\dfrac{2}{\pi}\displaystyle\int_0^{+\infty}\dfrac{1-\cos\omega}{\omega}\sin\omega t\,\mathrm{d}\omega$.

3. (1) 容易验证：$F(\operatorname{sgn} t)=\dfrac{2}{\mathrm{i}\omega}$，且 $2\pi f(-\omega)=\mathscr{F}[f(t)]$，

   则 $F\left(\dfrac{1}{\pi t}\right)=\mathrm{i}\operatorname{sgn}(-\omega)=-\mathrm{i}\operatorname{sgn}\omega-\dfrac{1}{\pi t^2}$；

   (2) 应用微分性质可得

   $$F\left(-\dfrac{1}{\pi t^2}\right)=\mathrm{i}\omega F\left(\dfrac{1}{\pi t}\right)=\omega\operatorname{sgn}\omega.$$

4. $F(\omega)=\dfrac{-2\mathrm{i}\sin\omega\pi}{1-\omega^2}$.

5. (1) $F(\omega)=\dfrac{2(1-\cos\omega)}{\omega}$； (2) $F(\omega)=\dfrac{2\sin\omega}{\omega}$.

6. $f(t)=\cos\omega_0 t$.

7. $F(\omega)=\dfrac{2}{\mathrm{i}\omega}$.

8. $F(\omega)=\dfrac{\pi\mathrm{i}}{2}[\delta(\omega+2)-\delta(\omega-2)]$.

9. (1) 应用积分性质和微分性质可得

   $$F\left(\int_{-\infty}^{t}\tau f(\tau)\,\mathrm{d}\tau\right)=\dfrac{\mathscr{F}[tf(t)]}{\mathrm{i}\omega}+\pi\mathscr{F}[tf(t)]\cdot\delta(\omega).$$

$$= \left(\pi\delta(\omega) + \frac{1}{\mathrm{i}\omega} \right) \cdot \mathrm{i}F'(\omega);$$

（2）应用线性性质和微分性质可得

$$\mathscr{F}\left[(t+2)f(t)\right] = \mathscr{F}\left[tf(t)\right] + 2\mathscr{F}\left[f(t)\right]$$

$$= \mathrm{i}F'(\omega) + 2F(\omega);$$

（3）由卷积定理可得

$$\mathscr{F}\left[f(t) * \frac{1}{\pi t}\right] = \mathscr{F}\left[f(t)\right] \cdot F\left[\frac{1}{\pi t}\right]$$

$$= F(\omega) \cdot (-\mathrm{i}\mathrm{sgn}\omega);$$

（4）容易验证

$$\mathscr{F}\left[f(3t-2)\right] = \frac{1}{3}F\left(\frac{\omega}{3}\right)\mathrm{e}^{-\mathrm{i}\omega\frac{2}{3}},$$

应用位移性质可得

$$\mathscr{F}\left[f(3t-2)\mathrm{e}^{-\mathrm{i}t}\right] = \frac{1}{3}F\left(\frac{\omega+1}{3}\right)\mathrm{e}^{-\mathrm{i}(\omega+1)\frac{2}{3}}.$$

10. $f_1(t) * f_2(t) = \begin{cases} 0, & t \leqslant -1, \\ \dfrac{1}{4}(t+1)^2, & -1 < t \leqslant 1, \\ -\dfrac{1}{4}t^2 + \dfrac{1}{2}t + \dfrac{3}{4}, & 1 < t \leqslant 3, \\ 0, & t > 3. \end{cases}$

11. （1）$g(\omega) = \dfrac{2}{\pi}(1 + \cos\omega - 2\cos2\omega);$

（2）$g(\omega) = \begin{cases} 1, & 0 < \omega < 1, \\ \dfrac{1}{2}, & \omega = 1, \\ 0, & \omega > 1. \end{cases}$

12. 略.

13. $F(\omega) = \dfrac{4A}{\tau\omega^2}\left(1 - \cos\dfrac{\omega\tau}{2}\right).$

14. $y(t) = \dfrac{1}{2\pi}\displaystyle\int_{-\infty}^{+\infty} \dfrac{F(\omega)}{G(\omega)}\mathrm{e}^{\mathrm{i}\omega t}\mathrm{d}\omega,$

其中 $F(\omega), G(\omega)$ 分别是 $f(t), g(t)$ 的傅里叶变换.

自 测 题 7

1. (1) B； (2) C； (3) A； (4) D； (5) C.

2. (1) $\dfrac{5 - i\omega}{25 + \omega^2}$；

(2) $(i\omega + 1)^2 + 4$；

(3) $e^{-i\omega} F(-\omega)$；

(4) $f(t) = e^{-at} u(t)$，$(a > 0)$；

(5) $\dfrac{1}{2}[F(\omega - \omega_0) + F(\omega + \omega_0)]$.

3. $\dfrac{\pi}{2}[\delta(\omega - \omega_0) + \delta(\omega + \omega_0)] + \dfrac{i\omega}{\omega_0^2 - \omega^2}$.

4. $g(\omega) = \dfrac{\omega(1 + \cos\omega\pi)}{\omega^2 - 1}$.

5. 略.

综合练习题 8

1. (1) $\dfrac{1}{s}(3 - 2e^{-s} - e^{-2s})$；

(2) $\dfrac{s + e^{-\frac{\pi}{2}s}}{1 + s^2}$；

(3) $\dfrac{(s + 1)^2}{s^2 + 1}$；

(4) $\dfrac{s^2}{s^2 - 1}$.

2. (1) $\dfrac{2}{s^2 + 4}$；

(2) $\dfrac{2}{2s - 1}$；

(3) $\dfrac{6}{s^4}$；

(4) $\dfrac{1}{s} - \dfrac{s}{s^2 + 4}$.

3. 略.

4. 1) $F(s) = \dfrac{1}{s^2} \dfrac{1 - e^{-bs}}{1 + e^{-bs}} = \dfrac{1}{s^2} \text{th} \dfrac{bs}{2}$；

2) $F(s) = \dfrac{1 + bs}{s^2} - \dfrac{b}{s(1 - e^{-bs})}$；

3) $F(s) = \dfrac{1}{1 + s^2} \text{ch} \dfrac{\pi}{2} s$；

4) $F(s) = \dfrac{1}{s} \text{th} \dfrac{a}{2} s$.

5. (1) $F(s) = \dfrac{6 - 2s^2 + s^3}{s^4}$;

(2) $F(s) = \dfrac{1}{s} - \dfrac{1}{(s-1)^2}$;

(3) $F(s) = \dfrac{s^2 - 4s + 5}{(s-1)^3}$;

(4) $F(s) = \dfrac{1}{2}\left(\dfrac{1}{s} - \dfrac{s}{s^2 + 4\beta^2}\right)$;

(5) $F(s) = \dfrac{\cos 2 - s\sin 2}{s^2 + 1}$;

(6) $F(s) = \dfrac{e^{-2s}}{s^2 + 1}$;

(7) $F(s) = \dfrac{\cos 2 + s\sin 2}{s^2 + 1}e^{-2s}$;

(8) $F(s) = e^4\dfrac{1}{s-2}e^{-2s}$;

(9) $F(s) = \dfrac{1}{s-1}(e^{-2s} - e^{1-3s})$;

(10) $F(s) = \dfrac{e^2}{s+1}$;

(11) $F(s) = \dfrac{s^2 - a^2}{(s^2 + a^2)^2}$;

(12) $F(s) = \dfrac{6}{(s+2)^2 + 36}$;

(13) $F(s) = \dfrac{n!}{(s-a)^{n+1}}$;

(14) $F(s) = \dfrac{1}{s}e^{-\frac{5}{3}s}$;

(15) $F(s) = \dfrac{1}{s}$;

(16) $F(s) = \dfrac{1}{s^2}e^{-s} - \dfrac{1}{s}e^{-20}\left(\dfrac{1}{s} + 1\right)$.

6. (1) $F(s) = \dfrac{e^{-\alpha}(s+1)}{(s+1)^2 + \beta^2}$;

(2) $F(s) = \dfrac{2(s+a)\beta}{[(s+a)^2 + \beta^2]^2}$;

(3) $F(s) = \dfrac{2\beta(3s^2 - \beta^2)}{(s^2 + \beta^2)^2}$;

(4) $F(s) = \dfrac{2(3s^2 + 12s + 13)}{s^2[(s+3)^2 + 4]^2}$;

(5) $F(s) = \dfrac{4(s+3)}{s[(s+3)^2 + 4]^2}$;

(6) $F(s) = \ln\dfrac{s+a}{s}$;

(7) $F(s) = \dfrac{\pi}{2} - \arctan\dfrac{s}{a}$;

(8) $F(s) = \text{arccot}\dfrac{s+3}{2}$;

(9) $F(s) = s\ln\dfrac{s}{\sqrt{s^2 + 1}} + \arctan\dfrac{1}{s}$;

(10) $F(s) = \dfrac{1}{s}\arccos\dfrac{s+3}{2}$.

7. (1) $f(t) = e \cdot u(t-5)$;

(2) $f(t) = (1 + t + t^2)u(t-1)$;

(3) $f(t) = \sin 2(t-2)u(t-2)$;

(4) $f(t) = \sin t + \delta_1 t$;

(5) $f(t) = 2\cos 3t + \sin 3t$;

(6) $f(t) = t\sin 2t$;

(7) $f(t) = \dfrac{2}{t}\text{sh}t$;

(8) $f(t) = 2e^{-2t}\cos 3t + \dfrac{1}{3}e^{-2t}\sin 3t$;

(9) $f(t) = \dfrac{2}{t}(1 - \cos t)$; (10) $f(t) = \dfrac{t}{2}\mathrm{sh}t.$

8. (1) $\dfrac{4}{3}(1 - \mathrm{e}^{-\frac{3}{2}t})$; (2) $1 - 3\mathrm{e}^{-t} + 3\mathrm{e}^{-2t}$;

(3) $\dfrac{1}{3}(\cos t - \cos 2t)$; (4) $7\mathrm{e}^{-3t} - 3\mathrm{e}^{-2t}.$

9. a) $F(s) = \dfrac{1}{s\,\mathrm{sh}s\tau}$; b) $F(s) = \dfrac{b}{s}(\mathrm{e}^{-as} - 2\mathrm{e}^{-2as} + \mathrm{e}^{-3as})$; c) $\dfrac{1}{s^2}(\mathrm{e}^{-as} - 2\mathrm{e}^{2as} + \mathrm{e}^{-3as}).$

10. $\mathscr{L}\,[f_T(t_1)] = \dfrac{E\omega}{s^2 + \omega^2}(1 + \mathrm{e}^{-\frac{T}{2}s})$, $\omega = \dfrac{2\pi}{T}.$

11. (1) $f(t) = \dfrac{1}{a}(\mathrm{e}^{at} - 1)$;

(2) $f(t) = \dfrac{1}{a^3}\left(\mathrm{e}^{at} - \dfrac{1}{2}a^2t^2 - at - 1\right)$;

(3) $f(t) = \dfrac{1}{5}(3\mathrm{e}^{2t} + 2\mathrm{e}^{-3t})$;

(4) $f(t) = 2\cos 3t + \sin 3t$;

(5) $f(t) = \dfrac{1}{a^2}(1 - \cos at)$;

(6) $f(t) = \mathrm{sh}t - t$;

(7) $f(t) = \dfrac{1}{40}\left[(t^2 + 8t + 15) + \left(7t - \dfrac{15}{2}\right)\mathrm{e}^{2t}\right]$;

(8) $f(t) = -u(t) + 2\mathrm{e}^t - t\mathrm{e}^t$;

(9) $f(t) = \dfrac{1}{2a^3}(\mathrm{sh}at - \sin at)$;

(10) $f(t) = \dfrac{1}{3}\cos t - \dfrac{1}{3}\cos 2t.$

12. (1) $f(t) = \dfrac{4}{3}(1 - \mathrm{e}^{-\frac{3}{2}t})$;

(2) $f(t) = \dfrac{3}{2}(\mathrm{e}^{-2t} - \mathrm{e}^{-4t})$;

(3) $f(t) = \dfrac{1}{5}(1 - \cos\sqrt{5}t)$;

(4) $f(t) = 6e^{-4t} - 3e^{-2t}$;

(5) $f(t) = 1 - 3e^{-t} + 3e^{-2t}$;

(6) $f(t) = 8 + st + t^2 - (8 - 3t)e^t$;

(7) $f(t) = 7e^{-3t} - 3e^{-2t}$;

(8) $f(t) = \dfrac{1}{2}te^{-2t}\sin t$;

(9) $f(t) = \dfrac{1}{2}e^{-t}(\sin t - t\cos t)$;

(10) $f(t) = \left(\dfrac{1}{2}t\cos 3t + \dfrac{1}{6}\sin 3t\right)e^{-2t}$;

(11) $f(t) = 3e^{-t} - 11e^{2-t} + 10e^{-3t}$;

(12) $f(t) = \dfrac{1}{4}e^{-t} - \dfrac{1}{4}e^{-3t} + \dfrac{3}{2}te^{-3t} - 3t^2e^{-3t}$.

13. (1) t;

(2) $t - \sin t$;

(3) $\dfrac{m!\ n!}{(m+n+1)!}t^{m+n+1}$;

(4) $\dfrac{1}{2}t\sin t$;

(5) $\dfrac{1}{2k}\sin kt - \dfrac{t}{2}\cos kt$;

(6) $\operatorname{sh}t - t$;

(7) $\begin{cases} 0, & t < a, \\ \int_a^t f(t-2)\,\mathrm{d}\tau, & 0 \leqslant a \leqslant t; \end{cases}$

(8) $\begin{cases} 0, & t < a, \\ f(t-a), & 0 \leqslant a \leqslant t. \end{cases}$

14. (1) $f(t) = \dfrac{1}{a}(1 - \cos at)$;

(2) $f(t) = \dfrac{at(a-b) - b}{(a-b)^2}e^{at} + \dfrac{b}{(a-b)^2}e^{bt}$;

(3) $f(t) = \dfrac{1}{2}e^{2t} - e^t + \dfrac{1}{2}$;

(4) $f(t) = \dfrac{1}{2}(\operatorname{ch}t - \cos t)$;

(5) $f(t) = \dfrac{1}{4}(1 - \cos 2t + 2\sin 2t)$;

(6) $f(t) = \dfrac{\cos at - \cos bt}{b^2 - a^2}$.

15. (1) $y(t) = e^{2t} - e^t$;

(2) $y(t) = \dfrac{1}{4}\left[(7 + 2t)e^{-t} - 3e^{-3t}\right]$;

(3) $y(t) = 1 - \left(\dfrac{t^2}{2} + t + 1\right)e^{-t}$;

(4) $y(t) = -2\sin t - \cos 2t$;

(5) $y(t) = e^{-t} - e^{-2t} + \left[-e^{-(t-1)} + \dfrac{1}{2}e^{-2(t-1)} + \dfrac{1}{2}\right]u(t-1)$;

(6) $y(t) = te^t\sin t$;

(7) $y(t) = \dfrac{1}{8}(3e^t - 2e^{-t} - e^{-3t})$;

(8) $y(t) = \dfrac{1}{8}e^t - \dfrac{1}{8}e^{-t}(2t^2 + 2t + 1)$;

(9) $y(t) = \dfrac{1}{2}t\sin t$;

(10) $y(t) = \dfrac{\operatorname{sh}t}{\operatorname{sh}2\pi}$.

16. (1) $\begin{cases} x(t) = \dfrac{1}{4}t^2 + \dfrac{1}{2}t + a, \\ y(t) = -\dfrac{1}{4}t^2 + \dfrac{1}{2}t + b; \end{cases}$

(2) $\begin{cases} x(t) = e^t; \\ y(t) = e^t; \end{cases}$

(3) $\begin{cases} x(t) = -t + te^t; \\ y(t) = 1 - e^t + te^t; \end{cases}$

$$(4) \begin{cases} x(t) = -\dfrac{3}{2}\mathrm{e}^t + 2t, \\ y(t) = -\dfrac{1}{2}\mathrm{e}^t - \dfrac{1}{2}t^2 + \dfrac{3}{2}; \end{cases}$$

$$(5) \begin{cases} x(t) = \dfrac{2}{3}\mathrm{ch}(\sqrt{2}t) + \dfrac{1}{3}\cos t, \\ y(t) = z(t) = -\dfrac{1}{3}\mathrm{ch}(\sqrt{2}t) + \dfrac{1}{3}\cos t. \end{cases}$$

17. (1) $y(t) = \mathrm{e}^t$;

(2) $y(t) = \sin t$;

(3) $y(t) = a\left(t + \dfrac{t^3}{6}\right)$;

(4) $y(t) = t\mathrm{e}^{-t}$;

(5) $y(t) = 1$.

18. $x(t) = \dfrac{k}{m}t.$

19. $i(t) = -\dfrac{\mathrm{Im}}{R\omega c}\cos(\varphi - \psi)\mathrm{e}^{-\frac{t}{kc}} + \mathrm{Im}\sin(\omega t + \varphi - \psi)$ （其中，ψ 为 $R\text{-i}\dfrac{1}{\omega c}$的辐角），

$u_c(t) = \left(\dfrac{\mathrm{Im}}{\omega c}\cos(\varphi - \psi)\mathrm{e}^{-\frac{t}{Rc}} - \dfrac{\mathrm{Im}}{\omega c}\cos(\omega t + \varphi - \psi)\right)$

20. 略.

自 测 题 8

1. (1) C; (2) B; (3) D; (4) D; (5) B.

2. (1) $\dfrac{1}{s}\mathrm{e}^{-2s}$; (2) $\dfrac{2}{(s+3)^2 + 4}$; (3) $\dfrac{s^2 - 4s + s}{(s-1)^3}$;

(4) $\cos 4t + \dfrac{1}{4}\sin 4t$; (5) $-\dfrac{1}{2}t\cos t + \dfrac{1}{2}\sin t$.

3. (1) $F(s) = \dfrac{1}{s-1}\mathrm{e}^{-\pi s}\left(\dfrac{\mathrm{e}^\pi}{s-1} - \dfrac{1}{s^2} - \dfrac{\pi}{s}\right)$;

(2) $\dfrac{1}{2}(\mathrm{ch}\,t - \cos t)$;

(3) $\dfrac{1}{2}\ln 2$.

4. (1) $y(t) = -\dfrac{1}{2} + \dfrac{1}{10}e^{2t} + \dfrac{2}{5}\cos t - \dfrac{1}{5}\sin t$;

(2) $\begin{cases} x(t) = 3 - 2e^{-t} - e^{-2t}, \\ y(t) = 2 - 4e^{-t} + 2e^{2t}; \end{cases}$

(3) $y(t) = 2(t - \sin t)$.

综合练习题 9

1. (1) $X(e^{j\omega}) = \dfrac{\dfrac{1}{3}e^{-j\omega}}{1 - \dfrac{1}{3}e^{-j\omega}}$;

(2) $X(e^{j\omega}) = \dfrac{\dfrac{1}{125}e^{j3\omega}}{1 - \dfrac{1}{5}e^{j\omega}}$;

(3) $X(e^{j\omega}) = \dfrac{1}{1 - 0.8e^{-j\omega}} + \dfrac{0.5e^{j\omega}}{1 - 0.5e^{j\omega}}$.

2. (1) $x(n) = a^n$;

(2) $x(n) = \dfrac{1}{\pi(23 + n)}\sin\omega(23 + n)$.

3. (1) $X(z) = \dfrac{\sin 42}{z^2 - 2jz\sin 42 - 1}$, $|z| > 1$;

(2) $X(z) = \dfrac{z}{z - 0.5}$, $|z| > \dfrac{1}{2}$;

(3) $X(z) = \dfrac{-1}{1 - \dfrac{10}{3}z}$, $|z| < \dfrac{1}{10}$;

（4）$X(z) = \dfrac{1}{1 - 0.8z} + \dfrac{\dfrac{1}{6}z}{1 - \dfrac{1}{6}z}$，$0.8 < |z| < 6.$

4. （1）$x(n) = (1 - j)^{n-3} + j^{n-3}$；

（2）$x(n) = \left(-\dfrac{1}{2}\right)^{n-2} - \left(-\dfrac{1}{3}\right)^{n-2}$；

（3）$x(n) = -1.$

5. （1）$X(k) = \{14,\ 4 + 12j,\ 6,\ 4 - 12j\}$；

（2）$X(k) = \{3x\mathrm{e}^{-j\frac{2\pi}{5}k} + k \times \mathrm{e}^{-j\frac{2\pi}{5}k} - 5 \times \mathrm{e}^{-j\frac{2\pi}{5}3k} + 3 \times$

$\mathrm{e}^{-j\frac{2\pi}{5}4k}\}$，$k = 0,\ 1,\ 2,\ 3,\ 4.$

6. $x_0(n) = \{-1,\ -7,\ 0,\ 2\}$；$x_1(n) = \{4,\ -3,\ 1,\ -1\}$；

$x_{00}(n) = \{-7,\ 2\}$；$x_{01(n)} = \{-1,\ 0\}$；

$x_{10}(n) = \{-3,\ -1\}$；$x_{11}(n) = \{4,\ 1\}.$

7. 略.

8. 略.

参 考 文 献

[1]　苏变萍，陈东立. 复变函数与积分变换 ［M］. 2 版. 北京：高等教育出版社，2010.

[2]　钟玉泉. 复变函数论 ［M］. 2 版. 北京：高等教育出版社，2002.

[3]　孙清华，孙昊. 复变函数疑难分析与解题方法 ［M］. 武汉：华中科技大学出版社，2010.

[4]　华中科技大学数学系. 复变函数与积分变换 ［M］. 3 版. 北京：高等教育出版社，2008.

[5]　马柏林，李丹衡，晏华辉. 复变函数与积分变换 ［M］. 上海：复旦大学出版社，2008.

[6]　盖云英，包革军. 复变函数与积分变换 ［M］. 2 版. 北京：科学出版社，2007.

[7]　郑建华. 复变函数 ［M］. 北京：清华大学出版社，2005.

[8]　冷建华. 傅里叶变换 ［M］. 北京：清华大学出版社，2004.

[9]　路可见，钟寿国，刘士强. 复变函数 ［M］. 武汉：武汉大学出版社，2000.

[10]　陆庆乐，等. 工程数学：复变函数 ［M］. 4 版. 北京：高等教育出版社，1999.

[11]　余家荣. 复变函数 ［M］. 2 版. 北京：高等教育出版社，1998.

[12]　孙清华. 复变函数 ［M］. 武汉：华中科技大学出版社，1996.

[13]　杨巧林. 复变函数与积分变换 ［M］. 3 版. 北京：机械工业出版社，2013.